José de Castro Silva
Ana Cristina G. Castro Silva

Refrigeração e Climatização para Técnicos e Engenheiros

Refrigeração e Climatização para Técnicos e Engenheiros

Copyright© 2007 Editora Ciência Moderna Ltda.

Todos os direitos para a língua portuguesa reservados pela EDITORA CIÊNCIA MODERNA LTDA.

Nenhuma parte deste livro poderá ser reproduzida, transmitida e gravada, por qualquer meio eletrônico, mecânico, por fotocópia e outros, sem a prévia autorização, por escrito, da Editora.

Editor: Paulo André P. Marques
Supervisão editorial: Camila Cabete Machado
Revisão: Janaína Araujo
Diagramação: Verônica Paranhos
Capa: Verônica Paranhos

Várias Marcas Registradas podem aparecer no decorrer deste livro. Mais do que simplesmente listar esses nomes e informar quem possui seus direitos de exploração, ou ainda imprimir os logotipos das mesmas, o editor declara estar utilizando tais nomes apenas para fins editoriais, em benefício exclusivo do dono da Marca Registrada, sem intenção de infringir as regras de sua utilização.

FICHA CATALOGRÁFICA

Marinho, Henrique
Refrigeração e Climatização para Técnicos e Engenheiros
Rio de Janeiro: Editora Ciência Moderna Ltda., 2007.
Refrigeração
I — Título
ISBN: 978-85-7393-???   CDD ???

Editora Ciência Moderna Ltda.
Rua Alice Figueiredo, 46
CEP: 20950-150, Riachuelo – Rio de Janeiro – Brasil
Tel: (0xx21) 2201-6662
Fax: (0xx21) 2201-6896
E-mail: lcm@lcm.com.br   11/07
www.lcm.com.br

Sobre os Autores

AUTOR: Eng° José de Castro Silva

Mestre em Engenharia Mecânica (2008) pela Universidade Federal de Pernambuco (UFPE) na área de sistemas térmicos.

Engenheiro de Produção Mecânica (2003) pela Unidade Baiana de Ensino pesquisa e Extensão (UNIBAHIA).

Técnico em Refrigeração e Ar Condicionado (1994) pela ETFPE - Escola Técnica Federal de Pernambuco (Atual CEFET-PE).

Atuou no SENAI-BA como coordenador do curso técnico em refrigeração, consultor, professor e instrutor para a Electrolux e Springer Carrier no N/NE.

Atuou como coordenador de manutenção na indústria.

Atualmente é Gerente de Manutenção do WAL*MART Brasil (Bompreço) em Salvador-BA e estudante de Engenharia Elétrica (Ênfase em Automação) na Faculdade de Tecnologia e Ciências (FTC).

CO-AUTORA: Engª Ana Cristina G. Castro Silva

Mestre em Engenharia Mecânica (2008) pela Universidade Federal de Pernambuco (UFPE) na área de sistemas térmicos.

Engenheira de Produção Mecânica (2004) pela Unidade Baiana de Ensino pesquisa e Extensão (UNIBAHIA).

Técnica em Refrigeração e Ar Condicionado (1998) pelo Centro Federal de Educação Tecnológica de Pernambuco (CEFET-PE).

Atuou na indústria como engenheira de produção.

Atuou como coordenadora em empresas de engenharia de manutenção da área de climatização industrial em Salvador-BA.

Atualmente efetua consultoria na área de engenharia térmica.

Prefácio

O primeiro contato que tive com Castro foi através de e-mail. Como coordenadora do Programa de Pós-graduação em Engenharia Mecânica da UFPE, recebi um e-mail de um engenheiro interessado em cursar nosso mestrado. Marcamos uma entrevista, na qual já acertamos seu engajamento em um projeto de pesquisa, tendo Castro se tornado meu orientando de mestrado. Desde então, Castro tem sido um aluno muito acima da média, participado de discussões sobre inovações tecnológicas e contribuído com seus conhecimentos práticos em outros projetos de pesquisa.

Quando recebi o primeiro livro de Castro, tive a oportunidade de verificar seu talento didático expresso em forma impressa.

Realmente foi uma agradável surpresa o fato de ter sido honrada com o convite para fazer o prefácio do seu segundo livro "Refrigeração e Climatização", o qual recebeu a co-autoria da engenheira Ana Cristina Castro.

Na minha opinião, a grande contribuição do livro "Refrigeração e Climatização – Para Técnicos e Engenheiros" é expor, em uma linguagem acessível, diferentes itens de interesse dessa área, os quais, quando exibidos, não se encontram em apenas um livro.

Profissionais do setor hão de concordar que as áreas de Refrigeração e Conforto Ambiental são extremamente carentes de livros. Creio que a proposta de "Refrigeração e Climatização – Para Técnicos e Engenheiros " não é ser um livro texto, mas uma fonte de consulta para estudantes e profissionais. Durante a leitura de "Refrigeração e Climatização – Para Técnicos e Engenheiros " vi a resposta para algumas das freqüentes perguntas de meus alunos de graduação da disciplina "Ar Condicionado e Refrigeração" do curso de Engenharia Mecânica da UFPE. Este será, sem dúvida, um livro a ser indicado na lista bibliográfica daquela disciplina.

Creio que "Refrigeração e Climatização" fará parte da bibliografia complementar de disciplinas da área de refrigeração e conforto ambiental de cursos técnicos e de engenharia, pois será uma importante fonte de consulta para técnicos e engenheiros.

Outubro de 2007

Ana Rosa Mendes Primo, PhD

Coordenadora do PPGEM/UFPE (Programa de Pós Graduação em Engenharia Mecânica da Universidade Federal de Pernambuco)

Professora de Ar Condicionado e Refrigeração do curso de Graduação em Engenharia Mecânica da Universidade Federal de Pernambuco.

Sumário

Capítulo 1 – Princípios Básicos 1
Capítulo 2 – Circuito Frigorígeno 29
Capítulo 3 – Fluidos ou Gases Refrigerantes 33
Capítulo 4 – Circuito Frigorígeno Termodinâmico 39
Capítulo 5 – Componentes Básicos 51
Capítulo 6 – Acessórios e Componentes Proteção e Controle 91
Capítulo 7 – Refrigeração Residencial 115
Capítulo 8 – Refrigeração Comercial 155
Capítulo 9 – Carga Térmica de Resfriamento 185
Capítulo 10 – Condicionador de Ar do Tipo Janela (C.A.J.) 191
Capítulo 11 – Condicionador de Ar do Tipo Separado (SPLIT SYSTEM) 211
Capítulo 12 – Condicionadores de Ar Centrais 229
Capítulo 13 – Sistema de Água Gelada (WATER CHILLER) 245
Capítulo 14 – Sistemas de Expansão 263
Capítulo 15 – Psicrometria e Processos 267
Capítulo 16 – Ferramentas e Instrumentos 299
Capítulo 17 – Soldagem com Maçaricos 307
Capítulo 18 – Evacuação (Vácuo) e Carga de Fluido (Gás) 315
Capítulo 19 – Superaquecimento e Sub-Resfriamento 337

Capítulo 1

Princípios Básicos

1.1 – MATÉRIA

Por definição, matéria é qualquer substância que ocupa lugar no espaço.

1.1.1 – ESTADOS DA MATÉRIA

A matéria pode ser encontrada na natureza em três estados físicos distintos: sólido, líquido e gasoso.

1.1.2 – MUDANÇA DOS ESTADOS DA MATÉRIA

Dependendo da temperatura e da pressão, uma mesma espécie de matéria pode apresentar-se em qualquer estado físico. Por exemplo: a água pode ser encontrada no estado sólido (gelo), no estado líquido (rios e lagos) e no estado gasoso (vapor d'água).

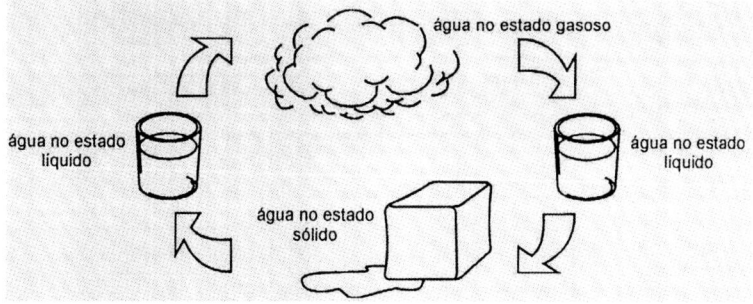

Figura 1.1 – Exemplo de mudanças de estados físicos que ocorrem com a água

De acordo com o modo como são processadas, as mudanças de estados físicos, recebem denominações, veja figura 1.2. Dentre todas as mudanças de estados podemos destacar a **condensação** e a **evaporação (vaporização)**, essas são as mudanças que ocorrem dentro de um sistema de refrigeração ou circuito frigorígeno.

A condensação é a passagem (mudança) do estado vapor (gasoso) para o estado líquido, um fluido no estado "vapor" se transforma em "líquido" quando perde calor, ou seja, quando é resfriado.

A evaporação (vaporização) é a passagem (mudança) do estado líquido para o estado vapor, um fluido no estado "líquido" se transforma em "vapor" quando recebe calor, ou seja, quando é aquecido.

A Evaporação e a Vaporização são praticamente idênticas, a única diferença é a velocidade em que o líquido se transforma em vapor, ou seja, a evaporação é mais lenta e a vaporização mais rápida. Por exemplo, nos lagos e rios ocorre a evaporação, quando fervemos a água em uma panela e em um sistema de refrigeração ocorre a vaporização. Nesse livro nao faremos distinção entre evaporação e vaporação.

Figura 1.2 – Exemplo de mudanças de estados físicos ou mudanças de fases

1.1.3 – MUDANÇA DOS ESTADOS DA ÁGUA

Mudança de Estado

As "caixas de gelo" do passado eram periodicamente carregadas com uma barra de gelo. O gelo derretido e a bandeja de água embaixo da caixa tinham que ser esvaziadas sistematicamente para evitar que derramasse.

Ao fundir, o gelo absorve uma quantidade de calor equivalente ao seu **calor latente de fusão**. Isto totaliza 335 KJ/Kg de gelo, e o calor para tanto era retirado dos gêneros alimentícios no interior da caixa.

A água era rejeitada mesmo estando fria, pois tinha uma capacidade de refrigeração muito limitada. Isto é verdade, pois 4,19 KJ aumentam a temperatura de um Kg de água de um grau Celsius. Portanto, quando um Kg de água a 0°C absorve 41,9 KJ, sua temperatura aumenta para 10°C. Isto frustra ou diminui seu efeito de refrigeração.

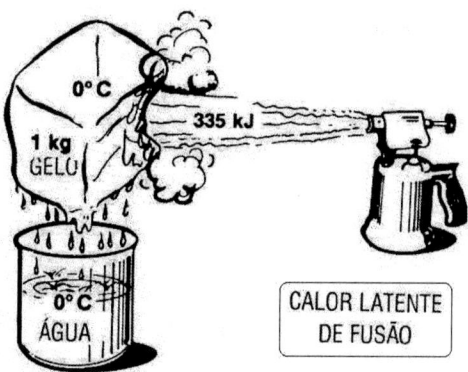

Figura 1.3

A mudança de estado é importante para o sistema de refrigeração mecânica por duas razões. Primeiro, a mudança absorve uma quantidade de calor relativamente grande por quilo de substância e segundo, esta mudança de estado ocorre em temperatura constante.

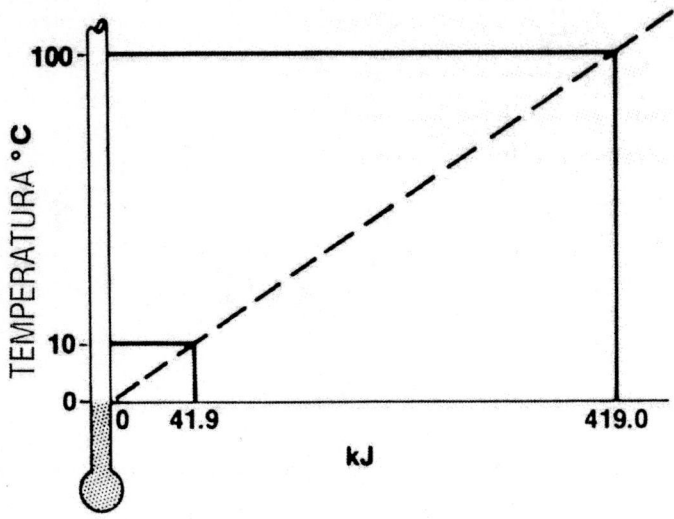

Figura 1.1

O Processo de Ebulição

Uma vez que as propriedades da água são facilmente observáveis e já que o seu comportamento é similar ao dos refrigerantes comumente usados, a água será utilizada para demonstrar o processo de ebulição e para estabelecer uma terminologia.

Se 1 (um) Kg de água a 0°C é aquecido, sua temperatura aumenta um grau para cada 4,19 KJ adicionado. Este processo continua até que a água atinja seu ponto de ebulição ou temperatura de ebulição. Esta temperatura de ebulição é determinada pela pressão sobre a água. Em um recipiente aberto, a pressão sobre a água é a pressão atmosférica. Em um recipiente fechado, a pressão dentro dele que controla a temperatura de ebulição.

Ao nível do mar ou pressão barométrica normal de 101,325 KPa, a água ferve a 100°C.

Se a pressão é maior que 101,325 KPa, a temperatura na qual a água ferve também aumenta. Por exemplo, a figura 1.5 ilustra a temperatura de ebulição da água em uma panela de pressão que está em pressão absoluta de 143,26 KPa acima da atmosférica de 110°C. A uma pressão absoluta de 198,54 KPa, esta temperatura aumenta para 120°C.

Capítulo 1 – Princípios Básicos

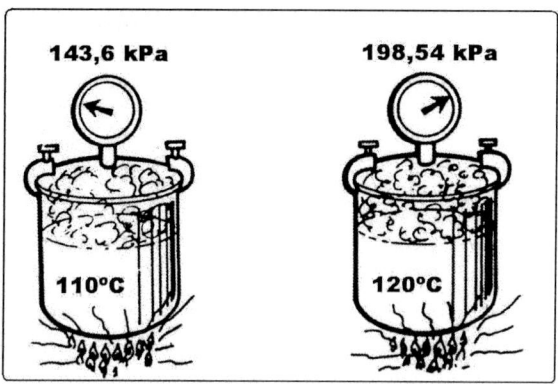

Figura 1.5

De modo inverso, se a pressão é menor que 101,325 KPa absolutos, como no caso de vácuo, a temperatura na qual a água ferve é mais baixa. Por exemplo, a uma pressão correspondente a 12,34 KPa absolutos, ou um vácuo de 88,97 KPa abaixo da pressão atmosférica normal, a temperatura de ebulição da água é de 50°C; e a 7,378 KPa absolutos ou 93,947 KPa de vácuo, ela é de 40°C.

Se a pressão é baixada ainda mais, a água pode ser fervida a temperaturas suficientemente baixas para prover refrigeração com propósito de condicionamento de ar.

No ponto de ebulição tanto a pressão influencia a temperatura quanto a temperatura influencia a pressão. A água em temperatura de ebulição para uma determinada pressão é identificada como **líquido saturado**, isto é, está saturada com todo o calor que pode conter a esta pressão e ainda permanecer como líquido.

TEMP. DE EBULIÇÃO (°C)	PRESSÃO ABSOLUTA (kPa)	PRESSÃO MANOMÉTRICA (kPa)
120	198.54	97.22 MANOMÉTRICA
110	143.26	41.90 MANOMÉTRICA
100	101.325	0 MANOMÉTRICA
90	70.114	32.21 VÁCUO
70	31.169	70.16 VÁCUO
10	1.227	100.10 VÁCUO
5	0.872	100.45 VÁCUO

Figura 1.6 – Tabela com valores de temperaturas e pressões

Calor de Vaporização

Após um fluido ter sido aquecido até a temperatura de ebulição, adição posterior de calor, para aquela pressão, resulta em evaporação do fluido. O calor necessário para mudar um fluido de líquido para vapor é chamado de **calor latente de vaporização**. Em pressão barométrica normal, são necessários 2,257 KJ/Kg para evaporar completamente 1Kg de água a 100°C para vapor a 100°C.

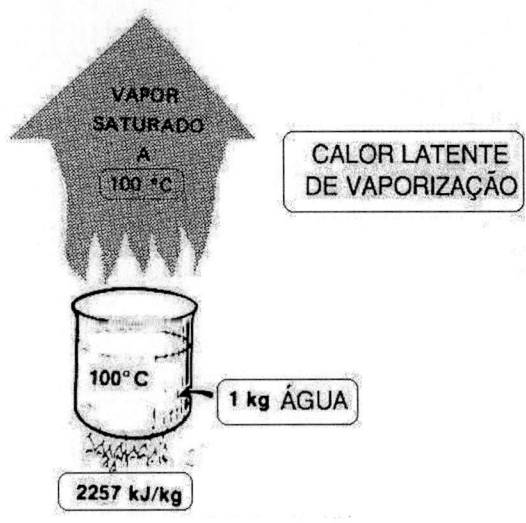

Figura 1.7

Superaquecimento

Quando o calor é adicionado a um fluido de tal forma que ele se evapore totalmente, ele atinge um ponto identificado como **Vapor Saturado**, isto é, saturado com todo o calor que ele pode conter aquela pressão e ainda permanecer à temperatura de saturação.

A mudança de estado foi completada, e qualquer calor adicional á pressão constante resulta em aumento da temperatura do vapor. Este calor adicional é chamado de **superaquecimento**.

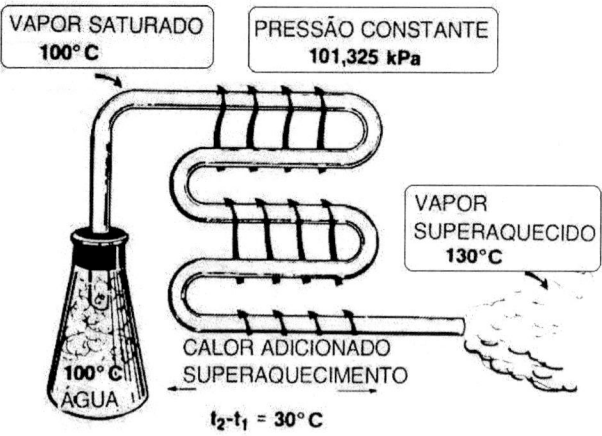

Figura 1.8

Na região de superaquecimento, o vapor aumenta levemente seu volume à medida que a temperatura é aumentada. Além disso, o calor específico do vapor é diferente daquele do mesmo fluido no estado líquido. Por exemplo, são necessárias apenas 1,89 KK para aumentar de 1°C a massa de 1 Kg de vapor d'água. Se uma libra de vapor é superaquecida em 20°C, então 20°C x 1,89 KJ, ou seja, 37,8 KJ são requeridos.

Entalpia ou Conteúdo de Calor

Toda a matéria contém calor ou energia até a temperatura de zero absoluto (-273°C) realmente,; mas por conveniência, outras linhas de dados são selecionadas arbitrariamente para nelas indiciar um valor de entalpia "zero".

1.2 – CALOR

Calor é uma forma de energia em trânsito ou movimento, assim como também a luz e a eletricidade. Todas as substâncias existentes no universo são compostas de partículas infinitamente pequenas denominadas moléculas.

Estas moléculas estão em constante movimento, que tem caráter de vibração. Cada substância tem diferentes tipos de moléculas com vibrações e características.

Nas substâncias em estado sólido, as moléculas estão bem juntas e se movimentam dentro de um espaço infinitamente limitado. Nas substâncias em estado líquido, as moléculas não estão juntas como nas substâncias em estado sólido, ao passo que no estado vapor (gasoso) as moléculas tem movimento bem livre e quase ilimitado.

O movimento de moléculas depende da quantidade de energia que as mesmas contenham.

Calor é a energia manifestada pelo movimento dessas moléculas.

O calor é uma forma de energia em movimento (trânsito) do corpo com temperatura maior (mais quente) para o corpo com temperatura menor (mais frio), a aplicação do mesmo, numa substância, afim de reduzir o movimento das moléculas, após o que se verificará queda de temperatura e a substância se tornará mais fria.

A aplicação do calor pode causar uma mudança de estado na matéria, como por exemplo, do estado líquido para o estado vapor (gasoso).

O calor é energia térmica. O **frio** é um termo relativo e se refere à diminuição ou redução da energia térmica de um corpo.

Os termos *resfriamento* e *refrigeração* são utilizados para descrever a retirada (remoção) de energia térmica de qualquer matéria, essa retirada de energia é o calor.

1.2.1 – TRANSFERÊNCIA DE ENERGIA TÉRMICA (CALOR)

O calor é a energia térmica em trânsito, o mesmo pode ser transferido de um corpo para outro de três formas distintas: condução, convecção e irradiação.

1.2.1.1 – CONDUÇÃO

É o processo em que a energia passa de um local para outro através das partículas do meio que os separa. Na condução, a passagem da energia térmica de uma região para outra se faz da seguinte maneira: na região de temperatura maior (mais quente), as partículas vibram com mais intensidade; com esta vibração se transmite energia para a partícula vizinha que passa a vibrar mais intensamente; ela transmite energia para a seguinte e assim sucessivamente.

Por exemplo, se a extremidade de uma barra de metal é aquecida a outra extremidade também se torna quente. Pela figura 1.3, pode-se verificar a condução do calor através de uma barra de metal. Aderimos pequenas esferas de cera sob a barra e aquecemos uma extremidade da mesma.

Capítulo 1 – Princípios Básicos

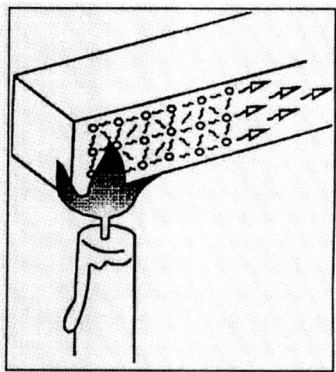

Figura 1.9 – Exemplo da transmissão de calor por condução em uma barra de metal

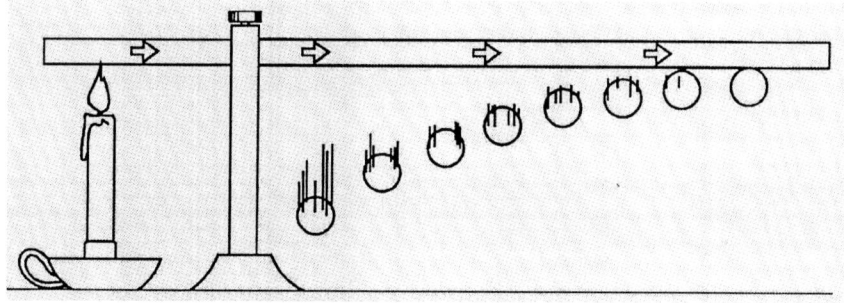

Figura 1.10

Observamos a queda sucessiva das esferas de cera à medida que o calor se propaga ao longo da barra metálica. As diversas substâncias não conduzem igualmente o calor e sob este aspecto podem ser classificados em bons ou maus condutores. Os metais são bons condutores de calor.

1.2.1.2 – CONVECÇÃO

A convecção consiste em uma troca de calor motivada pela variação de densidade.

Utilizaremos um refrigerador (geladeira) para explicar. No instante inicial o Refrigerador está desligado. Quando o mesmo é ligado, o ar que está em volta do evaporador (veremos adiante mais detalhes deste componente) se torna frio e, conseqüentemente, mais denso o ar frio em volta descerá para a parte inferior do refrigerador.

A convecção pode ser natural ou forçada. Por exemplo, os evaporadores (congeladores) dos refrigeradores domésticos simples são colocados na parte superior dos produtos para utilizar as correntes de convecção natural. Mas existem refrigeradores que utilizam ventiladores para provocar a circulação de ar, chamando-se assim este tipo de convecção forçada.

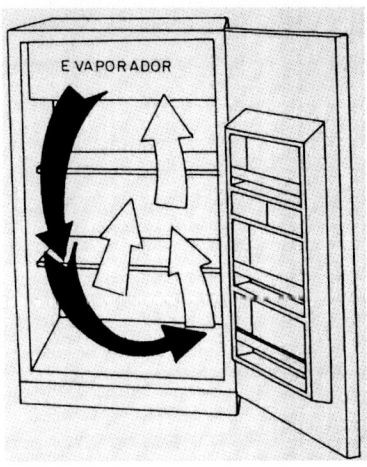

Figura 1.11 – Exemplo da convecção natural no interior de um refrigerador (geladeira 1 porta)

1.2.1.3 – RADIAÇÃO

É a forma de propagação de calor que permite a um corpo incandescente propagar energia térmica sem contato direto com outro e sem mudar a temperatura do meio intermediário entre ambos.

A irradiação do calor do sol para atingir a terra percorre milhões de quilômetros através do espaço. Superfícies claras são boas refletoras e irradiadoras de calor.

1.2.2 – MEDIDA DO CALOR

Se em dois recipientes com volumes de água diferentes (mas com a mesma temperatura) colocarmos a mão simultaneamente, uma em cada recipiente, sentiremos a mesma sensação de calor. Isto quer dizer que a intensidade de

Capítulo 1 - Princípios Básicos

calor é a mesma, embora a quantidade de água nos recipientes seja diferente. Podemos deduzir então que *quantidade e intensidade* são coisas diferentes.

Assim como temos unidades para medir outras formas de energia, a energia térmica possui suas unidades especiais.

As principais unidades para medir a energia térmica são:

Caloria (1Kcal = 1000calorias);

Joule (1KJ = 1000 Joules)

BTU (British Thermal Unit) que significa Unidade Térmica Britânica.

Uma caloria é a quantidade de calor necessária para elevar a 1°C (um grau Celsius) a temperatura de um grama de água.

4,18KJ é a quantidade de calor necessária para elevar a 1°C (um grau Celsius) a temperatura de 1Kg de água.

Um BTU é a quantidade de calor necessário para elevar a 1°F (um grau Fahrenheit) a temperatura de uma libra de água.

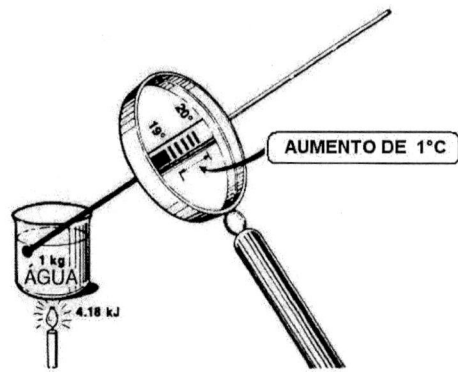

Figura 1.12

A caloria por ser uma unidade muito pequena, não tem uso muito prático, sendo por isso empregado um múltiplo seu, a quilocaloria (Kcal). A quantidade de caloria necessária para elevar ou diminuir a temperatura de uma substância pode ser conhecida aplicando-se a seguinte relação:

Q = massa x calor específico x diferença de temperatura = m x c x ΔT

Por exemplo, se quisermos saber quantas calorias (Q) devem ser retiradas de 89 Kg de carne (galinha) cuja temperatura é de 40°C para levá-la a 10°C, utilizamos o seguinte cálculo:

89 x 0,80 x (40-10) = 2136 calorias.

Sabendo-se o valor em Kcal, podemos através de uma simples operação, saber o valor correspondente em BTU.

Para converter de Kcal para BTU basta multiplicar o valor em Kcal por 4 (quatro). Isto porque 1°C é igual a 1,8°F e 1Kg é igual a 2,2 litros. 1,8 x 2,2 = 3,96 (aproximadamente 4 BTU).

A capacidade de um sistema qualquer de refrigeração é a rapidez com a qual retira calor de um espaço refrigerado e geralmente indica-se em Kcal por hora (Kcal/h) ou em função de sua capacidade para fundir o gelo.

Antigamente o gelo era usado como agente refrigerante. Com o desenvolvimento da refrigeração resultou-se que a capacidade dos refrigeradores mecânicos fosse comparada com a equivalente de fusão do gelo. Quando fundir, uma tonelada métrica de gelo será absorvido 80000Kcal (1000Kg x 80Kcal/Kg). Se fundirmos uma tonelada de gelo em um dia, 24 horas a razão de 3333Kcal por hora (80000 ÷ 24), ou 55,56Kcal por minuto (3333 ÷ 60).

Podemos determinar que o sistema de refrigeração mecânica, que absorver, de um espaço refrigerado 55,56Kcal/min., ou 3333Kcal/hora, resfria com um ritmo equivalente à fusão de uma tonelada de gelo em 24 horas, desta forma pode-se dizer que o equipamento tem uma tonelada ou absorve uma tonelada métrica de calor, ou tem a capacidade de uma tonelada.

Estabelecemos então, mediante um sistema comparativo com a fusão de uma tonelada de gelo, uma unidade térmica: a Tonelada de Refrigeração (TR).

Generalizando: **1 TR = 12000BTU/h = 3024Kcal/h**

1.2.3 – CALOR ESPECÍFICO

O calor específico é a quantidade de calor necessário para aumentar ou diminuir dede 1°C, a temperatura de 1Kg de um corpo. O calor específico da água é 1 (um), portanto, para elevarmos ou diminuirmos a temperatura de 1Kg de água de 1°C será necessária uma caloria. No sistema métrico o calor específico é denominado quilocaloria e no sistema inglês de medidas BTU.

Capítulo 1 - Princípios Básicos

O calor específico varia com os diferentes materiais. O cobre possui um calor específico menor do que a água, sendo por isso maior sua capacidade de absorver calor. Na tabela a seguir podemos observar o valor específico atribuído a diversos alimentos e materiais.

Substância	Calor Específico	Substância	Calor Específico
Água	1,00	Queijo	0,70
Gelo	0,50	Carne de Porco	0,50
Cobre	0,09	Carne de Galinha	0,80
Ferro	0,11	Carne de Vaca	0,77
Aço	0,12	Peixe	0,84
Alumínio	0,22	Presunto	0,70
Madeira	0,60	Tomate	0,97
Vidro	0,76	Batata	0,78
Manteiga	0,60	Mel	0,36
Ovos	0,76	Ar	0,24
Laranja	0,89	Sorvete	0,70
Leite	0,94	Vapor d'água	0,45

Figura 1.13 – Tabela de calor específico

1.2.4 – CALOR SENSÍVEL

Quando o calor é adicionado ou extraído de uma substância sem que haja mudança de estado físico, a temperatura é aumentada ou diminuída.

O calor assim adicionado ou extraído é conhecido como calor sensível, uma vez que a transferência de calor pode ser sentida ou medida por um termômetro.

Exemplos deste fato são comuns na vida cotidiana. Se 1Kg a 60°C é aquecida até 90°C, a mudança de temperatura pode ser medida com um termômetro ou sentida pela mão. Neste exemplo 30 Kcal foram adicionadas e a diferença resultante em temperatura pode ser sentida.

Isso representa uma mudança no calor sensível.

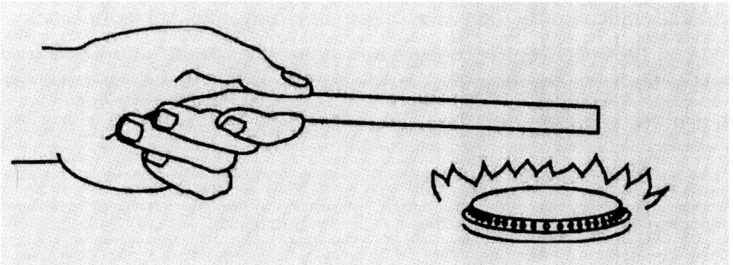

Figura 1.14 – Calor sensível

1.2.5 – CALOR LATENTE

Como vimos anteriormente, calor sensível é a adição ou extração de calor em uma determinada substância sem que haja mudança de estado, mas que pode ser medida. **Quando adicionamos ou extraímos calor de uma substância onde ocorre mudança de estado damos o nome de calor latente.**

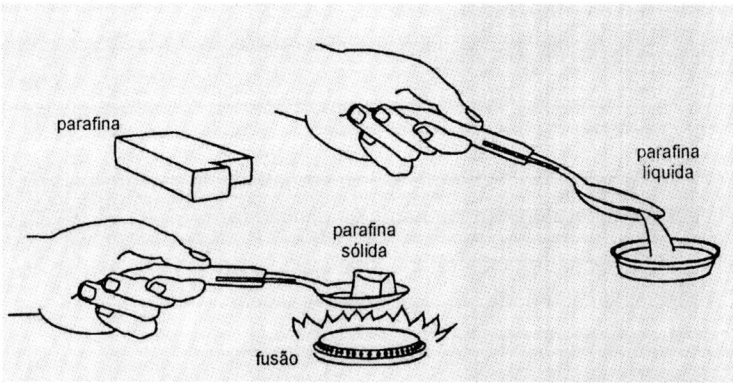

Figura 1.15 - Calor latente

Capítulo 1 – Princípios Básicos

1.2.5.1 – CALOR LATENTE DE FUSÃO

É o calor adicionado a uma substância, de modo a alterar seu estado físico, sem, entretanto modificar sua temperatura.

Para transformar gelo em água são necessárias 144 BTU de calor. O valor 144 BTU representa o calor latente de fusão da água.

1.2.5.2 – CALOR LATENTE DE VAPORIZAÇÃO

É o calor usado para transformar 1Kg de água em vapor sem que haja mudança de temperatura. Isto é o que acontece no condensador do refrigerador. O gás refrigerante cede o seu calor latente de vaporização ao meio ambiente.

1.2.6 – TEMPERATURA

A temperatura de uma substância é simplesmente uma indicação da quantidade de energia térmica existente na mesma. Podemos exemplificar tomando duas vasilhas de águas contendo uma delas 1 litro de água e outra com 100 litros, temos, porém a mesma temperatura. Isto indica que ambas tem a mesma intensidade de calor, porém, a segunda vasilha tem uma quantidade de calor cem vezes maior.

1.3 – TERMÔMETROS E ESCALAS

O instrumento usado para medir a temperatura de um corpo é chamado termômetro. Geralmente estes instrumentos baseiam-se no fenômeno da dilatação sofrida pelos corpos quando submetidos ao aquecimento. Como os sólidos são os que menos se dilatam, são usados para medidas de altas temperaturas; os gases dilatam-se relativamente mais e são usados para medidas de pequenas variações de temperatura; os líquidos são usados nas aplicações gerais destacando-se o álcool e o mercúrio.

Além dos termômetros citados acima que são com corpo de vidro, usa-se para uma maior precisão, os termômetros eletrônicos digitais, conforme figura 1.16.

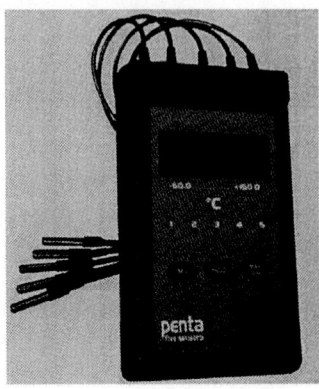

Figura 1.16 - Termômetro digital 5 sensores

1.3.1 – ESCALA TERMOMÉTRICA

Para a construção de uma escala termométrica é necessário estabelecer dois pontos fixos, atribuir valor a esses pontos e dividir em partes iguais o intervalo entre eles.

Como exemplo de pontos fixos temos a temperatura na qual o gelo funde (1º ponto fixo), e a temperatura na qual a água líquida entra em ebulição, ou seja, evapora (2º ponto fixo), nas condições normais de pressão (ao nível do mar).

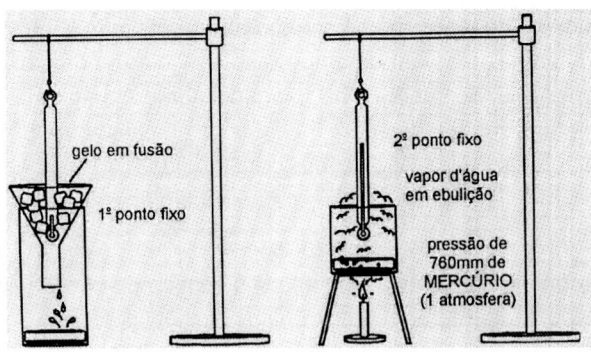

Figura 1.17 (Construção de uma escala termométrica)

Das infinitas escalas que se pode criar, três consagram-se pelo uso: a escala **Celsius**, a **Fahrenheit** e a **Kelvin**.

1.3.2 – ESCALA CELSIUS

Esta escala foi estabelecida pelo físico sueco Anders Celsius. Ele atribuiu o valor zero (0) ao ponto correspondente a temperatura na qual o gelo se funde, e o valor 100 ao ponto correspondente a temperatura na qual a água entra em ebulição ao nível do mar. Em seguida, dividiu o intervalo entre os dois pontos fixos em 100 partes iguais, veja figura 1.18. Cada uma dessas partes corresponde a variação de um grau Celsius (1°C).

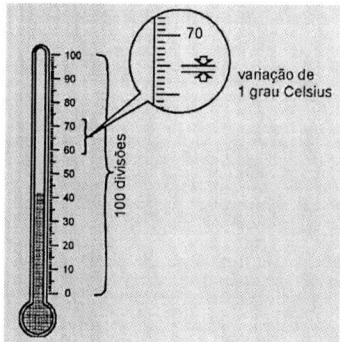

Figura 1.18 - Escala Celsius

1.3.3 – ESCALA FAHRENHEIT

Estabelecida pelo físico alemão Daniel Gabriel Fahrenheit, esta escala é muito utilizada nos países de língua inglesa. Nesta escala o ponto de fusão do gelo corresponde a (+32°F), e o ponto de ebulição (evaporação) da água ao nível do mar (+212°F) dividida em 180 partes iguais.

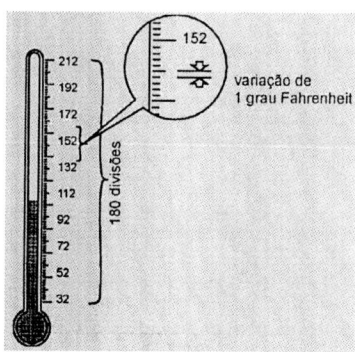

Figura 1.19 - Escala Fahrenheit

1.3.4 – ESCALA KELVIN

Na escala Kelvin o ponto de fusão do gelo corresponde ao número 273 e o ponto de ebulição (evaporação) da água, ao nível do mar, ao número 373. Entre esses dois pontos existem 100 divisões, o zero da escala Kelvin é chamado de **zero absoluto** e é inatingível na prática. O zero absoluto corresponde a uma temperatura aproximada de **–273°C**.

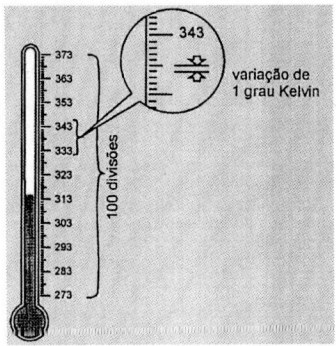

Figura 1.20 - Escala Kelvin

1.3.5 – COMPARAÇÃO ENTRE ESCALAS

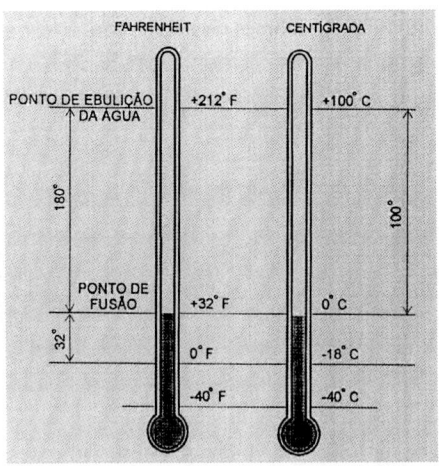

Figura 1.21

Podemos converter uma temperatura em °C para °F ou vice-versa. Com a utilização da fórmula abaixo:

| $°C = \dfrac{°F - 32}{1,8}$ | $°F = (1,8 \times °C) + 32$ | $K = °C + 273$ |

Exemplo: Converter 30°C em °F

°F = (1,8 x 30) + 32

°F = 54 + 32 = 86°F

1.4 – PRESSÃO

Pressão é quantidade de força por unidade de superfície.

Em outras palavras, **pressão é a força total aplicada em uma área.**

$$\text{PRESSÃO} = \dfrac{\text{FORÇA}}{\text{ÁREA}}$$

Exemplo:

Um bloco medindo 10 cm x 10 cm x 50 cm e 50 kgf.

Qual a pressão que ele exerce sobre o solo?

Isto depende da área de apoio do bloco sobre o solo. Veja dois exemplos abaixo.

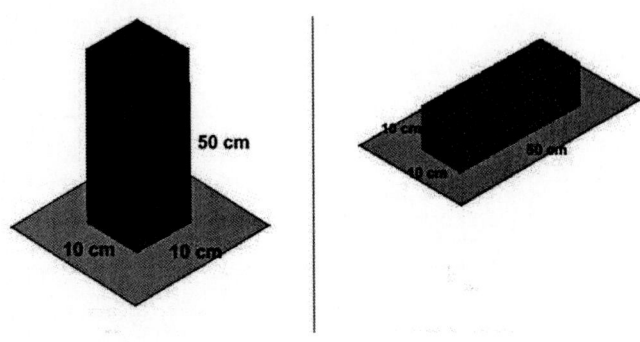

Figura 1.22
Força = 50 kgf
Área = 10 x 10 = 100 cm²
Pressão = 50/100 = 0,5 kgf/cm²

Figura 1.23
Força = 50 kgf
Área = 10 x 50 = 500 cm²
Pressão = 50/500 = 0,1 kgf/cm²

1.4.1 – PRESSÃO ATMOSFÉRICA

Vivemos em um oceano de ar. Como o ar tem peso, ele exerce uma pressão semelhante à exercida pela água. Entretanto o ar, diferentemente da água, se torna cada vez menos denso quanto mais afastado se encontra da superfície da terra. Assim a pressão por ele exercida não pode ser medida simplesmente em termos da altura da "coluna de ar" existente sobre um ponto. O valor dessa pressão, medida ao nível do mar, situa-se em torno de 1 kgf/cm². O valor de uma atmosfera física é de 1,0332 kgf/cm² ou 10,332 mca ou 760 mmHg.

Cabe agora fazer uma distinção entre PRESSÃO ABSOLUTA e PRESSÃO EFETIVA no interior de um líquido.

A PRESSÃO ABSOLUTA é a pressão total em um ponto qualquer no interior do líquido, sendo, portanto, igual à pressão da altura da coluna de líquido somada à pressão atmosférica.

A PRESSÃO EFETIVA, MANOMÉTRICA OU RELATIVA é simplesmente o valor da pressão causada pela altura da coluna de líquido, sendo uma indicação de quanto a pressão no ponto é maior do que a pressão atmosférica. É também chamada manométrica, pois é a indicada pelos manômetros.

A pressão atmosférica é muito importante para o funcionamento de uma bomba centrífuga, uma vez que ela é responsável pela "aspiração" de água de um reservatório cujo nível esteja situado abaixo do nível da bomba. Vejamos como isso ocorre. Tomemos

Capítulo 1 - Princípios Básicos

como exemplo o caso de um tubo U com um pouco de água. O nível nos dois braços será o mesmo e o ar estará exercendo a mesma pressão sobre as duas superfícies da água. Aspire um pouco de ar de um dos lados, de modo a diminuir a pressão nele. A pressão maior no outro lado forçará a água para baixo, fazendo-a subir no braço oposto até as pressões novamente se igualarem. O mesmo ocorre quando você suga o ar de um canudo de refresco, é a pressão atmosférica sobre a superfície do refresco que o força a subir pelo canudo (figura 1.24).

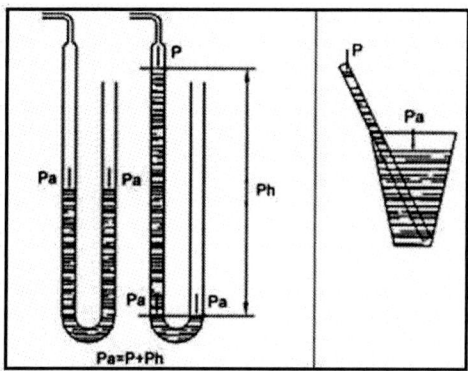

Figura 1.24

Acontece exatamente a mesma coisa com a aspiração de uma bomba centrífuga, pois há diminuição de pressão na entrada do rotor e a pressão atmosférica obriga a água a subir pela tubulação de sucção (figura 1.25).

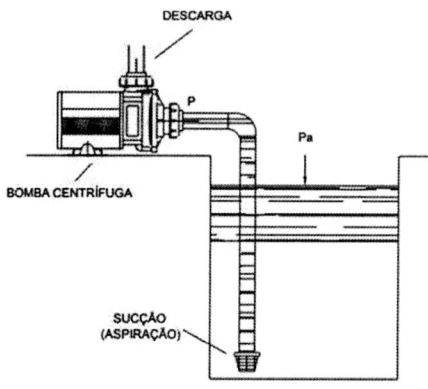

Figura 1.25

Na figura 1.26 é mostrada a relação entre as pressões atmosférica (barométrica), absoluta, manométrica e de vácuo. Temos vácuo quando a pressão é inferior à atmosférica, ou seja, pressões efetivas negativas. Nos exemplos do tubo U, do canudo de refresco e da bomba centrífuga há formação de vácuo parcial onde há sucção.

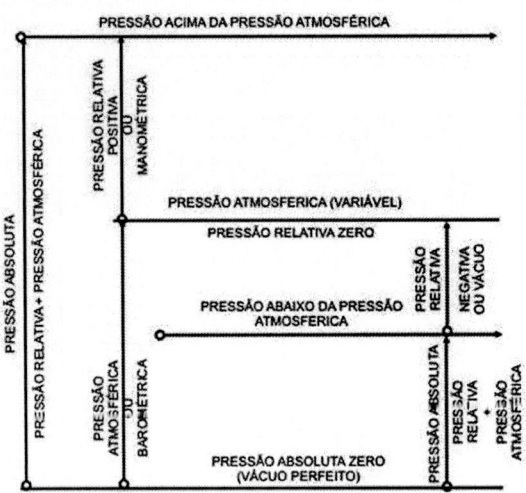

Figura 1.26

1.4.2 – UNIDADES DE PRESSÃO

De acordo com o sistema internacional de medidas (S.I.) a unidade de força é o Newton (N) e a unidade de área é o metro quadrado (m²).

Como pressão é a força exercida $P = F \div A$ segundo o S.I. é N/m² que recebe o nome de Pascal (PA).

Exemplo: 1 N/m² = 1 PA

No antigo sistema C.G.s. a unidade de força é o dina (DYN) e a unidade de área é o centímetro quadrado (cm²). A unidade de pressão nesse sistema é o DYN/cm² que recebe o nome de Bária (BA).

No sistema MKS (técnico), a unidade é o quilograma força (kgf), e a unidade de área é o (m²). A unidade de pressão nesse sistema é o kgf/m².

Há outras unidades de pressão, que apesar de não pertencerem a nenhum sistema de unidades são usadas na prática: atmosfera (ATM) metro de coluna d'água (m H2O), milímetro de mercúrio (mm Hg), Torricelli (Torr), etc.

Capítulo 1 - Princípios Básicos

Temos a seguir uma tabela de equivalência entre as várias unidades de pressão que são utilizadas em vários ramos de atividades, especialmente em refrigeração.

1.4.3 – PRESSÃO MANOMÉTRICA

Também conhecida como pressão efetiva, é determinada através de manômetros e indica a pressão que está sendo exercida acima ou abaixo da pressão atmosférica.

A pressão manométrica é bastante empregada na prática, sendo considerada positiva quando registra valores acima da pressão atmosférica. Quando a pressão registrada for inferior a pressão atmosférica diz-se que é "Vácuo".

Existem três tipos de classificação para os instrumentos que medem a pressão:

- MANÔMETROS: Medem pressões acima da pressão atmosférica.

- MANOVACUÔMETROS: Medem pressões tanto acima quanto abaixo da atmosférica.

Figura 1.27

- VACUÔMETROS: Medem pressões abaixo da pressão atmosférica (figura 1.28).

Figura 1.28

A figura a seguir mostra um tipo muito comum de manômetro, o "BOURBOM". O indicador é movido pela mudança de pressão dentro do tubo "bourbom" que é um tubo côncavo de bronze com uma área transversal elíptica.

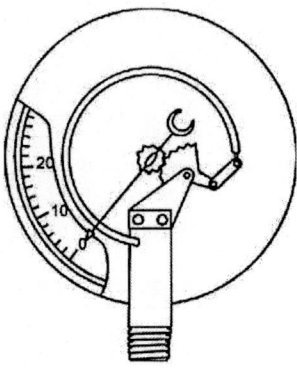

Figura 1.29

O tubo é curvado dentro de um círculo quase completo. Quando a pressão é introduzida dentro do tubo, ele tende a ficar reto. Este movimento é transmitido por articulação à agulha que registra zero libras à pressão atmosférica corrente, a pressão lida em um manômetro é chamada pressão manométrica, como 15 PSIg, ela é a pressão acima da atmosférica.

Pressão absoluta é o total da pressão atmosférica + pressão manométrica. Ao nível do mar, pressão atmosférica padrão.

1.5 – VÁCUO (EVACUAÇÃO)

O termo "vácuo" ou "evacuação" será tratado como um **procedimento** que indica a ausência de ar (pressão), conseqüentemente, da umidade de um determinado espaço.

O ar contém vapor d'água, por esse motivo, antes de aplicar carga de gás em qualquer sistema, deverá ser processada a evacuação. Isto é conseguido através de uma máquina chamada bomba de vácuo. A bomba de vácuo reduz a pressão no sistema, fazendo com que a umidade que está dentro evapore. Esse processo é mostrado no Capítulo 18.

1.6 – VAZÃO E VELOCIDADE

Vazão é a quantidade de líquido que passa através de uma seção por unidade de tempo. A quantidade de líquido pode ser medida em unidades de massa, de peso ou de volume, sendo estas últimas as mais utilizadas.

Por isso as unidades mais usuais indicam VOLUME POR UNIDADE DE TEMPO:

- m^3/h (metros cúbicos por hora)
- l/h (litros por hora)
- l/min (litros por minuto)
- l/s (litros por segundo)
- gpm (galões por minuto)
- gph (galões por hora)

O termo velocidade normalmente refere-se à velocidade média de escoamento através de uma seção. Ela pode ser determinada dividindo-se a vazão pela área da seção considerada.

$$\text{VELOCIDADE} = \frac{\text{VAZÃO}}{\text{ÁREA}}$$

As unidades usuais de medida da Velocidade indicam DISTÂNCIA POR UNIDADE DE TEMPO:

- m/min (metros por minuto)
- m/s (metros por segundo)
- ft/s (pés por segundo)

MÉTRICA TÉCNICA	X =	UNIDADE AMERICANA	X =	SISTEMA INTERNACIONAL
ÁREA:				
cm²			100	mm²
cm²	0.1550	in²	645.2	mm²
m²			1.0	m²
m²	10.76	ft²	0.09290	m²
COMPRIMENTO:				
µm			1.0	µm
µm	39.37	micro-inch	0.02554	µm
mm			1.0	mm
mm	0.03937	in	25.4	mm
mm	0.003281	ft	304,8	mm
m			1.0	m
m	3.281	ft	0.3048	m
m	1.094	yd	0.9144	m
MASSA:				
g			1.0	g
g	0.03527	oz	28.35	g
kg			1.0	kg
kg	2.205	lb	0.04536	kg
tonne, Mg			1.0	tonne, Mg
tonne, Mg	1.102	U.S. ton (2000lb)	0.9072	tonne, Mg
POTÊNCIA:				
kcal/h			1.163	W
kcal/h	3.968	Btu/h	0.2931	W
HP metric			0.7355	kW
HP metric	0.9863	$HP(550\frac{ft\text{-}lb}{s})$	0.7457	kW
Mcal/h			1.163	kW
Mcal/h	0.3307	Ton. refr.	3.517	kW
PRESSÃO:				
mm w.g.4°C			9.806	Pa
mm w.g.4°C	0.03937	inH₂O 39.2°F	249.1	Pa
mm Hg0°C			0.1333	kPa
mm Hg0°C	0.03937	inHg 32°F	3.386	kPa
kgf/cm²			98.7	kPa
kgf/cm²	14.22	psi	6.895	kPa
mH₂O	3.281	ft H₂O	2.989	kPa

Figura 1.30 - Tabela de Conversão de unidades

MÉTRICA TÉCNICA	X =	UNIDADE AMERICANA	X =	SISTEMA INTERNACIONAL
INTERVALO DE TEMPERATURA:				
°C			1.0	K
°C	1.8	°F	0.5556	°C
VELOCIDADE:				
m/s			1.0	m/s
m/s	3.281	ft/s	0.3048	m/s
m/s	196.9	ft/min	0.00508	m/s
VOLUME:				
mm³			1.0×10^{-6}	L
mm³	6.102x10-5	in³	0.01639	L
L			1.0	L
L	0.03531	ft³	28.32	L
m³			1.0	m³
m³	1.308	yd³	0.7646	m³
L	0.2642	U.S.gal	3.785	L
L	2.113	U.S.pint	0.4732	L
mL, cm³			1.0	L
mL, cm³	0.03381	U.S.oz	29.57	mL
VAZÃO:				
m³/h			0.2778	L/s
m³/h	0.5886	ft³/min	0.4719	L/s
m³/h	4.403	U.S.gal/min	0.06309	L/s
L/h			2778×10^{-4}	L/s
L/h	4.403x10⁻³	U.S.gal/min	0.06309	L/s
(m³/h)/(1000kcal/h)	1.780	cfm/ton	0.1342	L/s/kW
TEMPERATURA:*				
°C			°C + 273.15	K
°C	(°Cx1.8)+32	°F	(°F-32)/1.8	°C

*PARA CONVERSÃO DE TEMPERATURA USA-SE O FATOR DE CÁLCULO.
EXEMPLO: A QUANTOS °F EQUIVALE 25°C:
°F = (25°C x 1.8) + 32 = 77°F

CFM = ft³/min = pé cúbico por minuto

Capacidade das Bombas de Vácuo é dada em CFM

Figura 1.31 - Tabela de Conversão de unidades

Capítulo 2

Circuito Frigorígeno

De acordo com a figura 2.1, o circuito (sistema) é composto pela união entre o **Compressor (1), Condensador (2), Dispositivo de Expansão (3) e Evaporador (4).** Além destes quatro componentes básicos, há um fluido que circula no interior deles, que é o fluido refrigerante.

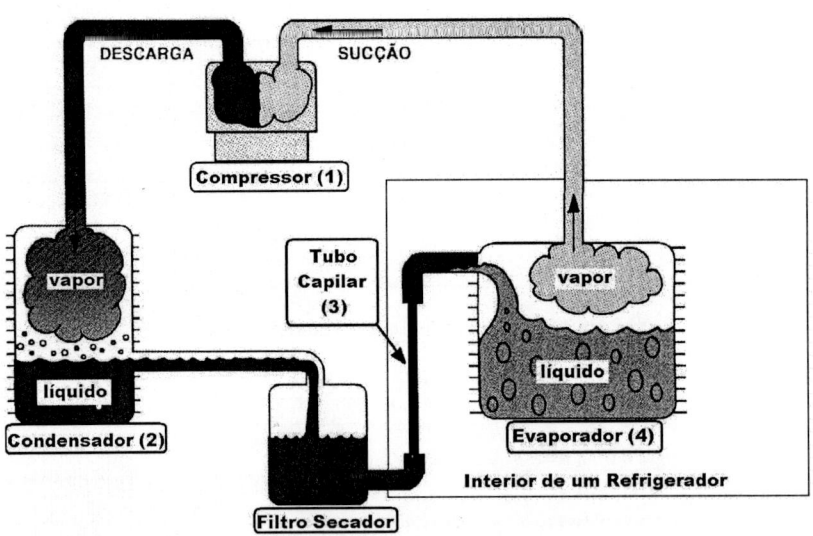

Figura 2.1 – Circuito Frigorígeno ou Sistema Básico de Refrigeração

Um Circuito Frigorígeno ou Sistema de Refrigeração divide-se em duas partes, de acordo com a pressão exercida em ambas. Conforme a figura 2.2, a parte de baixa pressão consiste do evaporador e linha ou tubulação de sucção. A pressão que exerce o fluido refrigerante nestas partes é a pressão de vaporização, evaporação ou saturação. Esta pressão também pode ser chamada de "pressão de sucção" ou "pressão do evaporador", geralmente é medida na válvula de entrada (sucção) do compressor através da instalação de um manômetro adequado.

O lado de alta pressão, ou "lado de alta" do sistema, consiste da linha ou tubulação de descarga, condensador e linha de líquido. A linha de líquido liga o condensador ao dispositivo de expansão. A pressão que exerce o fluido refrigerante nesta parte do sistema é alta pressão sob a qual condensa-se no condensador. Esta pressão denomina-se "pressão de condensação" ou "pressão de descarga".

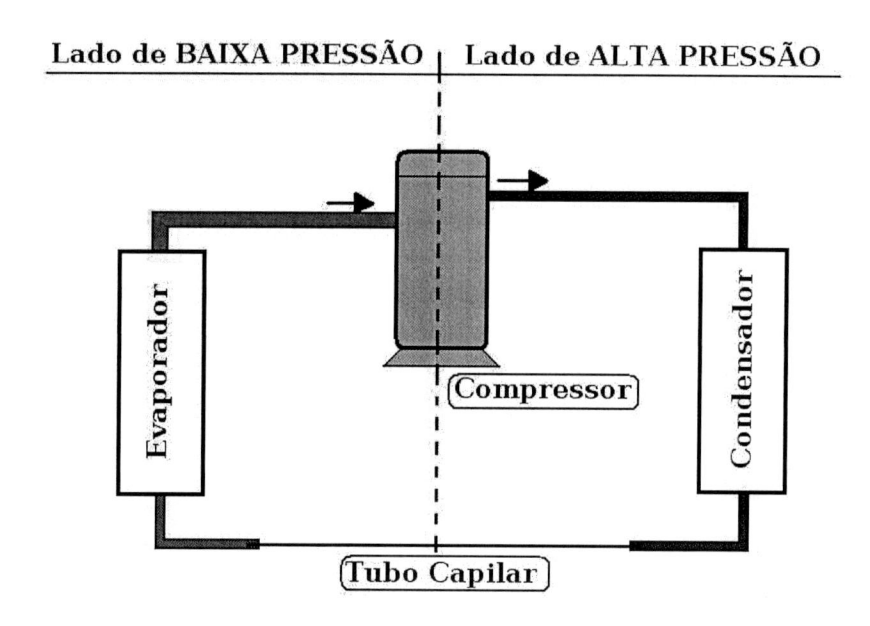

Figura 2.2 – Lados de Alta e Baixa Pressão

Vamos interpretar o funcionamento do circuito frigorígeno (sistema de refrigeração) através das figuras 2.1, 2.2, 2.3 e 2.4 com as funções dos quatro componentes básicos de um sistema de compressão de vapor.

O compressor (1) promove a circulação do fluido refrigerante por todo o sistema (circuito) e com auxílio do dispositivo de expansão (3) (nesse caso é o tubo capilar) promove a elevação de pressão no condensador (2) e a redução de pressão no evaporador (4).

Capítulo 2 – Circuito Frigorígeno

O condensador (2) ou serpentina condensadora tem a função de eliminar (rejeitar) o calor absorvido pelo evaporador (4) somado ao calor promovido pela compressão do compressor (1), com essa eliminação de calor o fluido refrigerante que penetra (entra) no condensador no estado físico "vapor" se transforma em "líquido".

O Evaporador (4) que em refrigeradores é popularmente chamado de congelador, absorve calor do ar interno de um refrigerador (geladeira), com essa absorção de calor o fluido refrigerante que sai do tubo capilar (3) e entra no mesmo no estado físico "líquido" se evapora, ou seja, se transforma em "vapor". O líquido vaporiza-se à pressão e temperatura constante, absorvendo calor latente de vaporização do fluido que está sendo refrigerado (o ar do interior de uma geladeira, por exemplo), passando esse calor através das paredes do tubo de evaporador para o fluido refrigerante.

O Dispositivo de Expansão (3) cria uma restrição ou dificuldade à passagem do fluido refrigerante "líquido" que vem do condensador para o evaporador, e com essa restrição provoca uma elevação de pressão no condensador e uma redução brusca de pressão no evaporador.

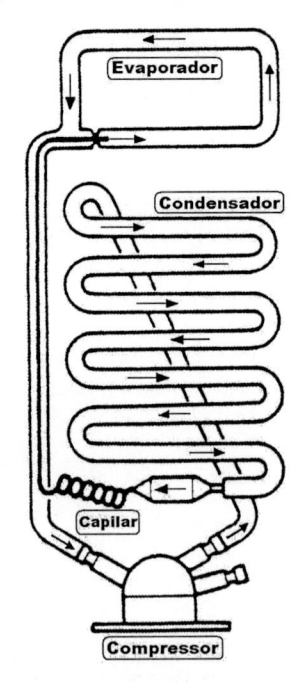

Figura 2.3 – Circuito Frigorígeno Básico ou Sistema Básico de Refrigeração

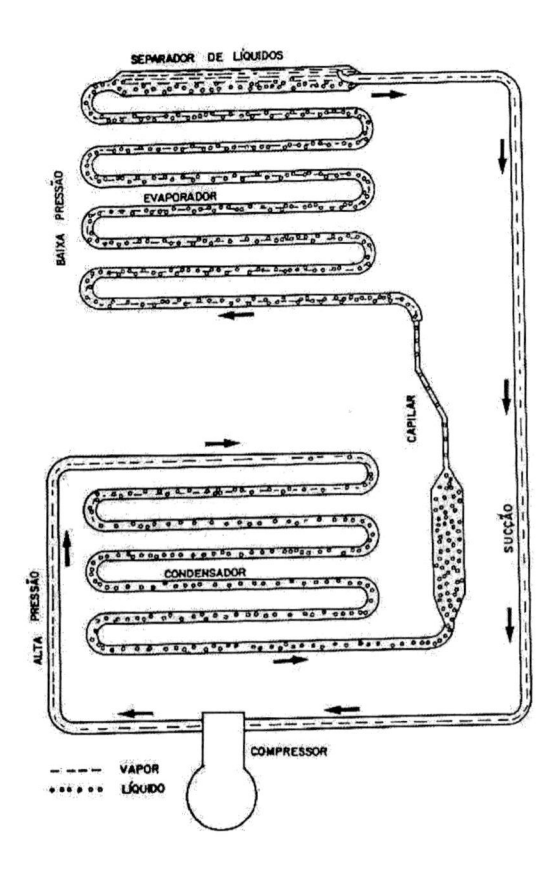

Figura 2.4 – Circuito Frigorígeno Básico ou Sistema Básico de Refrigeração

Capítulo 3

Fluidos ou Gases Refrigerantes

Como foi visto no capítulo 2, o compressor, o condensador, o dispositivo de expansão e o evaporador formam o circuito frigorígeno ou circuito/sistema de refrigeração, esse é o conceito tradicional. Estes **quatro** componentes principais estando em perfeitas condições e bem conectados ou instalados fazem o "circuito frigorígeno" existir, contudo, ele não funcionará se um "gás" não estiver contido no interior dos componentes e tubos que formam o circuito frigorígeno,; também não basta ter o "gás", este tem que ser o correto e estar em quantidade adequada para evitar danos, principalmente ao "coração" do circuito que é o compressor. Sendo tão importante ter um "gás" circulando adequadamente no circuito, e se um componente básico é aquele que não deve faltar justamente por ser básico, **o fluido refrigerante** pode ser considerado também como um componente básico do circuito frigorígeno, totalizando então cinco

Sobre a questão de destruir a camada de ozônio e contribuir para o aquecimento global, os cientistas criaram dois índices, o ODP é o **P**oder de **D**estruição da **C**amada de **O**zônio (Ozone Depleting Potential) e o GWP o **P**otencial de **A**quecimento **G**lobal.

3.1 – FAMÍLIAS DE FLUIDOS REFRIGERANTES

3.1.1 - H.F.C.

Família de compostos químicos que possuem os elementos HIDROGÊNIO, FLÚOR e CARBONO em sua composição. Atualmente os novos equipamentos são fabricados com HFC's.

Os principais fluidos refrigerantes da família dos HFC's são:

R-134a ou Refrigerante 134a (Utilizado em Refrigeradores, Freezers, Câmaras Frigoríficas, Condicionadores de ar de carros e Equipamentos tipo Chiller).

R-404a ou Refrigerante 404a (Utilizado em Câmaras Frigoríficas)

R-507 ou Refrigerante 507 (Utilizado em equipamentos de refrigeração comercial)

R-407C ou Refrigerante 407C (Utilizado em equipamentos Climatização -Ar Condicionado)

R-410A ou Refrigerante 410A (Utilizado em equipamentos Climatização -Ar Condicionado)

3.1.2 - H.C.F.C.

Família de compostos químicos que possuem os elementos HIDROGÊNIO, CLORO, FLÚOR e CARBONO em sua composição. Atualmente se fabricam os HCFC's como gases alternativos (BLENDS) que podem substituir os CFC's.

Os principais fluidos refrigerantes da família dos HCFC's são:

R-22 ou Refrigerante 22 (Utilizado em condicionadores de ar de Janela, Split e Centrais).

R-401A ou Refrigerante 401A (Substitui o R-12).

R-409A ou Refrigerante 409A (Substitui o R-12).

R-401B ou Refrigerante 401B (Substitui o R-12 e o R-500).

R-402A ou Refrigerante 402A (Substitui o R-502).

R-408A ou Refrigerante 408A (Substitui o R-502).

R-402B ou Refrigerante 402B (Substitui o R-502).

3.1.3 - C.F.C.

Família de compostos químicos que possuem os elementos CLORO, FLÚOR e CARBONO em sua composição. Atualmente não se fabrica nenhum gás CFC, o cloro que faz parte de sua composição destrói a camada de ozônio, um equipamento de refrigeração ou climatização (ar condicionado) onde seu sistema funciona com um fluido refrigerante que possui **cloro** na sua composição, é um equipamento tecnicamente ultrapassado. Esse equipamento deve ser atualizado, o profissional de refrigeração tem que procurar uma **alternativa** para esse problema.

Como alternativa à falta de CFC existem os chamados "Gases Alternativos" que pertencem à família dos H.C.F.C.

Capítulo 3 - Fluidos ou Gases Refrigerantes

Os principais fluidos refrigerantes da família dos CFC's são:

R-12 ou Refrigerante 12 (Utilizado em Refrigeradores, Freezers, Câmaras Frigoríficas e Condicionadores de ar de carros, todos antigos).

R-11 ou Refrigerante 11 (Utilizado em grandes sistemas com compressores centrífugos e como fluido para limpeza de circuitos frigorígenos).

No processo de substituição de um CFC por um HCFC, o fabricante de fluidos refrigerantes deverá ser consultado juntamente com o fabricante do equipamento, esse procedimento requer uma análise apurada de todos os dados de funcionamento do equipamento (temperaturas, pressões, tipo do óleo, etc). A **DuPont,** que detém as marcas SUVA e FREON, e é um dos grandes fabricantes de fluidos refrigerantes, chama essa atualização de CFC para HCFC de **Retrofit.**

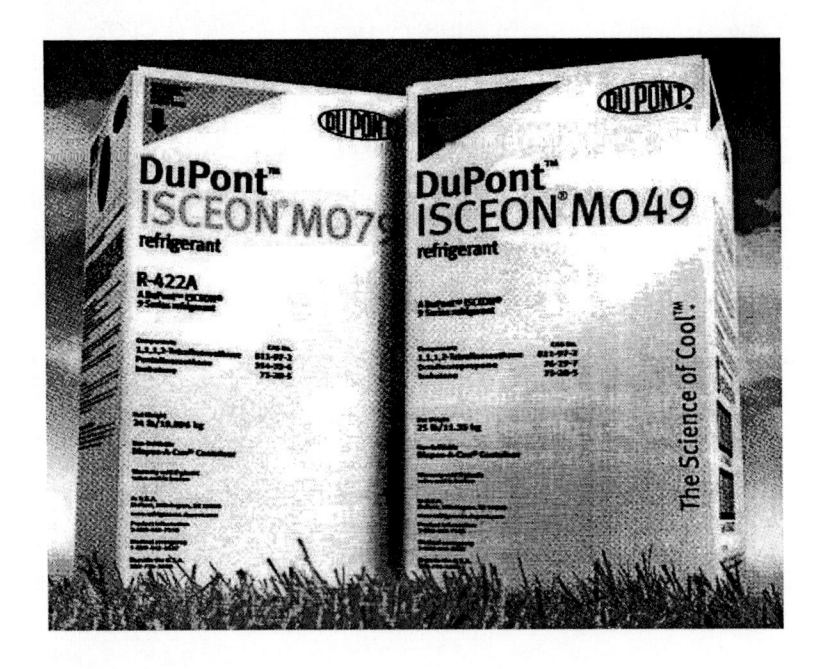

Figura 3.1 – Modelos das embalagens de garrafas de fluidos refrigerantes DuPont

3.1.4 – H.C. (HIDROCARBONETOS)

Família de compostos químicos que possuem os elementos HIDROGÊNIO e CARBONO em sua composição. Os principais fluidos refrigerantes da família dos HC's são:

R-290 ou Refrigerante 290 (Propano)

R-600a ou Refrigerante 600a (Isobutano)

Os fluidos refrigerantes Hidrocarbonetos são inflamáveis, portanto os profissionais dever ter cuidado no manuseio dos equipamentos com esses fluidos.

3.1.4.1 – R-290

O refrigerante R-290 (propano) pode ser utilizado em aplicações L/M/HBP e AC.

Peso Molecular	44,1 kg/kmole	(Ref.: R 22 = 86,5)
Temperatura Crítica	96,8°C	(Ref.: R 22 = 96,1°C)
Pressão Crítica	42,5 bar	(Ref.: R 22 = 49,8 bar)
Ponto de Ebulição	-42,1°C	(Ref.: R 22 = -40,8°C)
Inflamabilidade no Ar	Limite Mínimo	LEL = 2,1% em vol.
	Limite Máximo	UEL = 9,5% em vol.

Figura 3.2 – Tabela com características físicas do R-290

ODP (Potencial de Depleção de Ozônio)	0	(Ref.: R 22 = 0,05)
GWP (Potencial de Aquecimento Global)	3 (100 anos)	(Ref.: R 22 = 1700)

Figura 3.3 – Tabela com características ecológicas do R-290

Para uma nova aplicação, o primeiro componente a ser dimensionado deverá ser o tubo capilar. Geralmente, na troca de um sistema de R-22 para R-290, o mesmo tubo capilar poderá ser utilizado, devendo-se apenas reduzir seu comprimento em aproximadamente 5%. Não é recomendável o uso de um tubo capilar com diâmetro interno menor que 0,6 mm. Para cada sistema o dimensionamento ideal do tubo capilar deverá ser obtido em um laboratório de testes adequado, no intuito de obter a melhor performance do sistema.

Para conversão de um sistema de R-22 para R-290, os mesmos evaporadores e condensadores poderão geralmente ser utilizados.

O refrigerante R-290 requer uso de um filtro secador normal tipo 4A, XH5 ou superior.

Consulte sempre o fabricante para uma correta seleção do secador de filtro.

A quantidade de refrigerante R-290 introduzida no sistema poderá ser geralmente reduzida de 50% e de 60% se comparada com a carga requerida para o R-22. Normas de segurança na Europa limitam a carga de R-290 a 150 g. Esta característica reduz o risco de inflamabilidade do refrigerante em caso de vazamento no sistema. Para cada sistema a carga ideal de refrigerante deverá ser determinada em um laboratório de teste adequado, para se obter a melhor performance do sistema.

3.1.4.2 – R-600a

Com o objetivo de observar o impacto da substituição do R-12 pelo R-600a, a Embraco apresentou a tabela da figura 3.4 com as características de funcionamento, em calorímetro, do compressor modelo EM 20NP220-240V/50Hz operando com R-12 e do seu modelo equivalente com R-000a.

Na seção A da tabela, observa-se que o R 600a necessita de um aumento no volume deslocado do compressor da ordem de 65 a 70% para uma mesma capacidade de refrigeração.

Como pode ser observada na seção B, a diferença de entalpia do isobutano é significativamente maior que a do R-12. Assim, um menor fluxo de massa é necessário para se obter uma mesma capacidade de refrigeração. Na seção C da tabela 1, observa-se a menor temperatura monitorada na descarga do compressor operando com R-600a do que com R-12.

As condições do refrigerante na entrada do dispositivo de expansão estão representadas na seção D da tabela abaixo. Como se pode observar, a vazão volumétrica com isobutano é cerca de apenas 1,3% inferior à de R-12, ou seja, a princípio nenhuma alteração é necessária no tubo capilar de sistemas de refrigeração, quando isobutano é utilizado como substituto do R-12.

REFRIGERANTE		R 12	R 600a
COMPRESSOR		EM 20NP	EMI 20CEP
A - Volume deslocado	cm³	2,27	3,77
B - Pressão Evaporação (-25 C)	bar	1,237	0,579
Pressão Condensação (55 C)	bar	13,66	7,72
Entalpia (-25 C/32 C)	kJ/kg	375	501,5
Entalpia (55 C)	kJ/kg	254	224,9
Diferença de Entalpia	kJ/kg	121	276,6
C - Capacidade de Refrigeração	W	35	34
Fluxo de Massa	kg/h	1,046	0,443
Temperatura Gás Saída Cilindro	°C	99	87
D - Temp. Entrada Disp. Expansão	°C	55	55
Volume Específico	dm³/kg	0,841	1,96
Vazão Volumétrica	dm³/h	0,879	0,867

Figura 3.4 – Tabela comparativa entre R 12 e R 600a

Deve-se enfatizar que, somente compressores desenvolvidos para R-600a devem ser utilizados com este refrigerante. A utilização de compressores R-12 ou R-134a é totalmente desaconselhada nas aplicações com R-600a.

Como demonstrado na seção D da tabela 1 e verificado experimentalmente, a princípio nenhuma alteração é necessária no tubo capilar dos sistemas de refrigeração originalmente projetados e otimizados para R-12, quando R-600a é utilizado como refrigerante.

Em sistemas de refrigeração que funcionam sem problemas de operação com R-12, a carga de R-600a será aproximadamente 40% da carga de R-12. Entretanto esta não é uma regra geral, mas serve como estimativa preliminar da carga de R-600a. Um ponto importante a ser observado é a metodologia utilizada na determinação da carga de refrigerante com R-600a.

Capítulo 4

Circuito Frigorígeno Termodinâmico

Os ciclos (circuitos) de refrigeração ou ciclos termodinâmicos de fluidos refrigerantes em equipamentos por compressão de vapor são adequadamente representados em diagramas P x h (pressão-entalpia, diagrama de Mollier) e diagrama T x s (temperatura-entropia).

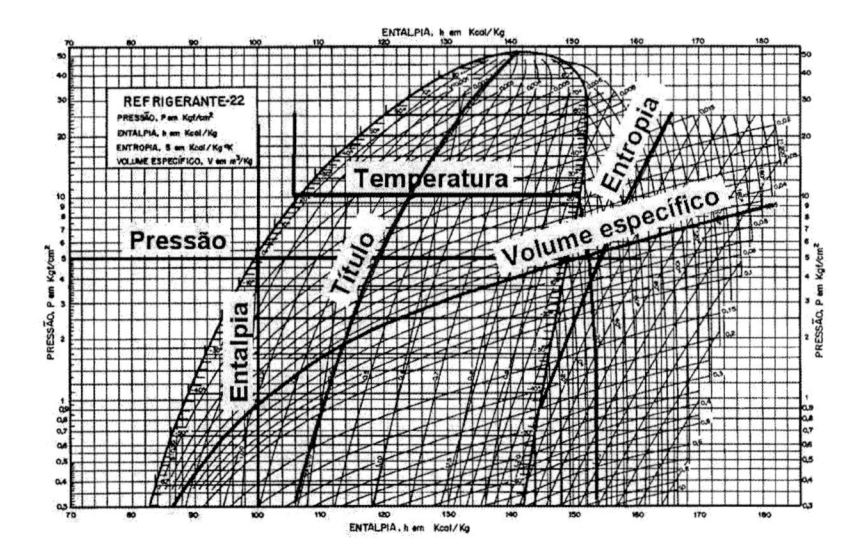

Figura 4.1 - Diagrama de Mollier (P x h) para o refrigerante 22 (Freon 22)

Observe, no diagrama de Mollier, as regiões de líquido sub-resfriado, à esquerda de x = 0, de vapor úmido, 0 < x < 1, no envelope, e vapor superaquecido, à direita de x = 1.

(x = Título)

Os processos termodinâmicos que constituem o circuito teórico em seus respectivos equipamentos são:

a) Processo [1] → [2], que ocorre no compressor, o fluido refrigerante entra no compressor à pressão do evaporador, Po. O fluido refrigerante é então comprimido até atingir a pressão de condensação, e neste estado está superaquecido com temperatura maior que a temperatura de condensação.

b) Processo [2] → [3], que ocorre no condensador, é um processo de rejeição de calor do fluido refrigerante para o meio de resfriamento (água ou ar) a pressão constante. Neste processo o fluido refrigerante é resfriado até a temperatura de condensação e a seguir condensado até se tornar líquido saturado.

c) Processo [3] → [4], que ocorre no dispositivo de expansão, que pode ser uma VET (Válvula de Expansão Termostática) ou tubo capilar, é uma expansão irreversível à entalpia constante, processo isoentálpico, desde a pressão de condensação e líquido saturado, até a pressão de vaporização.

d) Processo [4] → [1], que ocorre no evaporador, é um processo de transferência de calor à pressão constante, conseqüentemente a temperatura constante, desde vapor úmido no estado 4 até atingir o estado de vapor saturado seco.

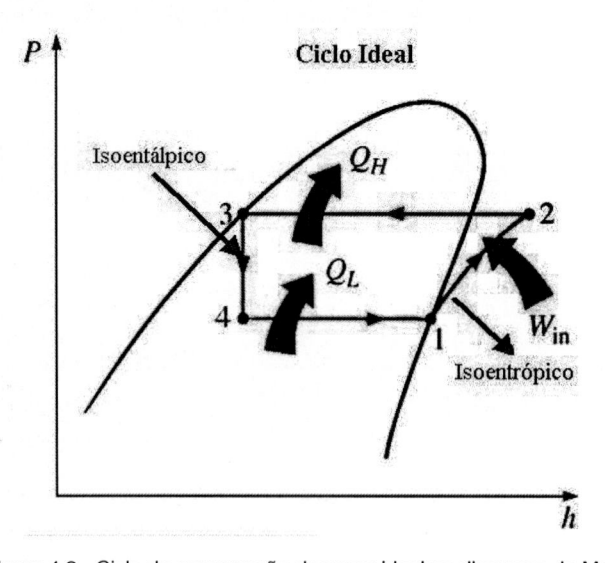

Figura 4.2 - Ciclo de compressão de vapor ideal no diagrama de Mollier

Capítulo 4 - Circuito Frigorígeno Termodinâmico

Como em toda análise de ciclos, vamos começar analisando um ciclo ideal de compressão de vapor. Vale lembrar, novamente, que ciclos reais desviam-se dos ciclos idealizados, isto é, o ciclo ideal serve, para nossa análise do ciclo real, como uma referência, um objetivo a atingir (apesar de inalcançável) através da melhoria de cada processo que o constitui. Veja então um ciclo ideal de compressão de vapor, na figura seguinte, representado esquematicamente e no diagrama de Mollier (P *versus* h).

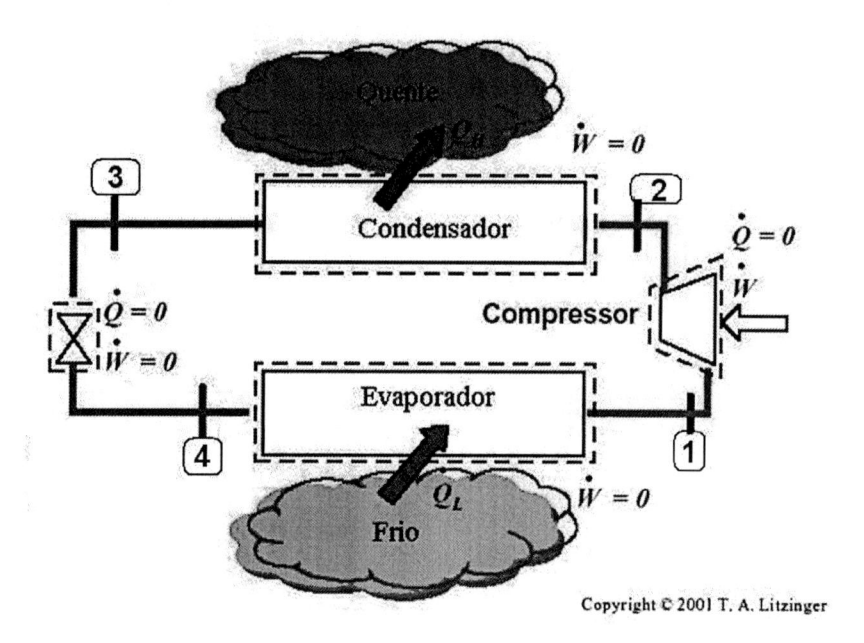

Figura 4.3 – Representação esquemática do ciclo ideal de refrigeração por compressão de vapor no diagrama de Mollier

O equacionamento do ciclo ideal: seja a formulação simples da Equação da Energia, conforme dada abaixo, aplicável para um sistema em regime permanente, para um escoamento unidimensional com uma entrada e uma saída, isto é, $m_s = m_e = m$.

$$\dot{Q} - \dot{W}_{útil} = \left(h + \frac{1}{2}V^2 + g \cdot \Delta e\right)\dot{m}_s - \left(h + \frac{1}{2}V^2 + g \cdot \Delta e\right)\dot{m}_e$$

Cada um dos processos que formam o ciclo devem ser analisados separadamente:

Compressão >> Modelo Ideal do Compressor

No compressor só há um fluxo de entrada e um de saída: $m_e = m_s = m$.

Vamos desprezar a variação das energias cinética e potencial entre a entrada e saída do compressor; e vamos admitir que o processo de compressão seja adiabático e reversível, isto é, isoentrópico, veja a figura. Assim, se o processo ocorre em regime permanente e se W é o trabalho realizado sobre o VC,

$$\dot{Q} - \dot{W}_{util} = \frac{dE_{cv}}{dt} + \left(h + \frac{1}{2}V^2 + g \cdot \Delta e\right)_s \dot{m}_s - \left(h + \frac{1}{2}V^2 + g \cdot \Delta e\right)_e \dot{m}_e$$

$$\dot{W} = (h_2 - h_1) \cdot \dot{m}$$

As propriedades do refrigerante em 2 são conhecidas desde que se fixe a pressão de condensação, pois o processo é isoentrópico.

Condensador e Evaporador >> Modelo Ideal do Condensador e do Evaporador

$$\underbrace{\frac{dE_{cv}}{dt}}_{①} = \underbrace{\dot{Q}}_{②} - \underbrace{\dot{W}}_{②} + \underbrace{\sum \dot{m}_s}_{③} \left(h_s + \underbrace{\frac{V_s^2}{2}}_{④} + \underbrace{g \Delta e_s}_{④}\right) - \underbrace{\sum \dot{m}_e}_{③} \left(h_e + \underbrace{\frac{V_e^2}{2}}_{④} + \underbrace{g \Delta e_e}_{④}\right)$$

As premissas são:

1. regime permanente;

2. só existe trabalho de escoamento (incluído na entalpia);

3. só existe um fluxo de entrada e um fluxo de saída, $m_e = m_s = m$;

4. variações de energia cinética e potencial são desprezíveis frente à variação da entalpia, e

5. a pressão é constante (esta é uma aproximação!).

Capítulo 4 - Circuito Frigorígeno Termodinâmico 43

Assim:

Condensador ideal: $\dot{Q} = (h_3 - h_2)\dot{m}$

Evaporador ideal: $\dot{Q} = (h_1 - h_4)\dot{m}$

Válvula de Expansão >> Modelo Ideal da Expansão

$$\cancel{\frac{dE_{cv}}{dt}} = \cancel{\dot{Q}} - \cancel{\dot{W}} - \sum \dot{m}_s \left(h_s + \cancel{\frac{V_s^2}{2}} + \cancel{g\Delta e_s} \right) + \sum \dot{m}_e \left(h_e + \cancel{\frac{V_e^2}{2}} + \cancel{g\Delta e_e} \right)$$

① ② ③ ⑤ ④ ③ ⑤ ④

As premissas são:

1. regime permanente;
2. processo adiabático;
3. só existe um fluxo de entrada e um fluxo de saída, $m_e = m_s = m$;
4. variação de energia potencial é desprezível;
5. variação de energia cinética pode ser desprezível.

Assim:

Expansão ideal: $0 = (h_4 - h_3) m$

Isto é,

Evaporador ideal: $h_4 - h_3$ (processo isoentálpico!)

Conseqüentemente, é irreversível, pois não é isoentrópico (volte ao diagrama de Mollier para verificar): isto é, um processo adiabático isoentálpico não é isoentrópico (e não é reversível)

Representação esquemática do ciclo <u>ideal</u> de refrigeração por compressão de vapor no diagrama T versus s.

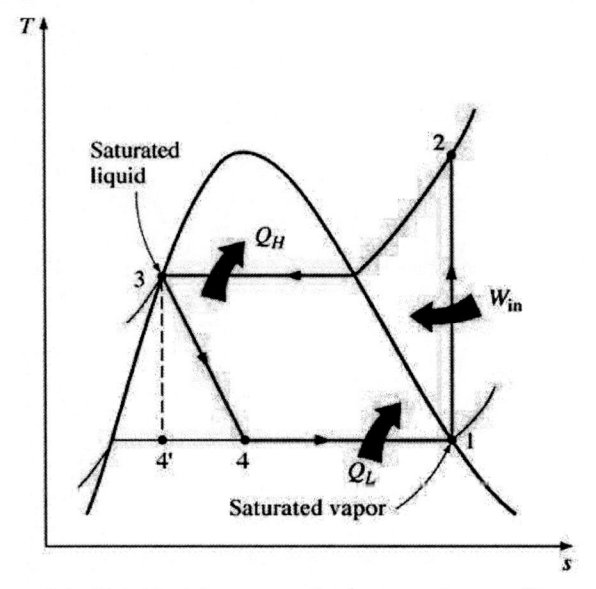

Figura 4.4 - Ciclo <u>ideal</u> de compressão de vapor, diagrama T x s

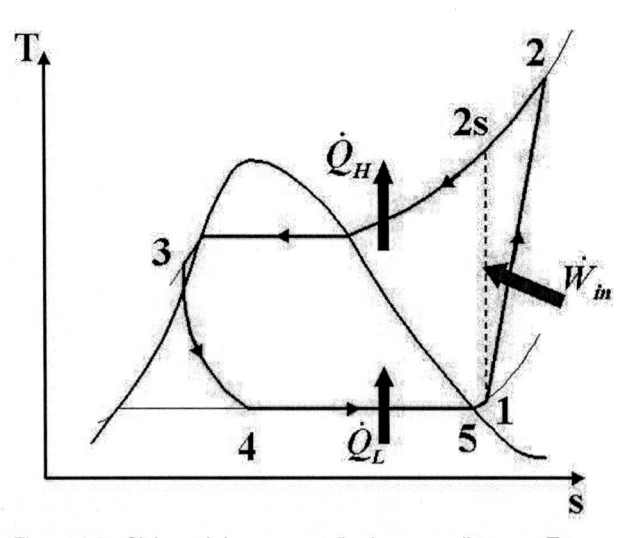

Figura 4.5 - Ciclo <u>real</u> de compressão de vapor, diagrama T x s

Capítulo 4 – Circuito Frigorígeno Termodinâmico

Diferenças entre os ciclos <u>ideal</u> e <u>real</u> de refrigeração por compressão de vapor no diagrama P *versus* h (Mollier).

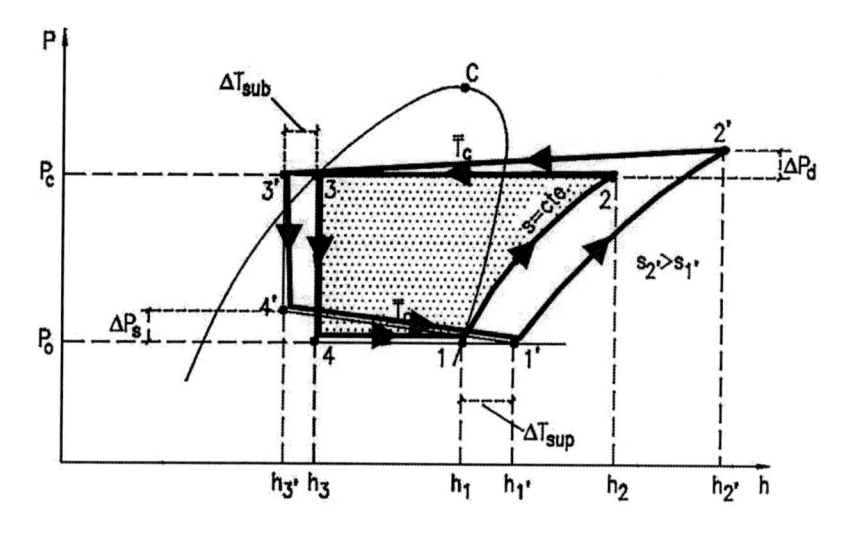

Figura 4.6

Em um ciclo de refrigeração, o objetivo é a remoção de calor do ambiente a ser refrigerado. Assim, seu COP – Coeficiente de Performance, isto é, *Coeficient of Performance*, é definido como sendo a razão entre o calor retirado e o trabalho realizado:\

Idealmente,

$$COP = \frac{Q_L}{W}$$

O COP depende:

$$COP = \frac{h_1 - h_4}{h_2 - h_1}$$

1. da temperatura de evaporação (vaporização);
2. da temperatura de condensação;
3. propriedades *(funções de estado)* do refrigerante na sucção do compressor, e
4. de todos os componentes do sistema: compressor, condensador etc.

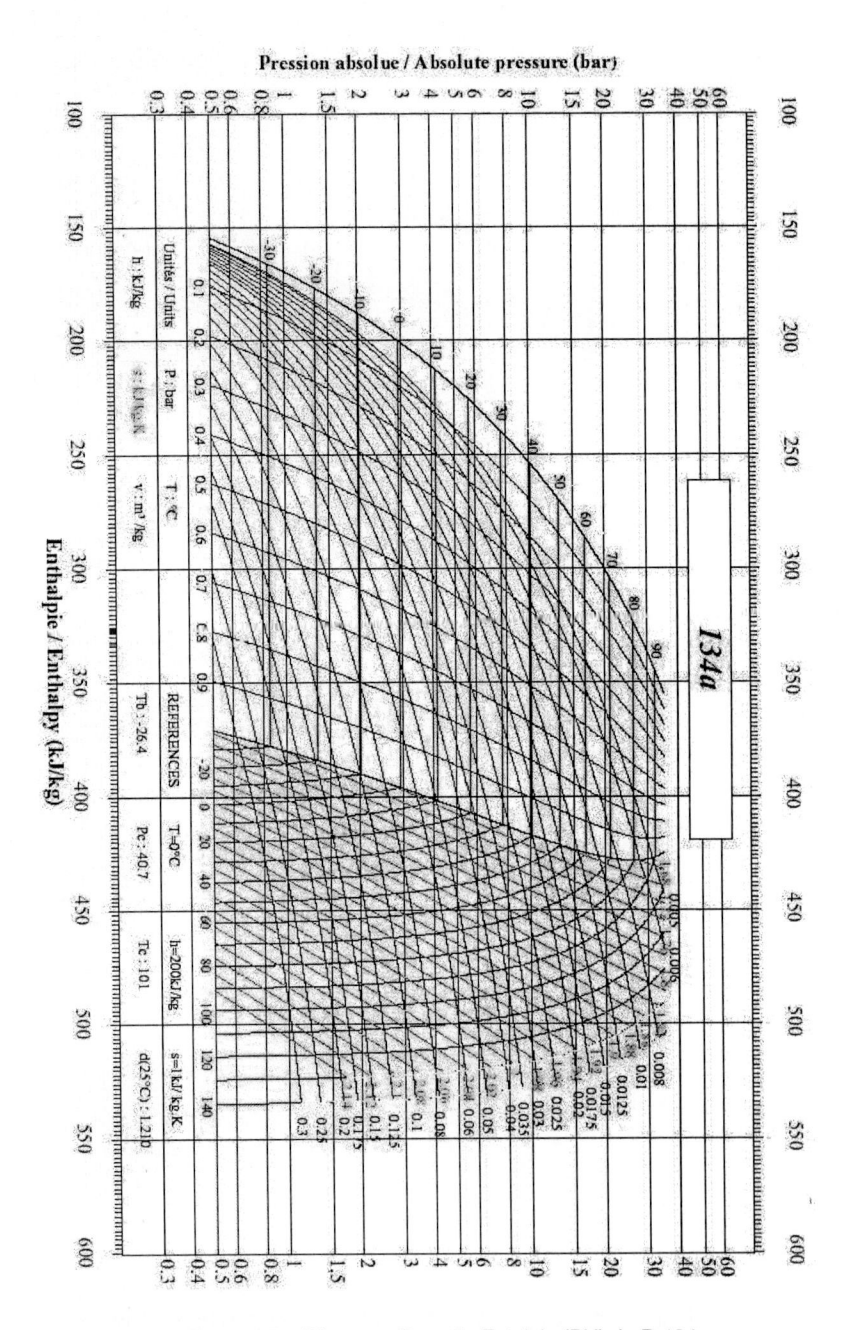

Figura 4.7 – Diagrama Pressão-Entalpia (PH) do R-134a

Capítulo 4 – Circuito Frigorígeno Termodinâmico

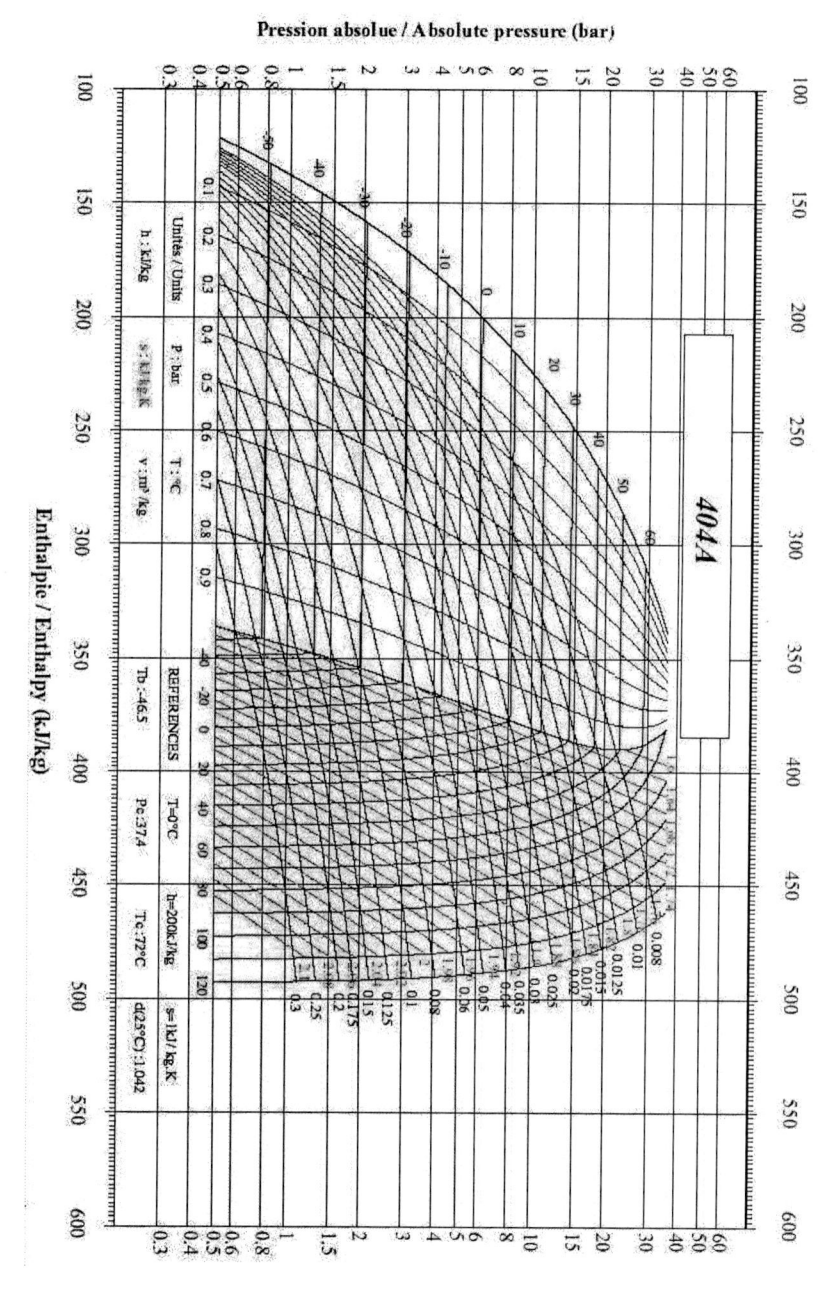

Figura 4.8 – Diagrama Pressão-Entalpia (PH) do R-404a

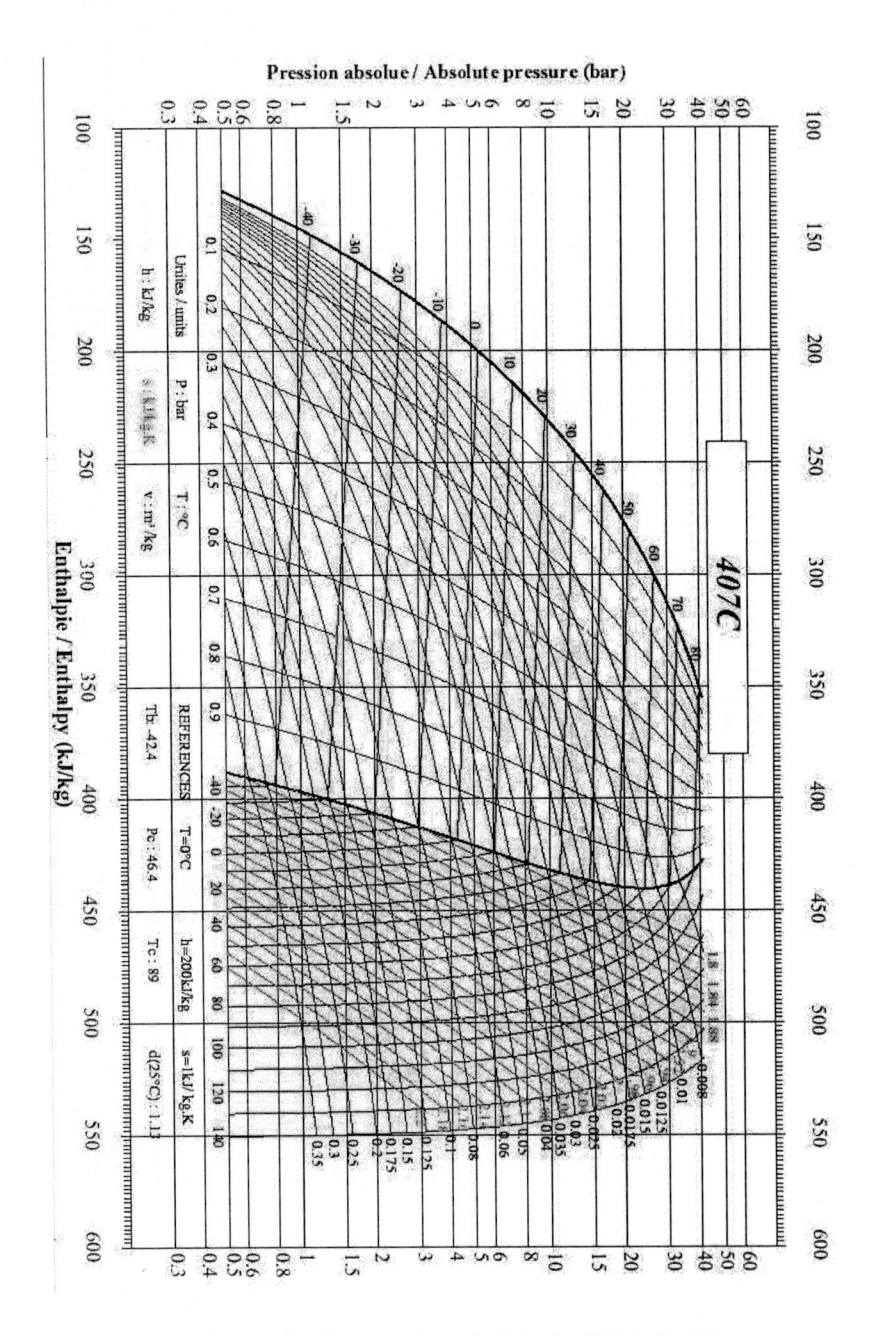

Figura 4.9 – Diagrama Pressão-Entalpia (PH) do R-407

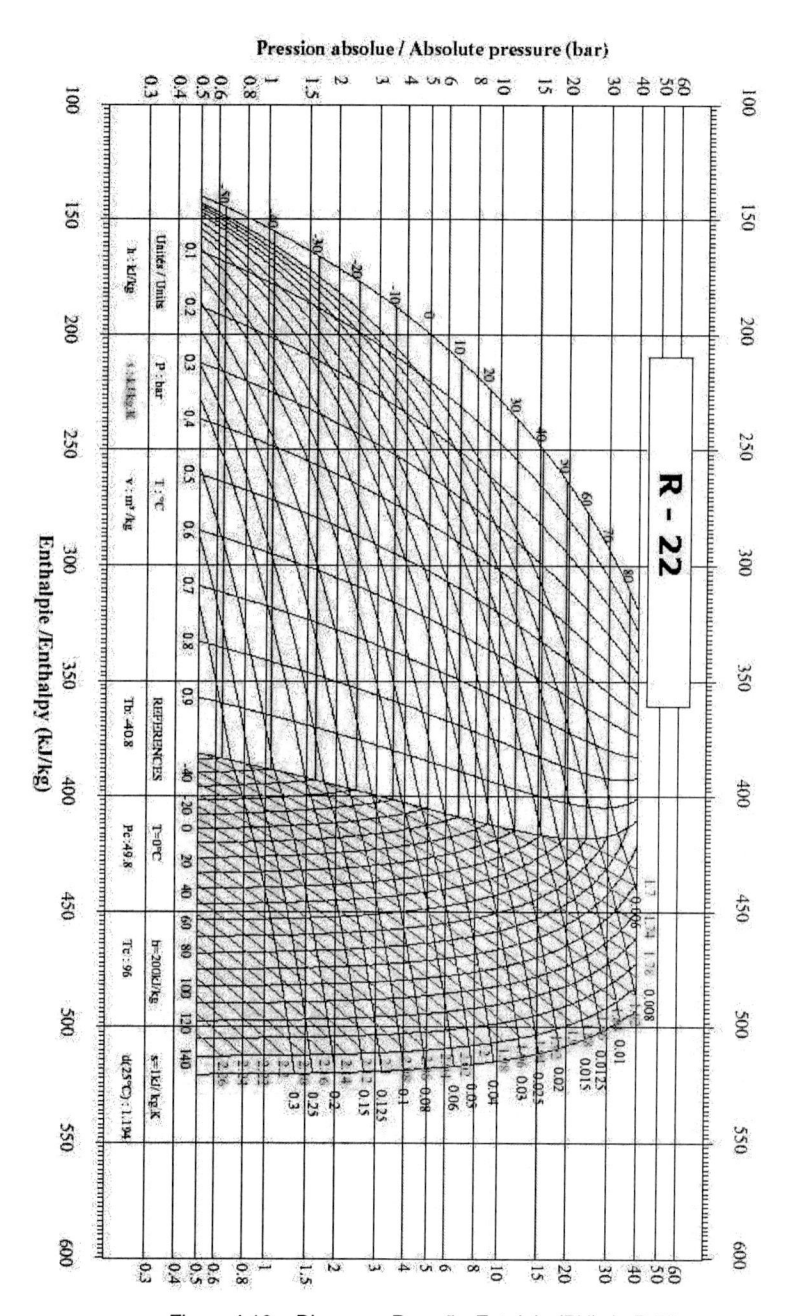

Figura 4.10 – Diagrama Pressão-Entalpia (PH) do R-22

Capítulo 5

Componentes Básicos

Como mostrado no Capítulo 4, o compressor, o condensador, o dispositivo de expansão e o evaporador formam o circuito frigorígeno (sistema de refrigeração).

Estes **quatros** componentes principais estando em perfeitas condições e bem conectados ou instalados, fazem o "circuito frigorígeno" existir, contudo, ele não funcionará se um "gás" não estiver contido no interior dos componentes e tubos que formam o circuito frigorígeno, também não basta ter o "gás", este tem que ser o correto e está em quantidade adequada para evitar danos, principalmente ao "coração" do circuito que é o compressor.

Sendo tão importante ter um "gás" circulando adequadamente no circuito, e se um componente básico é aquele que não deve faltar justamente por ser básico, trataremos **o fluido refrigerante** como um componente básico do circuito frigorígeno, totalizando então cinco componentes básicos.

5.1 – COMPRESSORES E MOTOCOMPRESSORES

Quando perguntamos quais os tipos de compressores, muitos respondem: Alternativos, Herméticos, Parafusos, Semi-Herméticos, etc. Nessa resposta, há uma mistura do tipo de compressão com o tipo de acoplamento.

Os Compressores se dividem em duas categorias, que são a "categoria de acoplamento" e a "categoria de compressão", e a pergunta quanto aos tipos de compressores deve fazer referência ao tipo de categoria.

5.1.1 – CATEGORIA DE ACOPLAMENTO

Essa categoria analisa como o compressor está instalado junto com o motor elétrico.

Se o **compressor** e o **motor elétrico** estão juntos em uma mesma carcaça, e se essa carcaça **não possibilita** consertos (manutenção), esse componente é um Motocompressor Hermético.

Se o **compressor** e o **motor elétrico** estão juntos em uma mesma carcaça, e se essa carcaça **possibilita** consertos (manutenção), esse componente é um Motocompressor Semi-Hermético.

Se o **compressor** e o **motor elétrico** não estão juntos em uma mesma carcaça, esse componente é um Compressor Aberto.

Figura 5.1 – Motocompressor Hermético Alternativo (Marca: Embraco)

Figura 5.2 – Motocompressor Semi-hermético Alternativo (Marca: Bitzer)

Capítulo 5 - Componentes Básicos 53

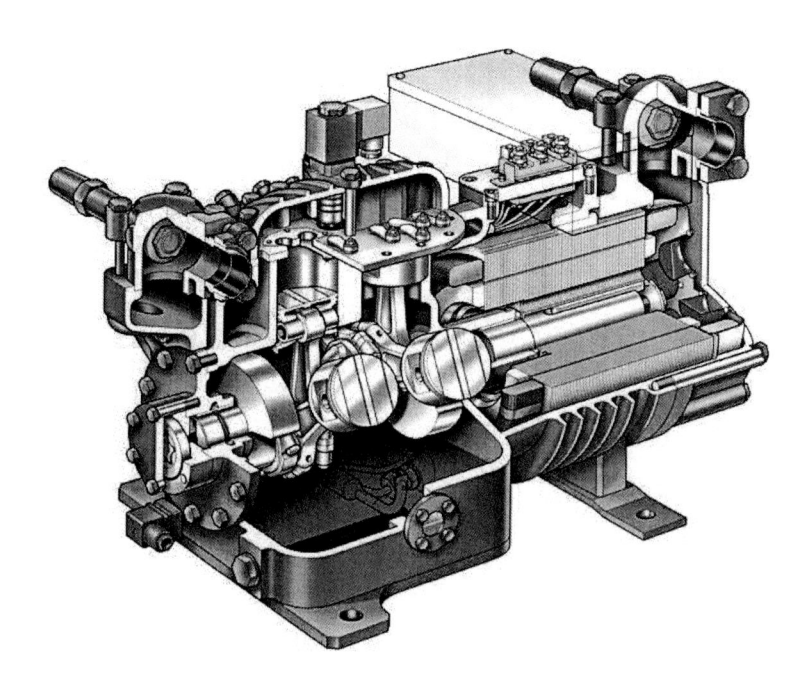

Figura 5.3 – Motocompressor Semi-hermético Alternativo
da figura 5.2 em corte (Marca: Bitzer)

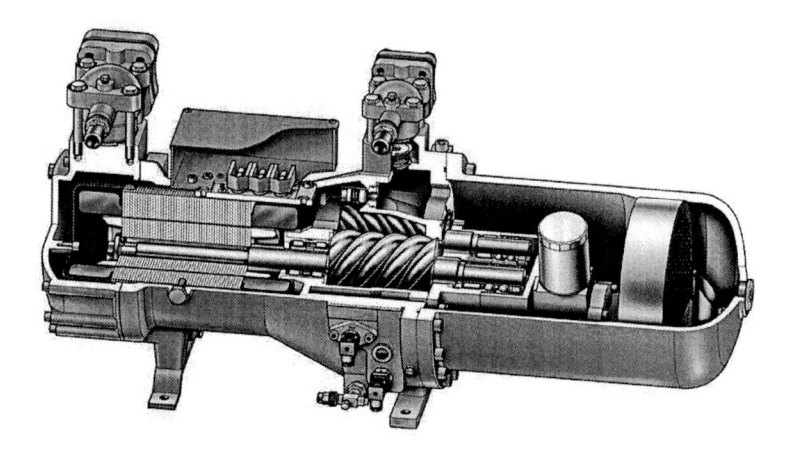

Figura 5.4 – Motocompressor Semi-hermético Parafuso em corte (Marca: Bitzer)

Figura 5.5 – Compressores Abertos Alternativos (Marca: Bitzer)

Figura 5.6 – Compressor Aberto Alternativo (Marca: Bitzer)

5.1.2 – CATEGORIA DE COMPRESSÃO

ALTERNATIVO – Os compressores dessa categoria possuem o "pistão" que executa movimentos alternados de sobe e desce ou vai e vem. Veja na figura 5.10 que o fluido refrigerante penetra (entra) pela linha de sucção para um espaço criado pelo curso de descida do pistão e o fluido é forçado para a linha de descarga pelo pistão no seu curso de subida.

Quando o pistão desce, faz a "placa de válvula de sucção" abrir e a "placa de válvula de descarga" fechar, a pressão no cilindro nesse momento é menor que na linha de sucção, então o fluido entra no cilindro.

Quando o pistão sobe, faz a "placa de válvula de descarga" abrir e a "placa de válvula de sucção" fechar, a pressão no interior do cilindro nesse momento é maior que na linha de descarga, então o fluido sai do interior do cilindro.

O **Virabrequim** gira, e com auxílio da **Biela** move o **Pistão** com movimentos alternados, daí o nome compressor alternativo.

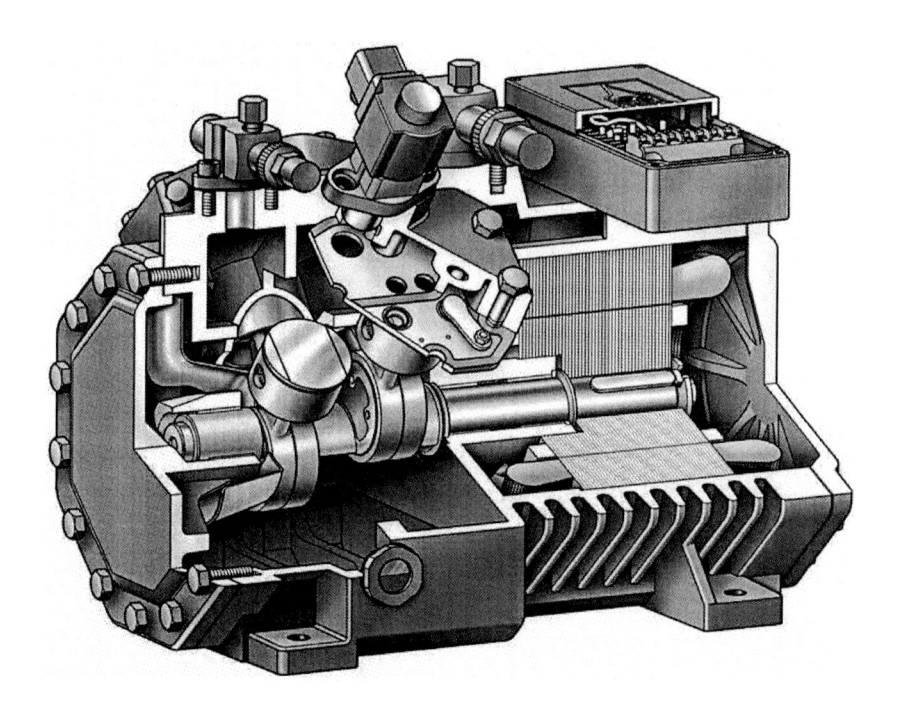

Figura 5.7 – Compressor Alternativo em corte (Marca: Bitzer / Modelo:Octagon C3)

Figura 5.8 – Compressor Alternativo

Figura 5.9 – Compressor Alternativo

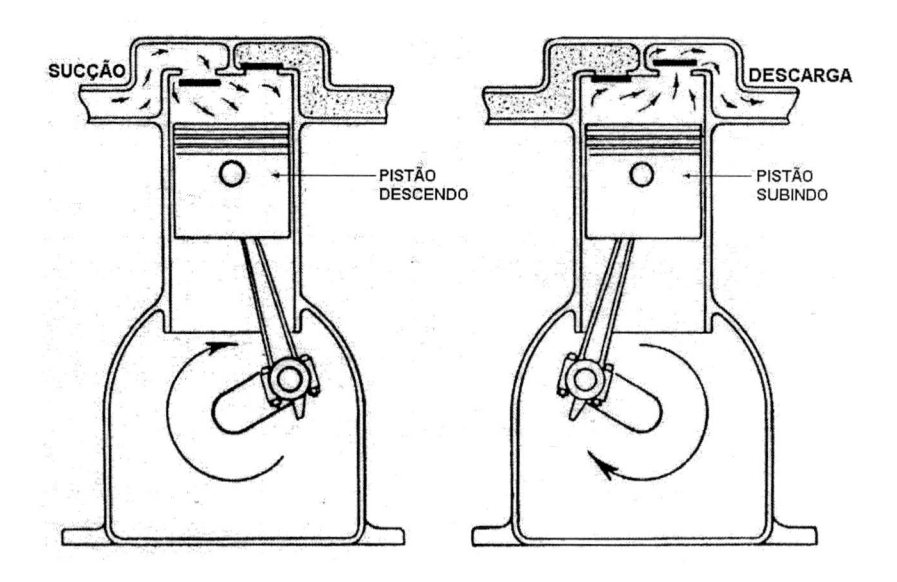

Figura 5.10 – Detalhe da subida e descida do Pistão

ROTATIVO – Esse tipo de compressor é muito utilizado em condicionadores de ar tipo Janela e em Bombas de Vácuo.

Em bombas de vácuo o compressor é o rotativo palheta, a sucção e compressão ocorrem devido ao movimento de lâminas em relação a uma câmara de bomba, veja a figura 3.6.

Já os rotativos para condicionadores de ar tipo Janela, figura 5.8, fazem a sucção e a descarga do fluido refrigerante através do movimento do "Rolete" no interior do cilindro, o Rolete se movimenta através de um eixo excêntrico e com auxílio da "Lâmina Divisória" cria a região de baixa pressão e a região de alta pressão. Muitos técnicos reclamam das altas temperaturas da carcaça dos compressores rotativos, pois os comparam com os alternativos que têm temperaturas de carcaça menor. Veja na figura 5.12 que o **interior do cárter do compressor é descarga**, ou seja, alta pressão e temperatura, e a sucção está canalizada internamente, é o inverso dos motocompressores herméticos aonde o seu cárter é a sucção e a descarga é que está canalizada internamente, adiante falaremos do acoplamento hermético.

Figura 5.11 – Motocompressores Herméticos rotativos e rotativos em corte

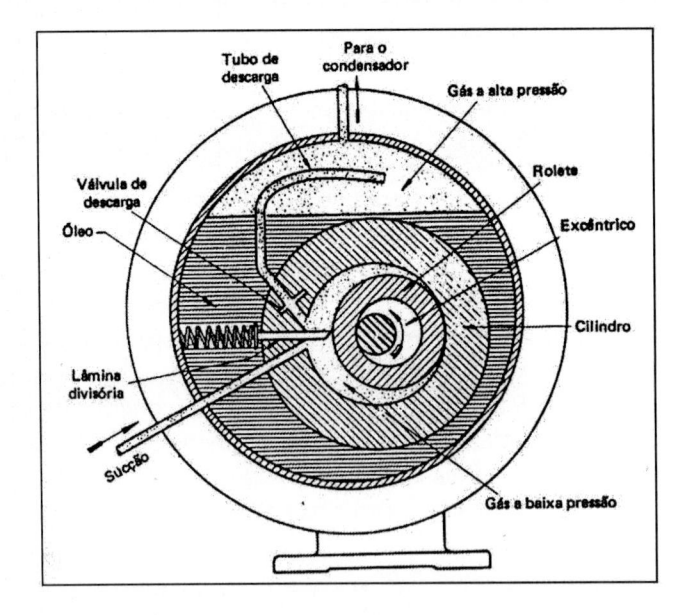

Figura 5.12 – Detalhe dos componentes internos de um compressor rotativo

SCROLL – Este motocompressor possui dois caracóis, veja figura 5.14, um é **fixo** e o outro **móvel**, sendo que o móvel executa um movimento orbital dentro do fixo e com isso cria bolsas de gás, essas bolsas vão diminuído de volume e a pressão do fluido refrigerante aumenta sendo descarregado para o condensador, simultaneamente dois bolsões de gás são formados em baixa pressão efetuando a sucção do evaporador.

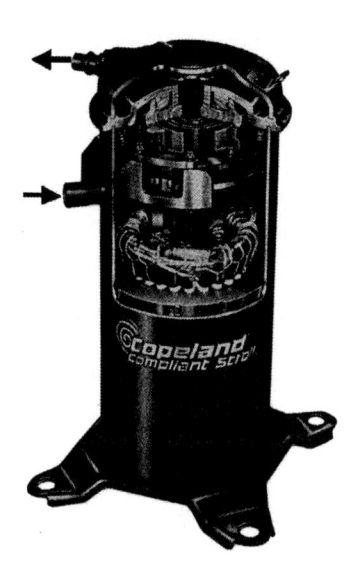

Figura 5.13 – Detalhe do interior de um Motocompressor Hermético Scroll (Marca: Copeland)

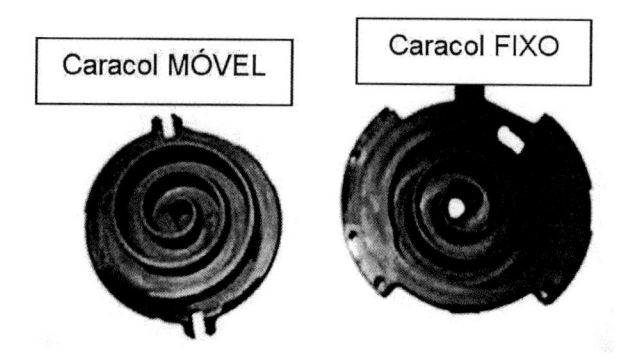

Figura 5.14 – Caracóis do Motocompressor Scroll

60   Refrigeração e Climatização para Técnicos e Engenheiros

Figura 5.15 – Motocompressor Scroll em corte com Duplos Caracóis

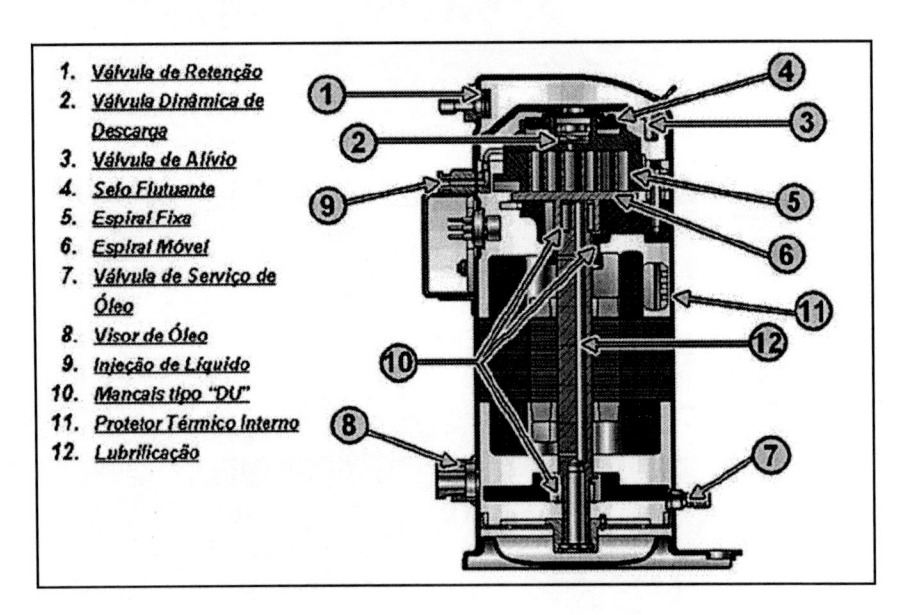

1. **Válvula de Retenção**
2. **Válvula Dinâmica de Descarga**
3. **Válvula de Alívio**
4. **Selo Flutuante**
5. **Espiral Fixa**
6. **Espiral Móvel**
7. **Válvula de Serviço de Óleo**
8. **Visor de Óleo**
9. **Injeção de Líquido**
10. **Mancais tipo "DU"**
11. **Protetor Térmico Interno**
12. **Lubrificação**

Figura 5.16 – Componentes do Motocompressor Scroll

Capítulo 5 - Componentes Básicos

PARAFUSOS – Os compressores recebem essa definição porque seus principais componentes que são os "Rotores ou Fusos" parecem grandes roscas de parafusos, veja as figuras 5.17 e 5.18.

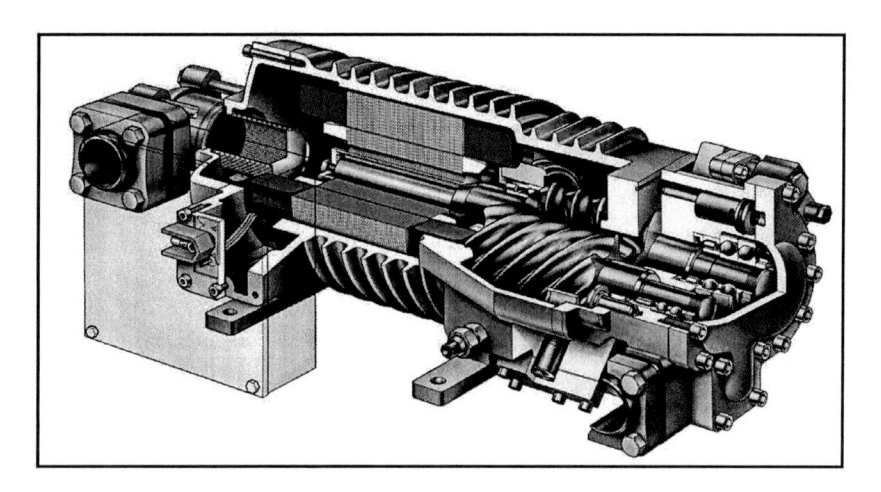

Figura 5.17 – Motocompressor Parafuso em corte (Marca: Bitzer)

Os compressores parafuso são hoje largamente usados em refrigeração industrial, conceitualmente simples, a geometria dessas máquinas é de difícil visualização, e muitas pessoas os utilizam tendo somente uma vaga idéia de como eles realmente operam. Uma compreensão dos princípios básicos de sua operação irá contribuir para a sua correta utilização, evitando problemas e alcançando um melhor desempenho global da instalação.

Um compressor parafuso típico, selado com óleo, é uma máquina de deslocamento positivo que possui dois rotores acoplados, montados em mancais para fixar suas posições na câmara de trabalho numa tolerância estreita em relação à cavidade cilíndrica. O rotor macho tem um perfil convexo, ao contrário do rotor fêmea, que possui um perfil côncavo. A forma básica dos rotores é semelhante a uma rosca sem-fim, com diferentes números de lóbulos nos rotores macho e fêmea (Figura 5.18). O dispositivo de acionamento é geralmente conectado ao rotor macho, e este aciona o rotor fêmea por meio de uma película de óleo.

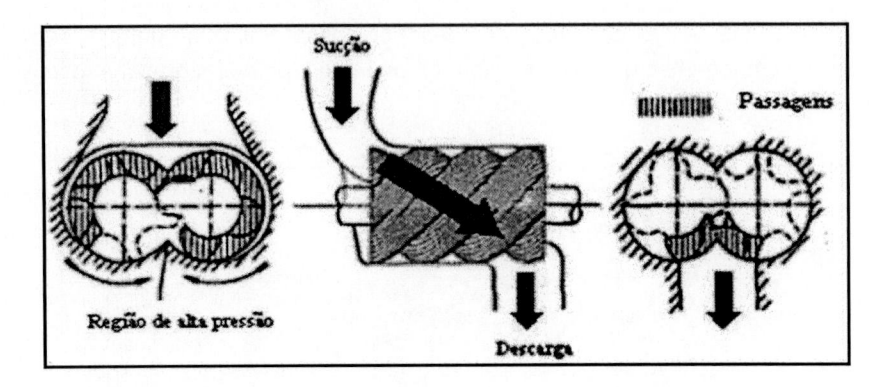

Figura 5.18 – Geometria básica do compressor parafuso

SUCÇÃO

Quando os rotores giram, os espaços entre os lóbulos se abrem e aumentam de volume. O gás então é succionado através da entrada e preenche o espaço entre os lóbulos, como na 5.19. Quando os espaços entre os lóbulos alcançam o volume máximo, a entrada é fechada.

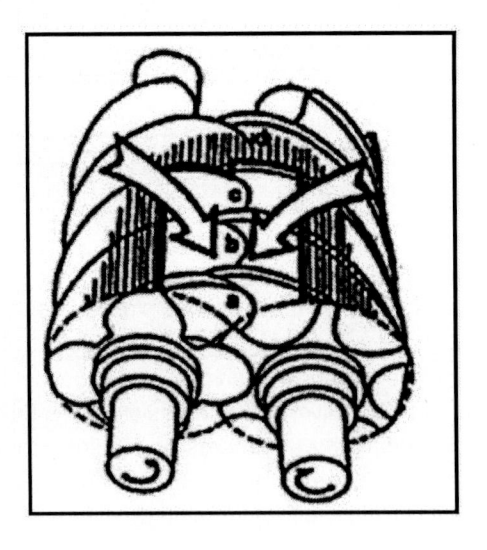

Figura 5.19 – Sucção

Capítulo 5 - Componentes Básicos   63

Este processo é análogo à descida do pistão num compressor alternativo (Figura 5.20).

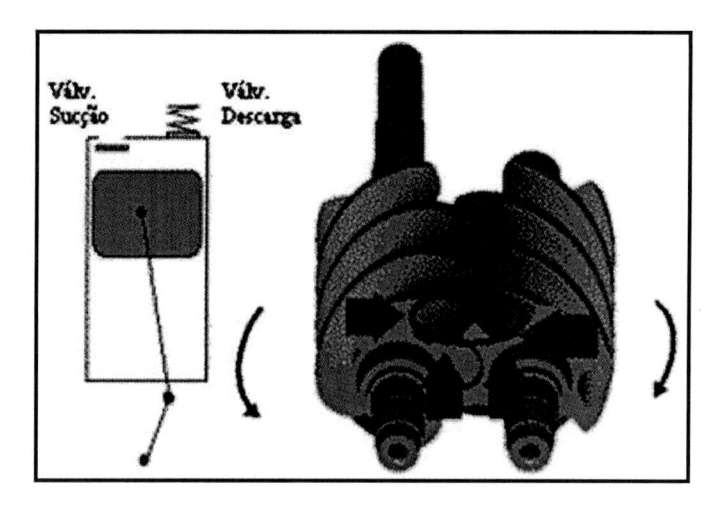

Figura 5.20 – Processo de Sucção

O refrigerante admitido na sucção fica armazenado em duas cavidades helicoidais formadas pelos lóbulos e a câmara onde os rotores giram. O volume armazenado em ambos os lados e ao longo de todo o comprimento dos rotores é definido como volume de sucção (Vs). Na analogia com o compressor alternativo, o pistão alcança o fundo do cilindro e a válvula de sucção fecha, definindo o volume de sucção Vs. Isto pode ser visto na Figura 5.21.

O deslocamento volumétrico do compressor alternativo é definido em termos do volume da sucção, pela multiplicação da área da cavidade pelo percurso do cilindro e pelo número deles. No caso do compressor parafuso, este deslocamento é dado pelo volume da sucção por fio, vezes o número de lóbulos do motor acionado.

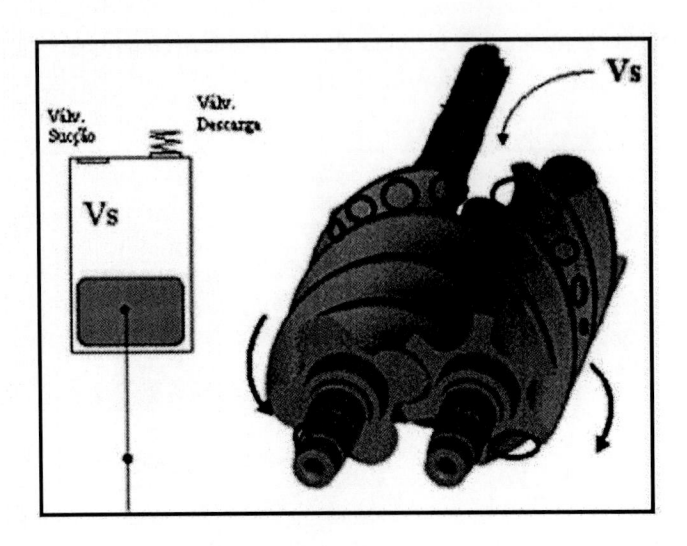

Figura 5.21 – Volume máximo na sucção.

COMPRESSÃO

Os lóbulos do rotor macho começarão a encaixar-se nas ranhuras do rotor fêmea no fim da sucção, localizada na traseira do compressor. Os gases provenientes de cada rotor são unidos numa cunha em forma de "V", com a ponta deste "V" situada na intersecção dos fios, no fim da sucção, como mostrado na Figura 5.22.

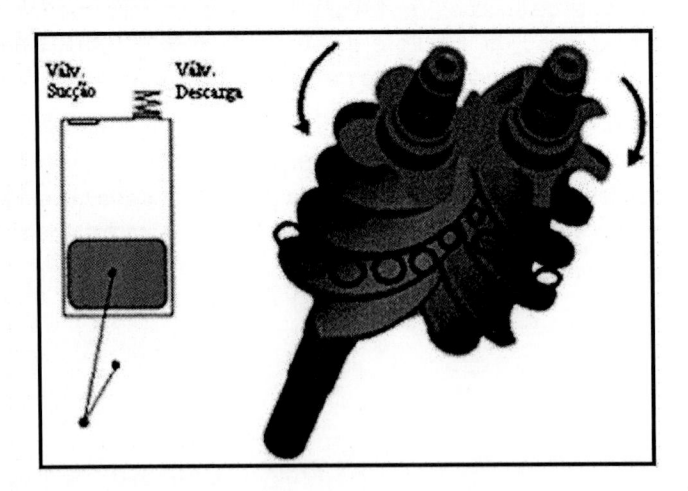

Figura 5.22 – Início da compressão.

Posteriormente, em função da rotação do compressor, inicia-se a redução do volume ocorrendo a compressão do gás. O ponto de intersecção do lóbulo do rotor macho e da ranhura do rotor fêmea é análogo à compressão do gás pelo pistão em um compressor alternativo (Figura 5.23).

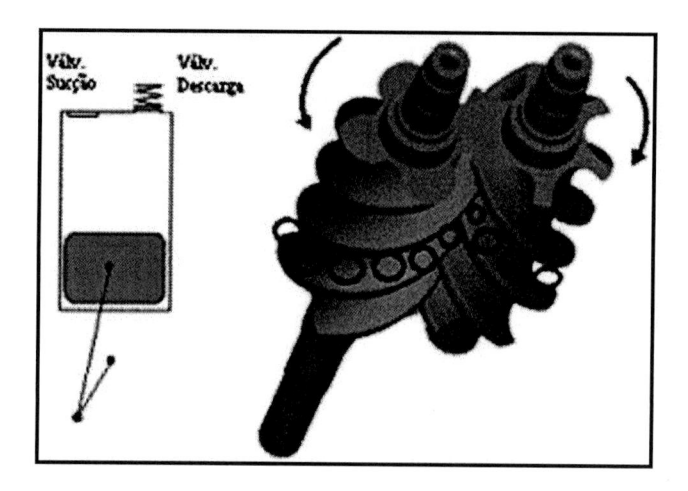

Figura 5.23 – Continuação da compressão

DESCARGA

Em um compressor alternativo, este processo começa quando da abertura da primeira válvula de descarga. Como a pressão no cilindro excede a pressão acima da válvula, esta se abre, permitindo que o gás comprimido seja empurrado para a descarga. O compressor parafuso não possui válvulas para determinar quando a compressão termina: a localização da câmara de descarga é que determina quando isto acontece, como mostrado na Figura 5.24. O volume do gás nos espaços entre os lóbulos na porta de descarga é definido como volume de descarga (Vd).

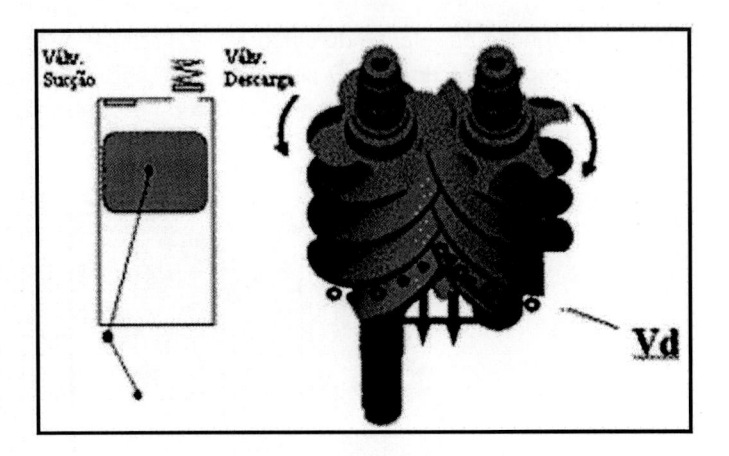

Figura 5.24 – Início da descarga.

São utilizadas duas aberturas: uma para descarga radial, na saída final da válvula do deslizamento e uma para descarga axial, na parede de final da descarga. Estas duas acarretam uma liberação do gás comprimido internamente, permitindo que seja jogado na região de descarga do compressor. O posicionamento da descarga é muito importante, pois controla a compressão, uma vez que determina a razão entre volumes internos (Vi). Para se atingir a maior eficiência possível, a razão entre volumes deve possuir uma relação com a razão entre pressões.

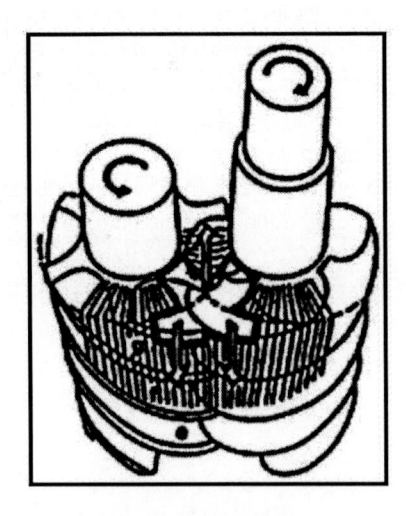

Figura 5.25 – Descarga

Em um compressor alternativo, o processo de descarga é finalizado quando o pistão alcança o ponto superior da câmara de compressão e a válvula de descarga se fecha. No compressor parafuso isto ocorre quando o espaço antes ocupado pelo gás é tomado pelo lóbulo do rotor macho (ver Figura 5.26).

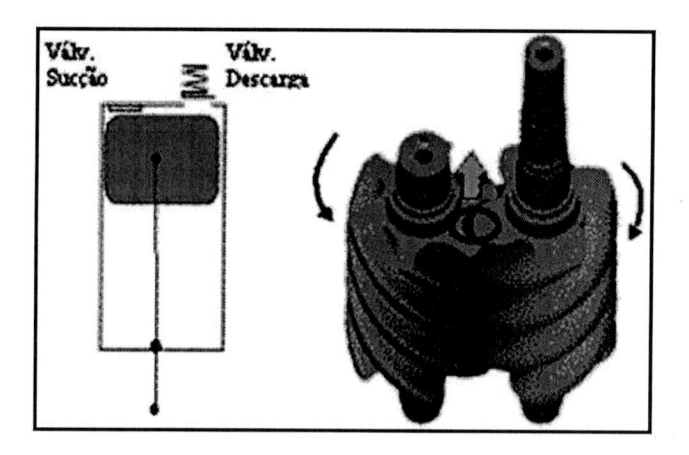

Figura 5.26 – Fim da descarga

Os compressores alternativos sempre têm uma pequena quantidade de gás (espaço morto) que é deixado no topo do cilindro de compressão e se expande no próximo ciclo, desta forma, ocupando um espaço que poderia ser utilizado para aumentar a massa de refrigerante succionado. No final da descarga de um compressor parafuso, nenhum volume "nocivo" permanece no interior da câmara de compressão, ou seja, todo o gás é jogado para fora. Esta é uma razão que faz com que os compressores parafuso sejam capazes de operar com razões de compressão mais altas do que os compressores alternativos.

CENTRÍFUGO – Este tipo de compressor é uma máquina relativamente de alta velocidade, na qual um jato contínuo de fluido refrigerante é succionado e comprimido por uma força centrífuga. O compressor centrífugo pode ser de simples ou múltiplos estágios. Os Chiller's de médio e grande porte são os equipamentos que mais utilizam esses compressores, pois o rendimento é muito superior aos alternativos.

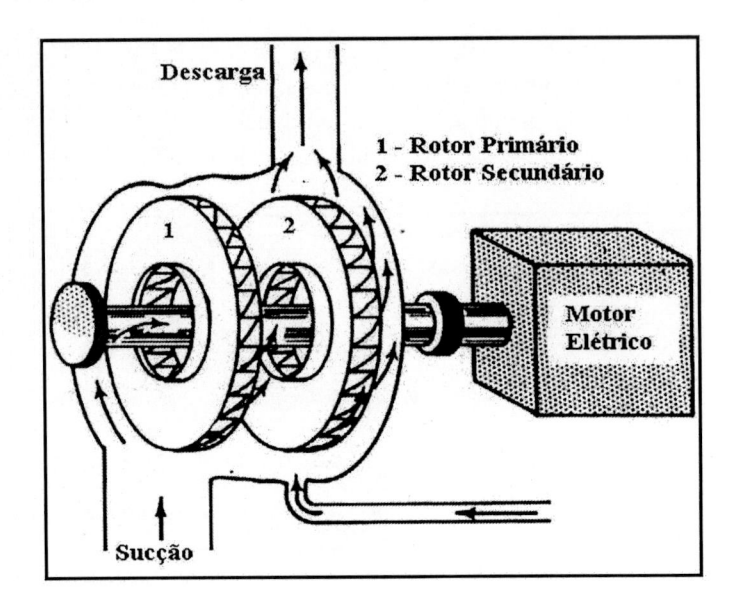

Figura 5.27 – Compressor centrífugo

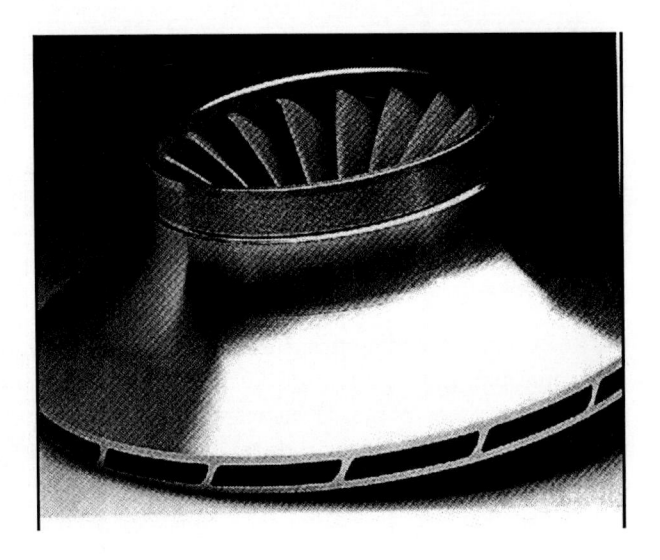

Figura 5.28 – Rotores de um compressor centrífugo

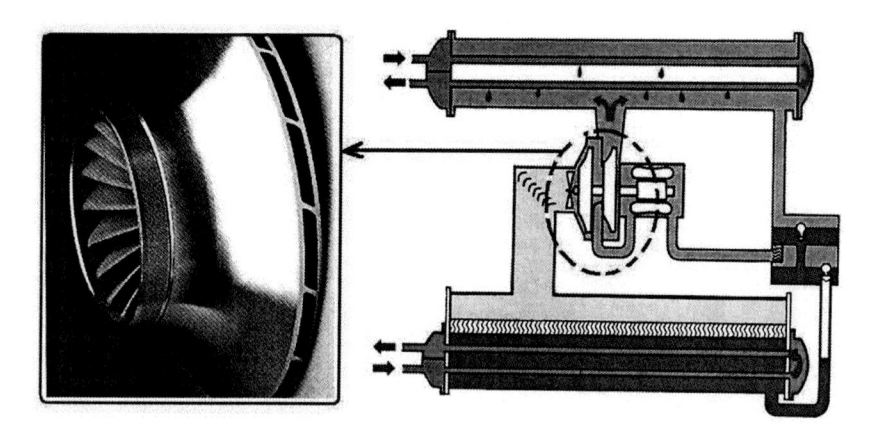

Figura 5.29 – Circuito de um Chiller com compressor centrífugo

Concluindo, os principais tipos de compressores quanto à **categoria de acoplamento** são:

- Herméticos
- Semi-herméticos
- Abertos

Concluindo, os principais tipos de compressores quanto à **categoria de compressão** são:

- Alternativo
- Rotativo
- Scroll
- Parafuso
- Centrífugo

5.2 – CONDENSADORES

O condensador tem a função de **eliminar (rejeitar) o calor do fluido refrigerante**, com essa eliminação de calor o fluido refrigerante que penetra (entra) no mesmo no estado físico "vapor" se transforma em "líquido".

O condensador **elimina o calor** para outro "fluido" que pode ser o **Ar** ou a **Água**, sabemos que o calor se transfere do fluido com **temperatura maior** para o outro com **temperatura menor**.

Se for o Ar que esteja absorvendo (recebendo) calor do fluido refrigerante, o **Condensador é a Ar**. Se for a Água que esteja absorvendo (recebendo) calor do fluido refrigerante, o **Condensador é a Água**.

Se forem ambos o Ar e a Água que estejam absorvendo (recebendo) calor do fluido refrigerante, o **Condensador é chamado de Evaporativo**.

5.2.1 – CONDENSADORES A ÁGUA

O calor que o fluido refrigerante retirou no evaporador mais o calor injetado pelo compressor são transferidos para a água, pois a água está com temperatura menor que o fluido refrigerante "vapor" no condensador, a água por ter absorvido (recebido) calor do fluido refrigerante "vapor" precisa perder (liberar) calor, para novamente penetrar nos tubos do condensador com temperatura menor.

Independente do tipo do condensador, o mesmo deve está ligado a uma "Torre de Resfriamento", como diz o nome, essa torre faz o resfriamento da água que se aqueceu no condensador por ter retirado calor do fluido refrigerante.

Para a água circular pelo(s) condensador (es) e pela(s) torre(s), haverá bombas de água, essas bombas são "BAC", Bombas de Água de Condensação. Um exemplo da interligação entre Condensador, Torre de Resfriamento e BAC é mostrado na figura 5.30.

Os principais tipos de condensadores a água são:

➢ Casco e Tubo (Shell & Tube)

➢ Tubo e Tubo

➢ Placas

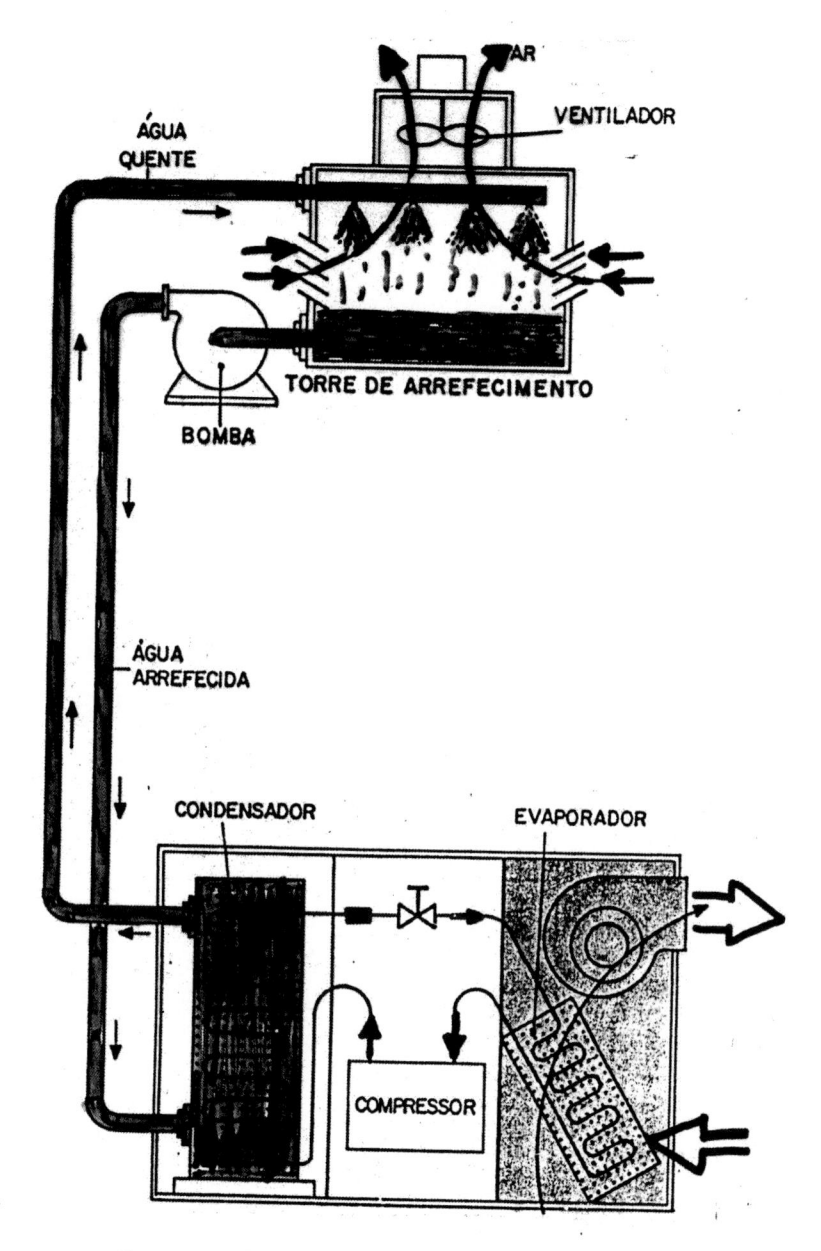

Figura 5.30 – Exemplo da circulação da água de condensação

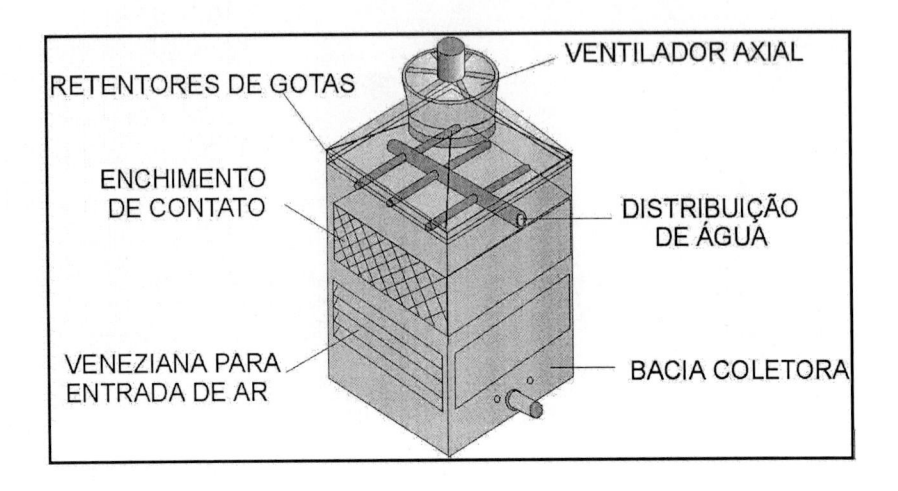

Figura 5.31 – Principais componentes da Torre de Resfriamento

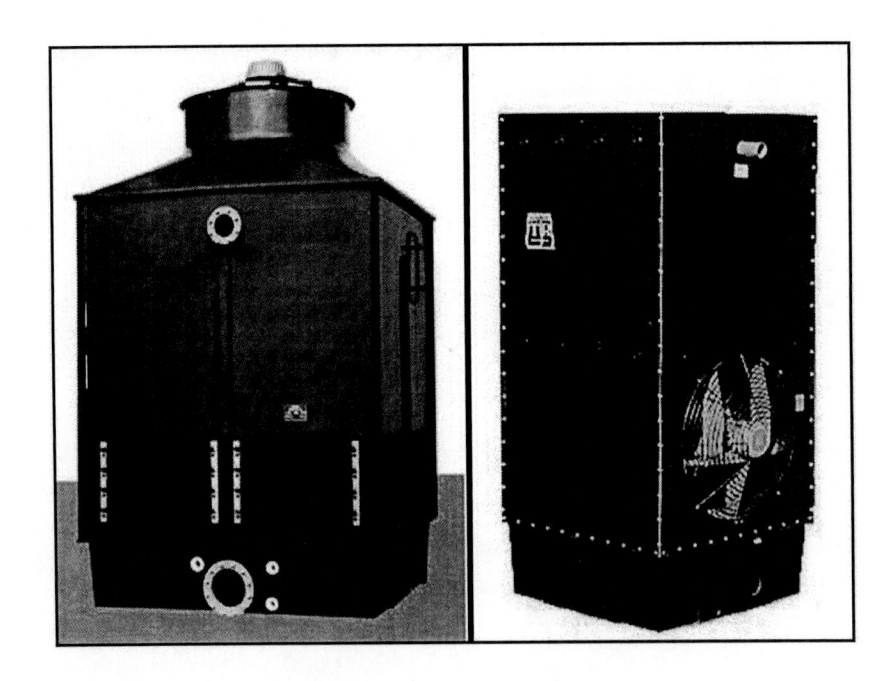

Figura 5.32 – Torres de Resfriamento

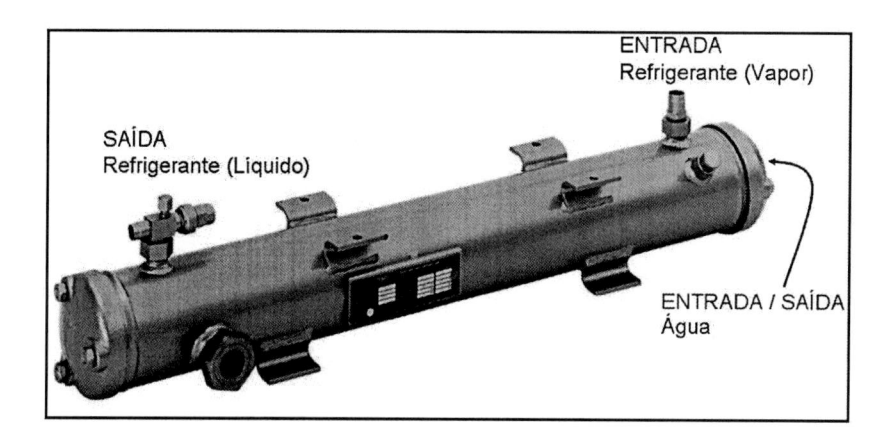

Figura 5.33 – Condensador a Água Shell & Tube

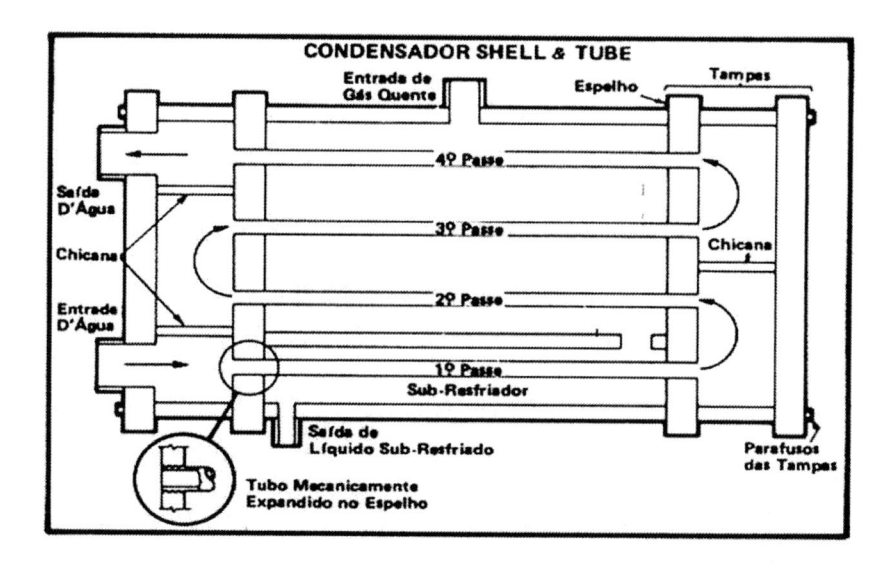

Figura 5.34 – Detalhe interno do Condensador a Água (Shell & Tube)

Figura 5.35 – Unidade condensadora com Condensador a Água (Shell & Tube)

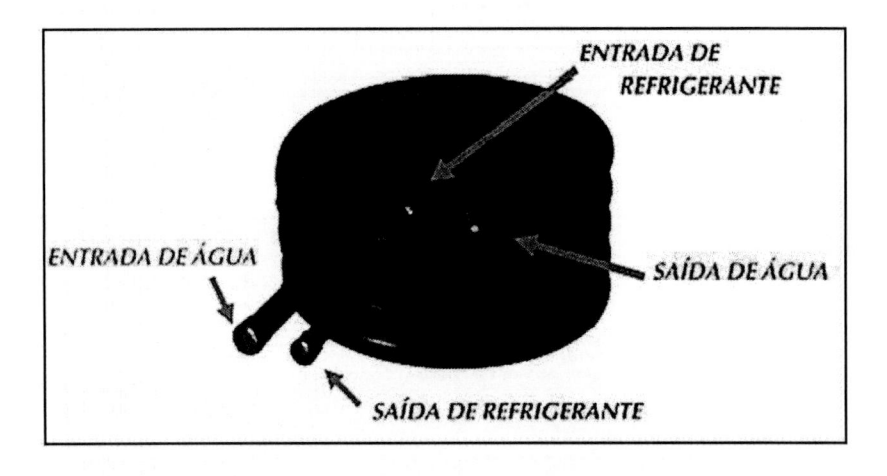

Figura 5.36 – Condensador a Água (Tubo e Tubo)

Capítulo 5 - Componentes Básicos 75

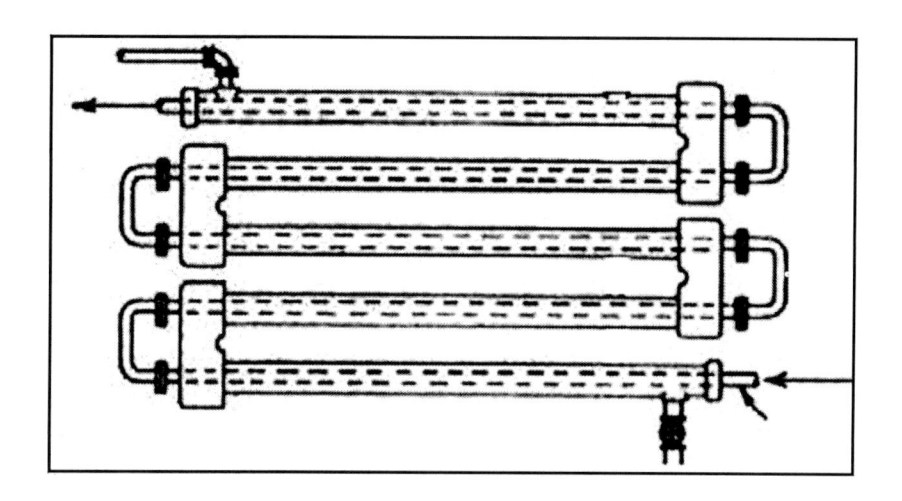

Figura 5.37 – Detalhe interno do Condensador a Água (Tubo e Tubo)

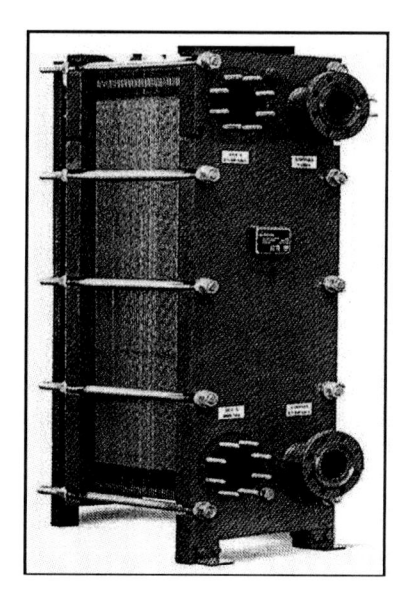

Figura 5.38 – Condensador a Água tipo Placas

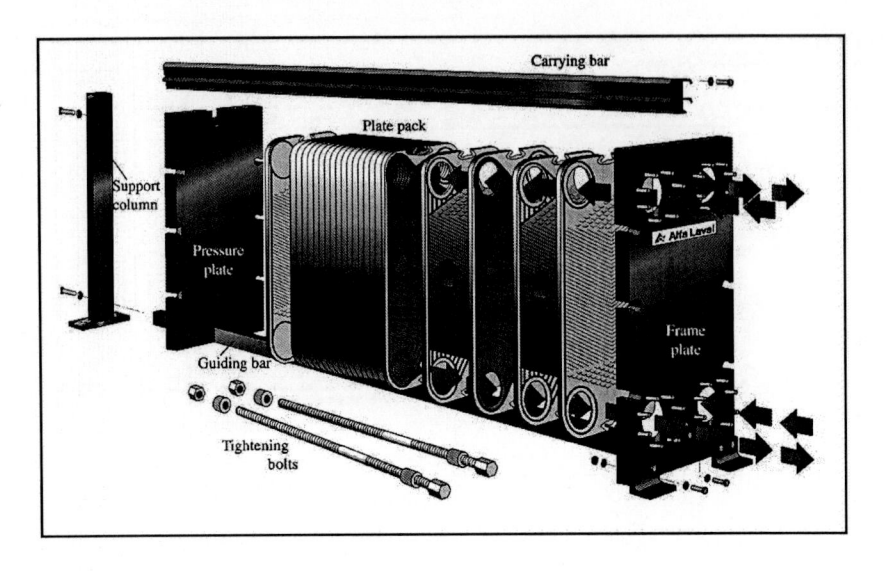

Figura 5.39 – Condensador a Água tipo Placa (Vista explodida)

5.2.2 – CONDENSADOR A AR

Os condensadores a ar podem ser de dois tipos: com convecção natural ou convecção forçada. Na linha residencial a grande maioria dos refrigeradores utilizam condensadores com circulação natural de ar (convecção natural), já na linha de refrigeração e climatização comercial, câmaras frigoríficas (Figura 5.40), centrais de ar condicionado e centrais de água gelada, os condensadores recebem a circulação forçada do ar por meio de um motoventilador (convecção forçada), esses condensadores utilizam "Aletas" que fazem com que o ar retire calor com mais facilidade do fluido refrigerante que passa no interior da tubulação, chamamos então de "Condensadores Aletados com convecção forçada de ar".

Capítulo 5 - Componentes Básicos 77

Figura 5.40 – Unidade condensadora com Condensador a AR

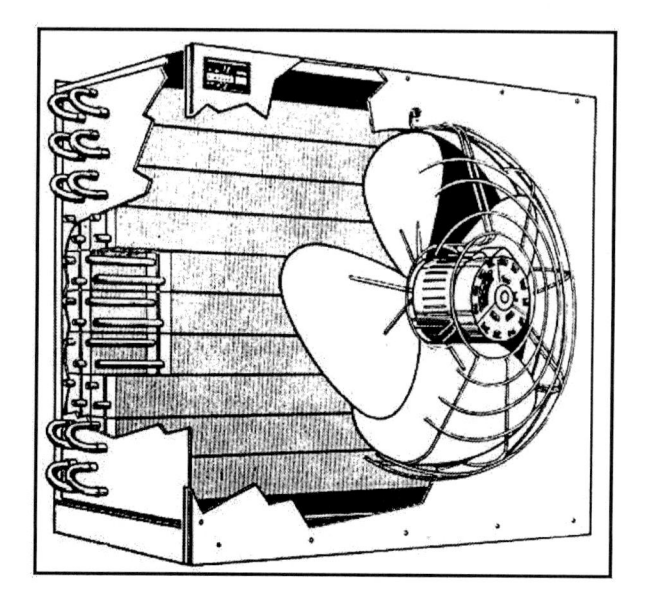

Figura 5.41 – Detalhe das Aletas e Motoventilador do Condensador a AR

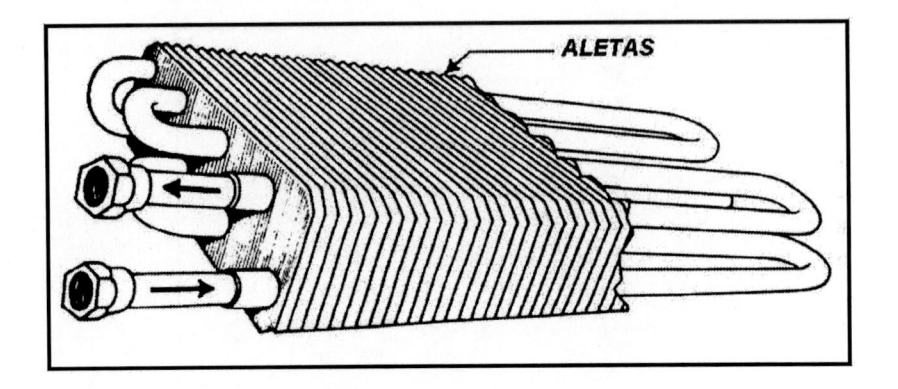

Figura 5.42 – Aletas do Condensador a AR

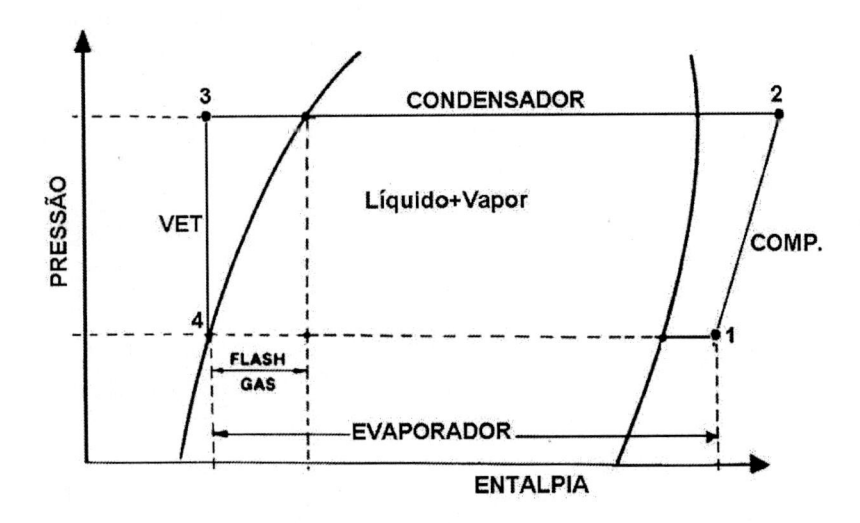

Figura 5.43 – Condensador a AR

5.2.3 – CONDENSADOR EVAPORATIVO

Este tipo de condensador consiste em uma torre de resfriamento de água pelo sistema de ar forçado, combinada com um condensador formado por uma serpentina de tubo liso. Na figura 5.44 vimos que a superfície do condensador é umidificada por meio de orifícios pulverizadores de água, ao mesmo tempo em que sobre o mesmo se dirige a corrente de ar promovida pelo motoventilador, a finalidade é a de ativar a evaporação da água iniciada no processo de condensação do fluido refrigerante que atua como fonte de calor. Os sistemas de refrigeração industriais são os grandes utilizadores desse tipo de condensador.

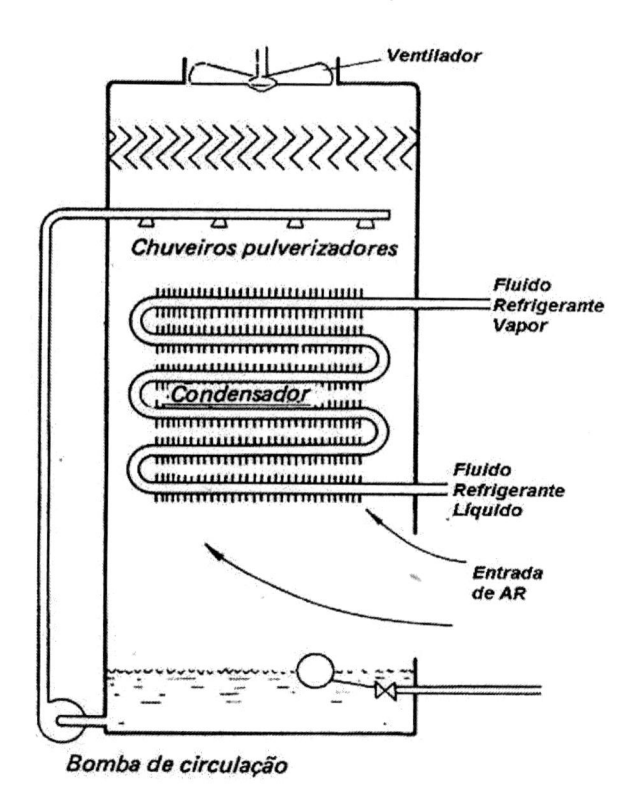

Figura 5.44 – Condensador Evaporativo

5.3 – DISPOSITIVOS DE EXPANSÃO

São basicamente **redutores de pressão** e **controladores do fluxo** do fluido refrigerante liquefeito no condensador para o evaporador. Nos equipamentos de refrigeração e climatização comercial o dispositivo de expansão mais utilizado é a **Válvula de Expansão Termostática (VET)**.

O **Dispositivo de Expansão** que pode ser o Tubo Capilar (Figura 5.44), o PISTON ou a Válvula de Expansão Termostática (Figura 5.46), criam uma restrição ou dificuldade à passagem do fluido refrigerante "líquido" que vem do condensador para o evaporador, e com essa restrição provoca uma elevação de pressão no condensador e uma redução brusca de pressão no evaporador. O Capítulo 6 mostra os tipos de equipamentos que mais utilizam o dispositivo PISTON.

Dos dispositivos citados acima, a VET é o único que faz a regulagem ou dosagem do fluido líquido para o evaporador, essa regulagem é feita devido à temperatura do fluido refrigerante "vapor" que sai do evaporador, a temperatura do vapor que sai do evaporador é percebida pelo "Bulbo Sensor" da Válvula de Expansão Termostática (VET).

Na figura 5.46 mostra-se a VET recebendo o fluido refrigerante liquefeito no condensador e o enviando à baixa pressão e temperatura para o evaporador, na saída do evaporador está o Bulbo Sensor da mesma percebendo a temperatura que o fluido refrigerante "vapor" está saindo do evaporador e indo para o compressor.

Na figura 5.47 mostra-se um diagrama esquemático de uma VET. Como se vê, a válvula consiste em um corpo **A**, haste da válvula **B**, mola **C**, diafragma **D** e bulbo sensor remoto **E**.

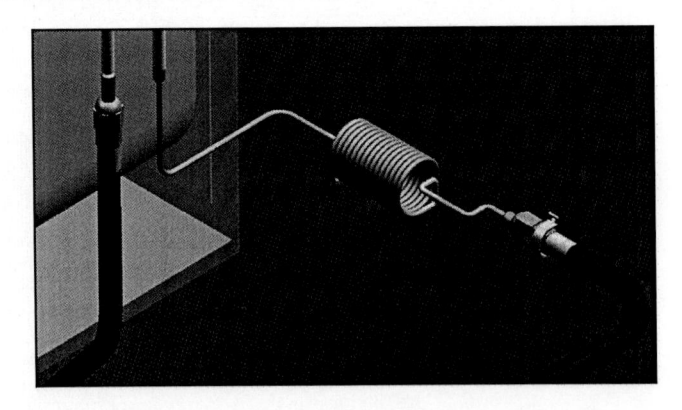

Figura 5.45 – Tubo Capilar

Capítulo 5 – Componentes Básicos 81

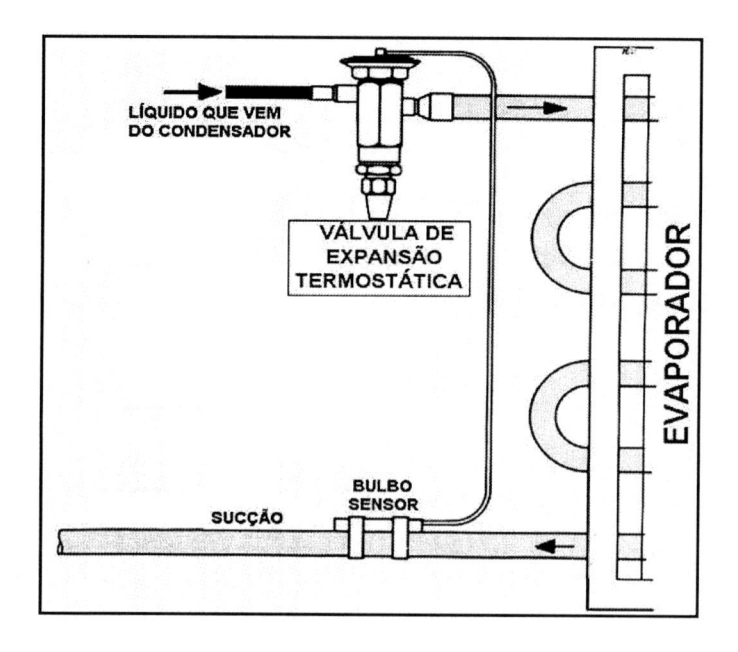

Figura 5.46 – Válvula de Expansão Termostática

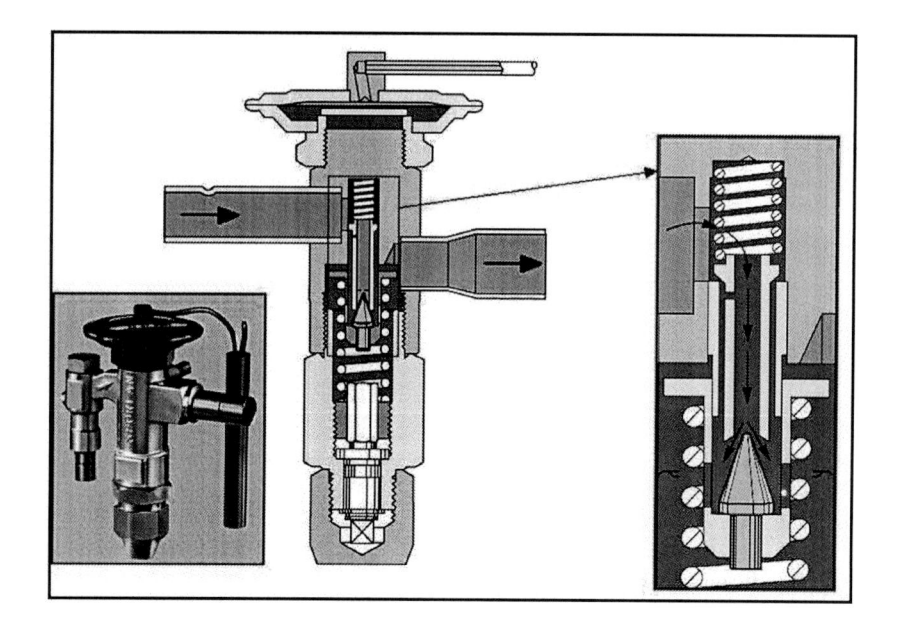

Figura 5.47 – Detalhes internos da Válvula de Expansão Termostática

O bulbo sensor remoto e o espaço acima do diafragma estão ligados por tubo capilar. O bulbo contém um fluido volátil. O fluido utilizado é normalmente o mesmo que se utiliza como refrigerante no sistema. Como sabemos, quando se aplica calor ao bulbo sensor remoto, a pressão do fluido (gás) que está dentro do tubo aumenta. Esta pressão transmite-se através do tubo capilar para o espaço sobre o diafragma. A pressão aplicada faz empurrar o diafragma para baixo contra a pressão da mola. Isto faz mover a haste para fora da sede da válvula e abrindo a mesma.

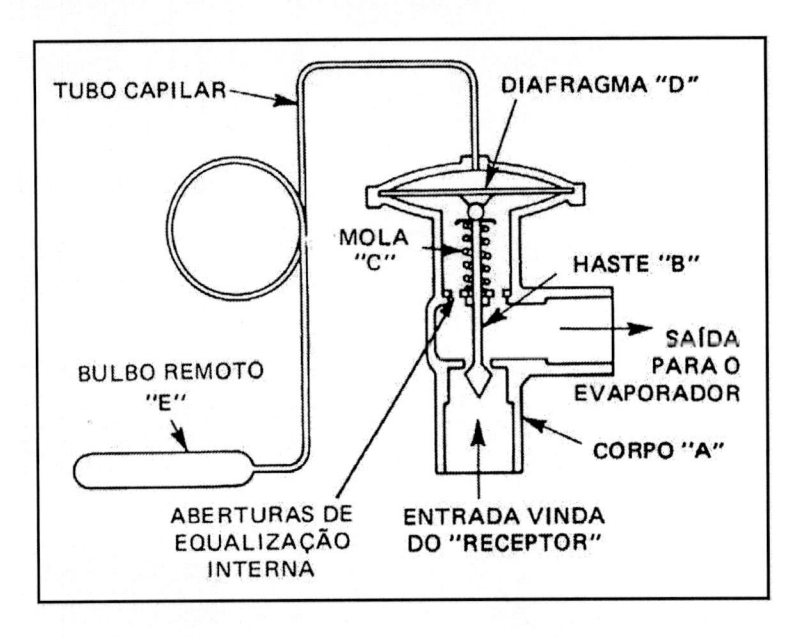

Figura 5.48 – VET com Equalização Interna

Quando se retira calor do bulbo sensor remoto (resfriando), a pressão do fluido (gás) que está dentro do tubo diminui. Esta baixa pressão transmite-se através do tubo capilar para o espaço sobre o diafragma. A baixa pressão aplicada faz o diafragma ir para cima, a pressão da mola vence a pressão que está sobre o diafragma. Isto faz mover a haste para dentro da sede da válvula e fechando a mesma. Assim, a quantidade de calor (temperatura) do bulbo determina a posição da haste a qual, por sua vez, controla a quantidade de fluido refrigerante que vai para o evaporador. A maioria das VET possui um ajuste que varia a tensão da mola. Variando a tensão da mola varia-se o grau de calor necessário no bulbo sensor remoto para dar posição à haste da válvula. Este ajuste é conhecido como "Superaquecimento".

Capítulo 5 – Componentes Básicos

Verificando a figura 5.46, vimos o BULBO SENSOR na linha de sucção, se o local onde o bulbo será instalado na sucção estiver na vertical, a preocupação será apenas com a isolação térmica do mesmo, mas se a linha de sucção estiver na horizontal, deve-se tomar o cuidado de não colocar o BULBO SENSOR na parte inferior do tubo, ou seja, embaixo do tubo de sucção, pois pode haver vestígios de óleo e isso fará uma pequena isolação térmica entre o fluido refrigerante vapor que passa na linha de sucção e o gás que está no bulbo sensor.

Verificando a figura 5.49, vimos as melhores posições para instalar um bulbo numa linha de sucção na horizontal, olhando o tubo de sucção como um relógio (analógico), as posições seriam em 10:00h ou 14:00h. Como comentamos antes, o tubo de sucção estando na horizontal pode haver óleo na parte inferior do mesmo, então não é aconselhável colocar o BULBO SENSOR na posição 18:00h.

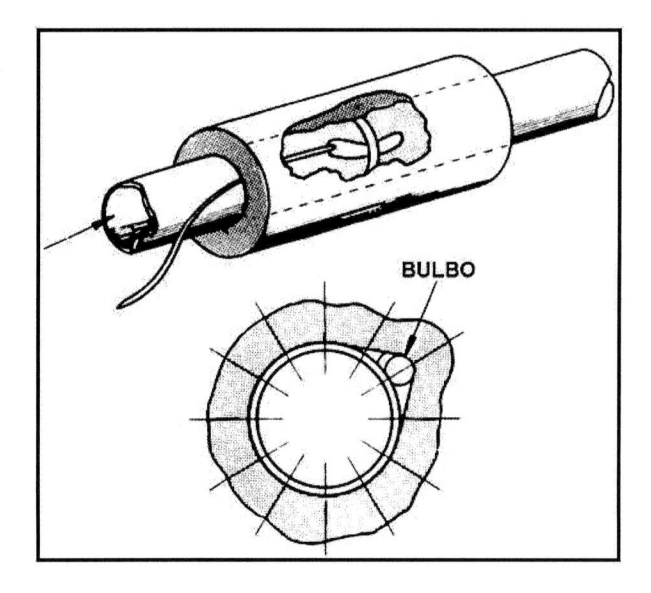

Figura 5.49 – Bulbo sensor na posição de 14:00h

A fim de compensar uma excessiva queda de pressão através de um evaporador, a VET deve ser do tipo equalizador externo, com o tubo equalizador externo ligado logo após a saída do evaporador, ou seja, ligado na linha de sucção, próximo ao bulbo sensor.

A queda de pressão real da saída do evaporador é imposta **SOB** o diafragma (figura 5.52) da Válvula de Expansão Termostática (VET). As pressões de operação no diafragma estão agora livres de qualquer efeito da queda de pressão através do evaporador, e a VET vai responder ao superaquecimento do fluido refrigerante vapor que sai do evaporador. A VET deve ser aplicada o mais próximo possível do evaporador, e em situação tal que seja acessível para ajustes e manutenção.

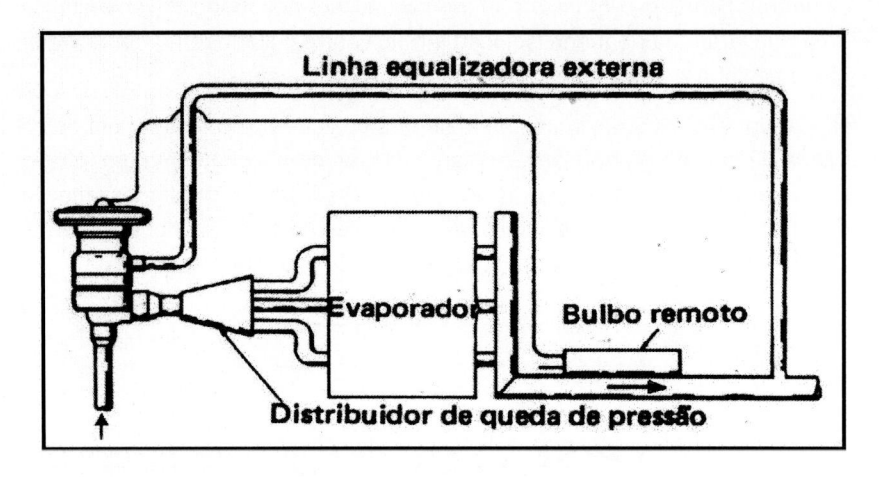

Figura 5.50 – VET com Equalização Externa

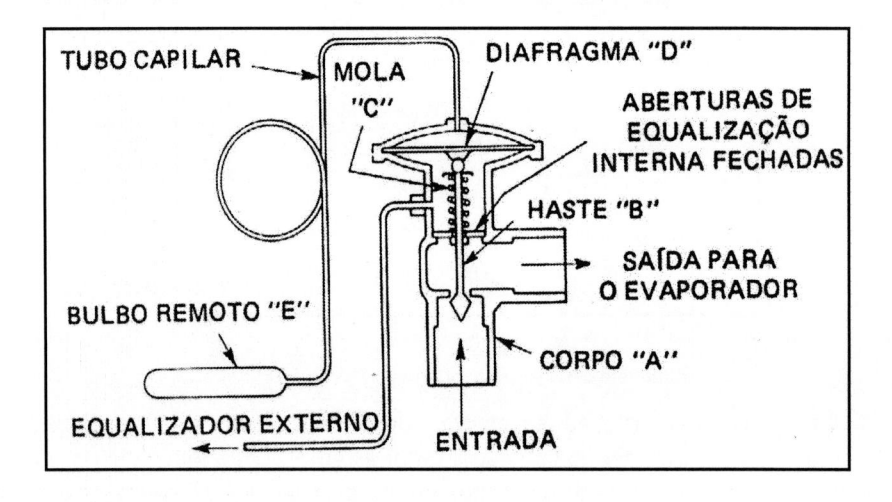

Figura 5.51 – VET com Equalização Externa

Capítulo 5 - Componentes Básicos

A figura 5.52 mostra as forças que atuam numa Válvula de Expansão Termostática com equalização Externa, todos os sistemas de Refrigeração e Climatização de médio e grande porte utilizam VET com equalização externa.

Força (1) – Pressão do gás do bulbo sensor (**sobre** o diafragma).

Força (2) – Pressão do Evaporador, captada pelo tubo equalizador externo.

Força (3) – Pressão da Mola (**sob** o diafragma).

Válvula abrindo - "Força (1)" maior que as "Forças (2)+(3)"

Válvula Fechando - "Forças (2)+(3)" maior que a "Força (1)"

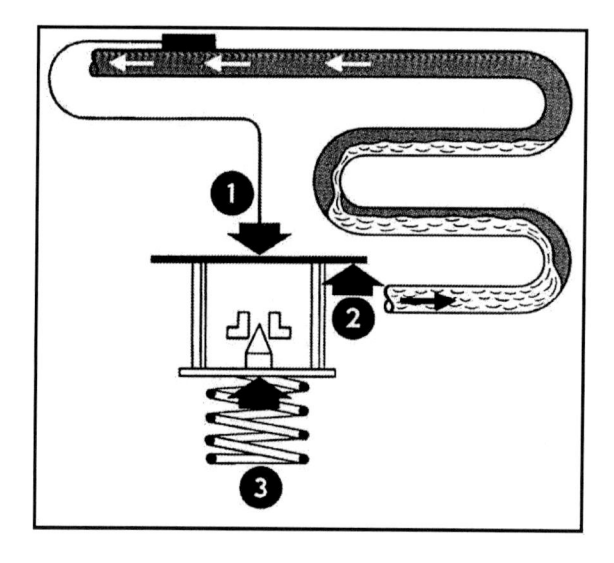

Figura 5.52 – Forças que atuam na VET com Equalização Externa

Sendo do tipo **equalização interna** ou **equalização externa**, sabemos que a Válvula de Expansão Termostática recebe o fluido refrigerante "líquido" do condensador à alta pressão, e logo após a VET o fluido refrigerante já está imediatamente à baixa pressão e temperatura.

O fluido refrigerante flui através da VET para a baixa pressão do evaporador, o fluido refrigerante "líquido" resfria para a temperatura de evaporação correspondente a essa pressão mais baixa. Para realizar esse resfriamento, o fluido refrigerante "líquido" deve ceder calor; e este é cedido para o meio mais próximo, que são as moléculas adjacentes do próprio fluido refrigerante. Ao ceder este calor a uma pressão mais baixa, ocorre (ainda na VET) a evaporação de parte do fluido refrigerante "líquido", até o ponto em que a mistura de vapor e líquido tenha atingido a temperatura de saturação (evaporação) correspondente a esta pressão mais baixa.

O fluido refrigerante "vapor" resultante desta evaporação é chamado **"Flash Gás"** e sua quantidade é referida como "Percentual de Flash Gás". Esse percentual aos níveis de temperaturas de climatização do ar está na faixa de 20 a 30%. A figura 5.53 mostra esse fenômeno no diagrama PH, quanto menor o Flash Gás, haverá mais fluido refrigerante "líquido" no evaporador para retirar calor e o rendimento do equipamento aumenta.

É inevitável que o Flash Gás, seria um preço que o fluido refrigerante tem que pagar para que sua temperatura fique reduzida no evaporador, o fluido refrigerante vindo à alta pressão e temperatura do condensador (quente) tem que "perder" parte de sua quantidade no estado líquido para ficar a baixa temperatura (frio) ao penetrar (entrar) no evaporador.

É uma parte inerente do circuito frigorígeno, e, uma vez que o Flash Gás é diminuído da capacidade útil do equipamento, é desejável que o fluido refrigerante líquido tenha um baixo calor específico o que diminuirá o Flash Gás ao mínimo.

Conforme visto anteriormente, o ponto 4 é a entrada do evaporador e o ponto 1 a saída. Compressor do ponto 1 ao 2, condensador do ponto 2 ao 3 e a VET do ponto 3 ao 4.

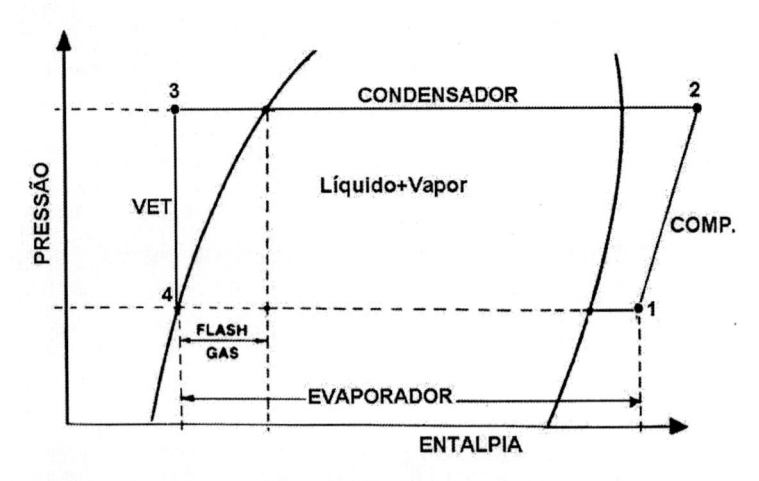

Figura 5.53 – Diagrama PH evidenciando o Flash Gás

Capítulo 5 - Componentes Básicos

Além das Válvulas de Expansão Termostáticas "termomecânicas" mostradas anteriormente, os equipamentos de refrigeração ou climatização podem utilizar também as **Válvulas de Expansão Eletrônicas**. Elas são comandadas por um microprocessador com o objetivo específico de manter o superaquecimento com uma maior precisão, essas VET não possuem o bulbo sensor externo com gás internamente, há um sensor (termistor) na linha de sucção do compressor e esse sensor envia sinal ao microprocessador que por sua vez aciona o "motor" da válvula eletrônica fazendo a mesma aumentar ou diminuir a passagem de fluido refrigerante líquido para o evaporador.

A figura 5.54 mostra:

1 – MOTOR DE PASSO

2 – PARAFUSO ROSCA SEM FIM

3 – BUCHA DESLIZANTE

4 – CONJUNTO ORIFÍCIO CALIBRADO

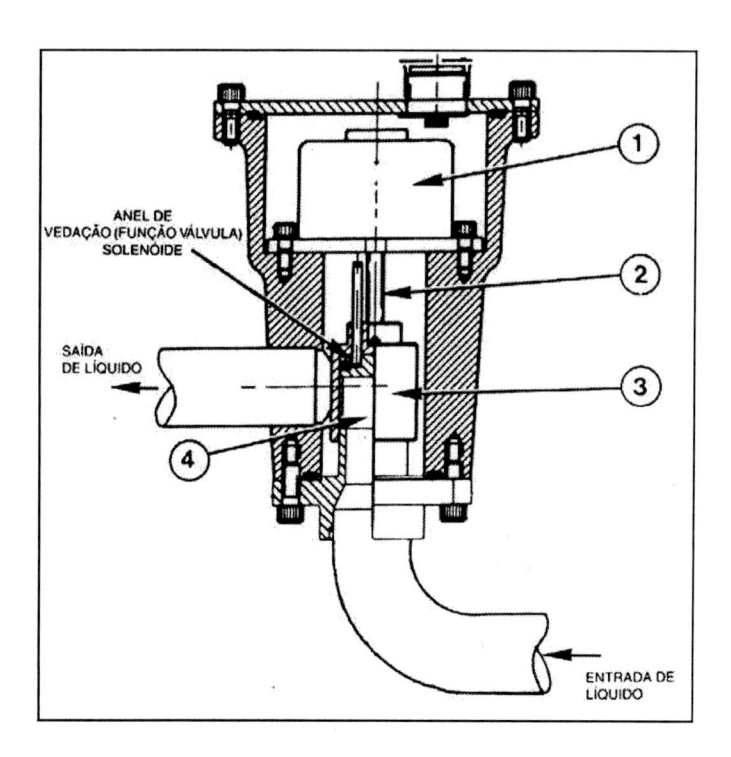

Figura 5.54 – VET Eletrônica

3.5 – EVAPORADORES

Como vimos anteriormente, o **Evaporador** absorve calor do ambiente interno, com essa absorção de calor, o fluido refrigerante que sai da Válvula de Expansão e entra no mesmo no estado físico "líquido" se evapora, ou seja, se transforma em "vapor".

O evaporador **absorve o calor** de outro "fluido" que pode ser o **Ar** ou a **Água**, sabemos que o calor se transfere do fluido com **temperatura maior** para o outro com **temperatura menor**.

Se for o Ar que esteja liberando (rejeitando) calor para o fluido refrigerante se evaporar, o **Evaporador é do tipo expansão direta**, ver Capítulo 14.

O evaporador a Ar (figura 5.55) tem sua construção com ALETAS, semelhante aos condensadores a AR.

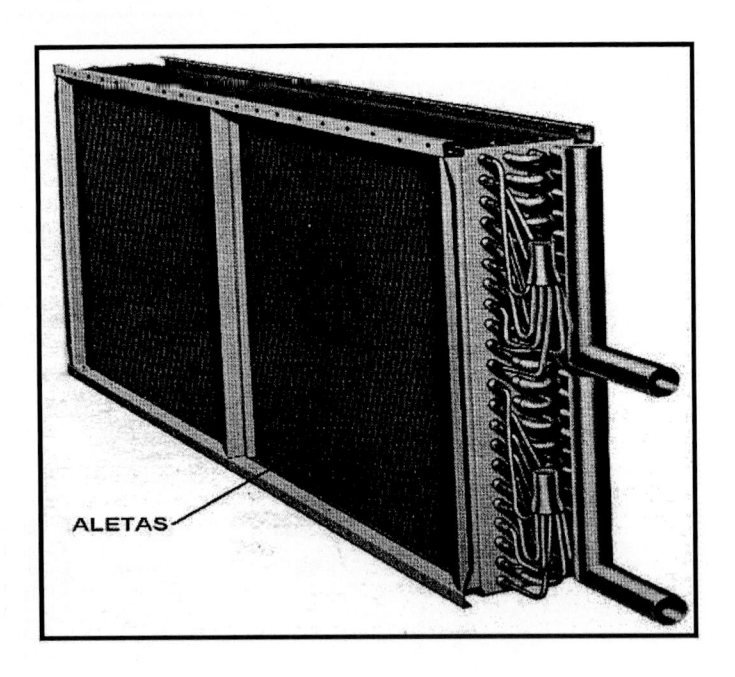

Figura 5.55 - Evaporador a Ar

Figura 5.56 – Modelo de evaporador para Câmaras Frigoríficas

Se for a água que esteja liberando (rejeitando) calor para o fluido refrigerante se evaporar, o evaporador é do tipo Shell and Tube (Carcaça e Tubo).

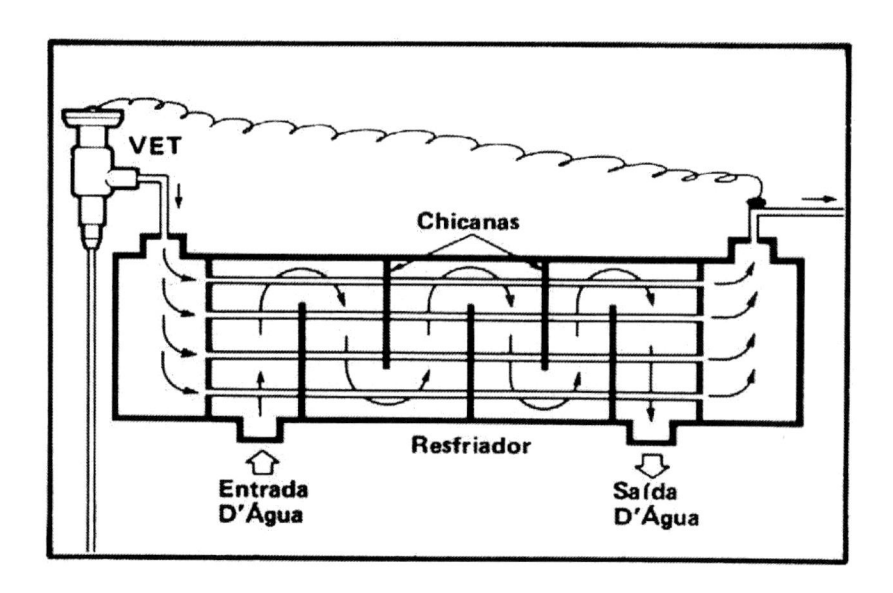

Figura 5.57 – Detalhes internos do Evaporador Carcaça e Tubo

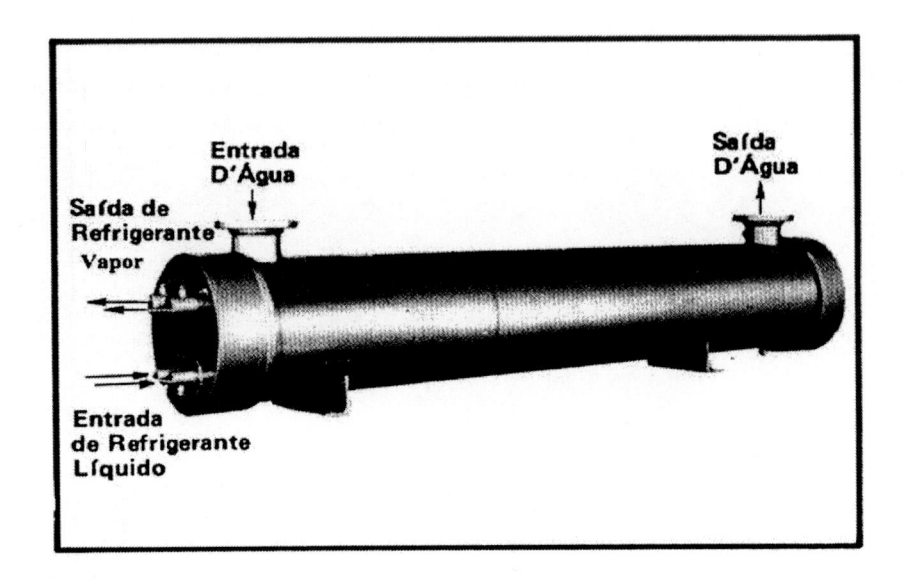

Figura 5.58 – Evaporador Carcaça o Tubo

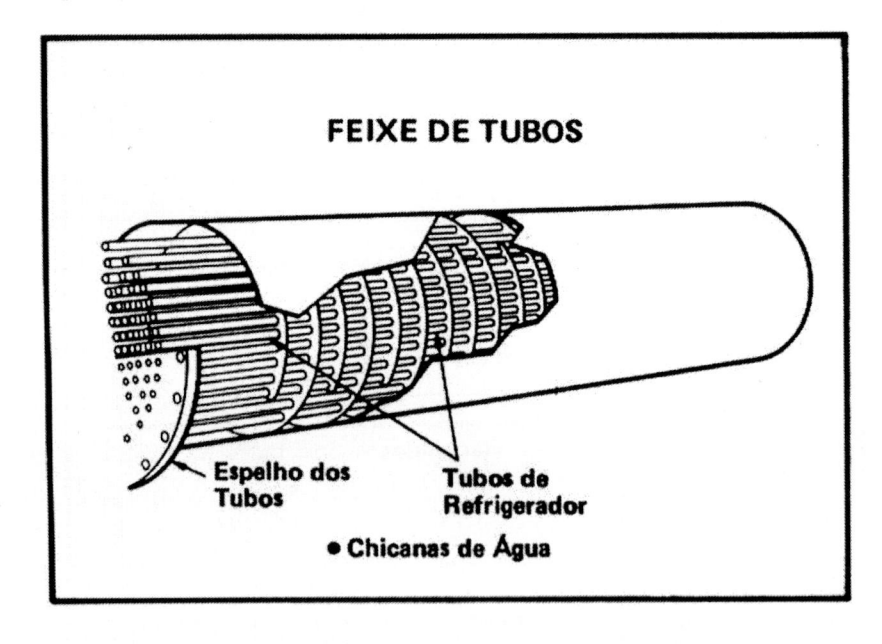

Figura 5.59 – Detalhe do Feixe de Tubos do Evaporador Carcaça e Tubo

Capítulo 6

Acessórios e Componentes
Proteção e Controle

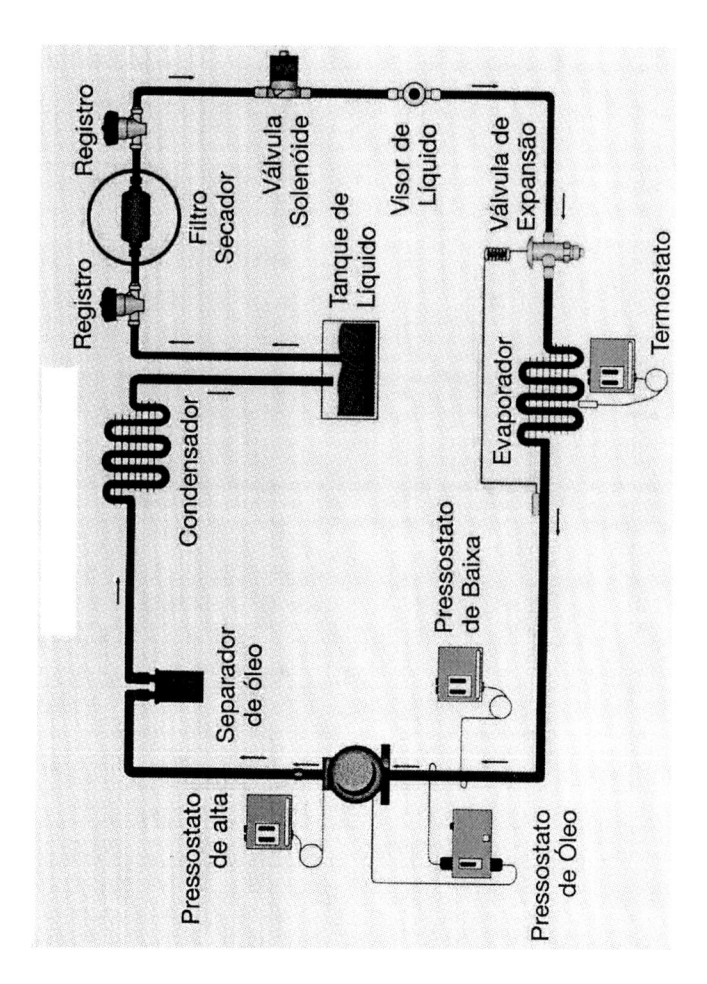

Figura 6.1 – Circuito Frigorígeno com Acessórios e componentes de proteção e controle

6.1. – ACESSÓRIOS

6.1.1 - Filtro Secador ou desidratante

Os filtros são os acessórios mais importantes em qualquer sistema de refrigeração ou climatização, eles estão localizados estrategicamente antes do dispositivo de expansão, pois é no dispositivo o ponto de menor diâmetro do sistema e onde pode haver obstrução (entupimento), a finalidade dos filtros secadores (desidratantes) é a de reter as impurezas contidas no interior do circuito frigorígeno e absorver a umidade de acordo com o tipo desidratante, cada filtro possui uma capacidade higroscópica diferente, essa capacidade se refere a absorção de umidade, consulte o fabricante para obter as capacidades. Nestes filtros deverá ser obedecida a posição quanto à colocação. A figura 6.2 mostra vários modelos de filtros (marca: Hendges).

Figura 6.2 – Modelos de Filtros Secadores (marca: Hendges)

Capítulo 5 – Componentes Básicos

6.1.2 - Tanque de líquido

O tanque de líquido fica imediatamente na saída do condensador, é um componente auxiliar (acessório) importante, se quisermos fazer uma manutenção em todo o circuito frigorígeno, o tanque de líquido tem capacidade de armazenar todo o fluido refrigerante do circuito, além disso, se houver uma deficiência momentânea de condensação, o tanque de líquido manterá a linha de líquido totalmente preenchida de "líquido". A figura 6.3 mostra um tanque e ilustra o mesmo em corte podendo visualizar os detalhes internos.

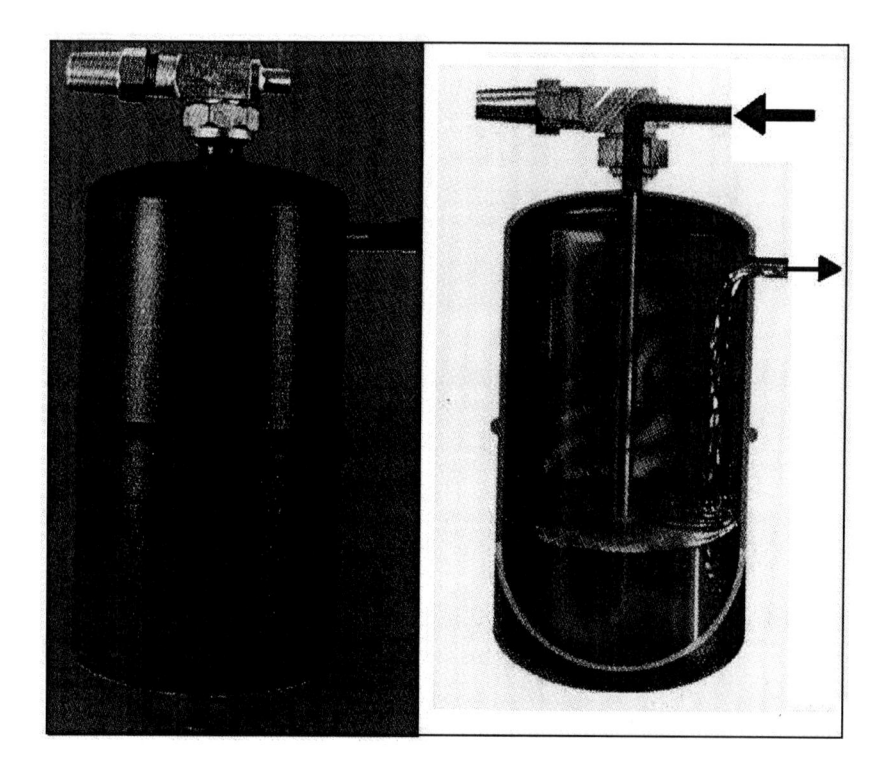

Figura 6.3 – Exemplo de Tanque de Líquido

6.1.3 - VÁLVULA SOLENÓIDE DA LINHA DE LÍQUIDO

A válvula solenóide é uma válvula eletromagnética servocomandada. **Se a bobina recebe corrente, abre-se o orifício** piloto. Este orifício tem uma seção de passagem superior ao conjunto de todos os orifícios de equalização de pressão. A pressão sobre o diafragma é reduzida por escape através do orifício piloto para a saída da válvula, e o diagrama é levantado pelo aumento da pressão de entrada no lado inferior. **Quando a bobina não recebe corrente, o orifício piloto está fechado**, e o diafragma é empurrado de encontro à sede da válvula, porque a pressão sobe o diafragma aumenta dos orifícios de equalização de pressão.

Este tipo de válvula é geralmente instalado na linha de líquido para retenção de fluido refrigerante, quando estiver desenergisada. A figura 6.5 mostra a solenóide fechada e a figura 6.6 mostra a mesma se abrindo.

Figura 6.4 – Válvula Solenóide

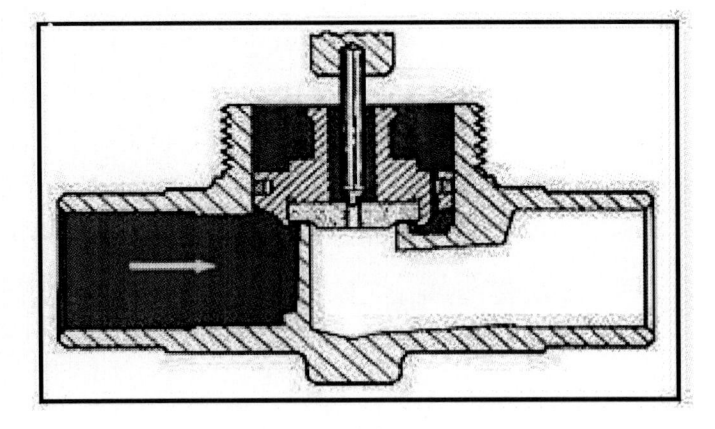

Figura 6.5 – Solenóide Fechada

Capítulo 5 - Componentes Básicos 95

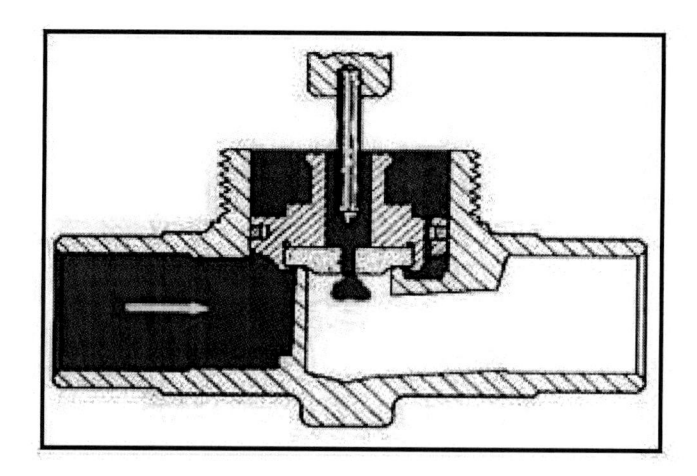

Figura 6.6 – Solenóide Abrindo

6.1.4 - VISOR DE LÍQUIDO

São componentes que em um sistema de refrigeração, principalmente em máquinas de médio e grande porte, exercem um importante trabalho: a visualização da passagem do líquido na linha de líquido a alta pressão, além de permitir, em alguns casos, a constatação de umidade no sistema.

O visor de líquido serve para indicar falta de líquido na válvula de expansão termostática. Bolhas de vapor no visor indicam, por exemplo, falta de carga, subresfriamento baixo ou obstrução parcial do filtro secador.

Visor com indicador de umidade

O visor está equipado com um indicador de cor que passa de verde para amarelo quando o teor de umidade do refrigerante excede o valor crítico. A indicação de cor é reversível isto é, a cor passa novamente de amarelo para verde quando a instalação está seca, por exemplo: renovando o secador de linha. Ao montar o secador da linha de líquido numa posição vertical, é preciso certificar-se de que a entrada fique em cima e a saída embaixo. Desta maneira, haverá sempre líquido refrigerante no filtro, de modo que a capacidade de secagem é utilizada da melhor maneira possível.

Figura 6.7 – Visor de Líquido

6.1.5 - VÁLVULA DE RETENÇÃO

São dispositivos que permitem a passagem do fluido refrigerante somente no sentido da seta de indicação. É uma válvula unidirecional.

Figura 6.8 – Válvula de Retenção com Rosca

6.1.6 - SEPARADOR DE ÓLEO

Como mostrado na figura 6.9, esse separador promove o retorno de óleo para o cárter do motocompressor, isso evita que o óleo vá para todo o circuito. No interior do separador há uma bóia que só abre o retorno quando o nível de óleo sobe, deve-se abastecer o separador com óleo antes de instalá-lo, a quantidade de óleo depende da capacidade do sistema, o fabricante do equipamento deve ser consultado. Equipamentos de Climatização (Ar Condicionado) não utilizam esse tipo de componente (Acessório), apenas sistemas de resfriamento ou congelamento, ou seja, sistemas de Refrigeração que possuem problemas críticos de retorno de óleo.

Capítulo 5 - Componentes Básicos

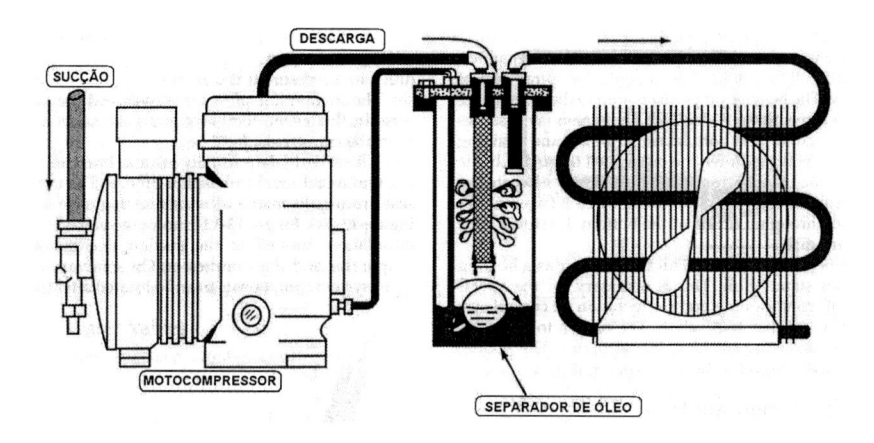

Figura 6.9 – Separador de óleo instalado na linha de descarga

6.1.7 - SEPARADOR DE LÍQUIDO

O Separador de Líquido = Acumulador de Sucção = Acumulador de Líquido. A função é evitar que o fluido refrigerante líquido que não evaporou no evaporador seja succionado pelo motocompressor. Veja na figura 6.10 que a linha de sucção é separada no interior do acumulador.

Os equipamentos que mais utilizam esse tipo de componente auxiliar (acessório), são os equipamentos de Refrigeração (Freezers, Câmaras e Balcões Frigoríficos), devido às temperaturas de evaporação serem muito baixas (abaixo de 0ºC).

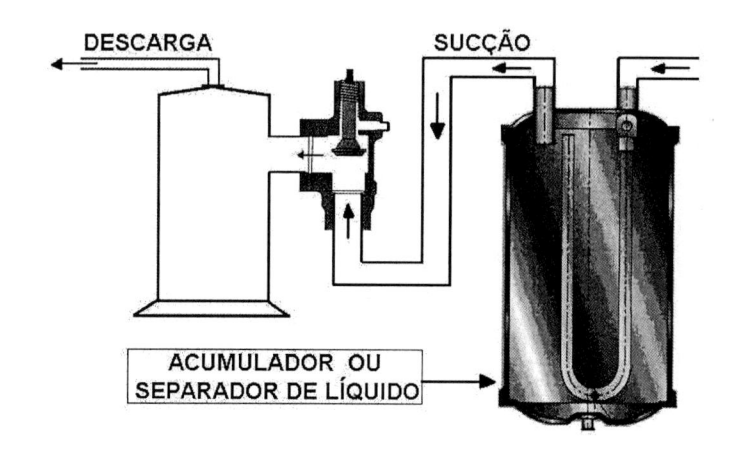

Figura 6.10 – Separador de Líquido

6.1.8 - Intercambiador de calor

Basicamente a função é a mesma que o acumulador de sucção, evitar que o fluido refrigerante líquido que não evaporou no evaporador seja succionado pelo motocompressor, isso ocorre porque a linha de líquido transfere energia (calor) para a linha de sucção, se na sucção estiver passando fluido refrigerante líquido, isso irá evaporá-lo. Os equipamentos para Climatização (Ar Condicionado) não utilizam esse acessório. Como os acumuladores de sucção, os que mais utilizam esse tipo de componente auxiliar (acessório), são os equipamentos de Refrigeração (Freezers, Câmaras e Balcões Frigoríficos), devido às temperaturas de evaporação serem muito baixas.

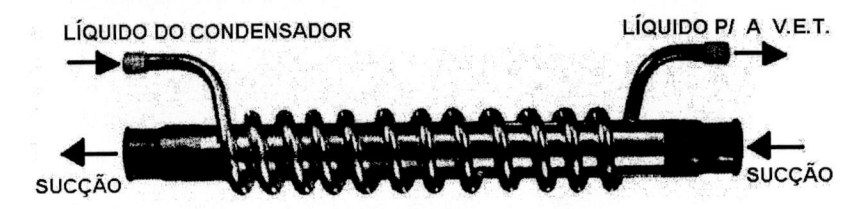

Figura 6.11 – Intercambiador de Calor

6.1.9 - VÁLVULA DE SERVIÇO MANUAL

Como diz o nome, essas Válvulas são utilizadas para executar serviços de medições de pressões, evacuação e carga de fluido refrigerante. A válvula de serviço pode ser aberta e fechada com o uso de uma **Chave Catraca**. De acordo com a figura 6.12, quando giramos a "Haste" da válvula toda para cima, estamos fechando a leitura da pressão para o manômetro do Conjunto Manifold (fechado para serviço). Quando giramos a "Haste" da válvula toda para baixo, estamos fechando a passagem do fluido refrigerante (fechado para sistema).

A posição mostrada na figura 6.12 mostra a posição de abertura da válvula de serviço e a instalação de um conjunto manifold para verificar a pressão de sucção do motocompressor, ou seja, aberto para serviço e sistema.

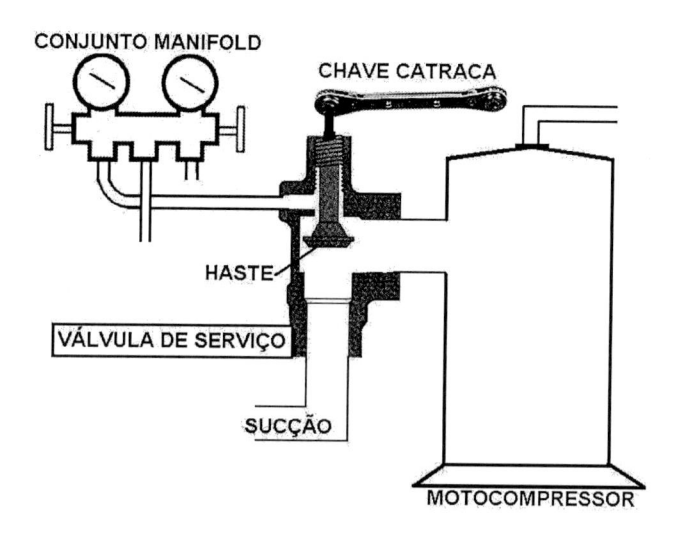

Figura 6.12 – Válvula de Serviço na Sucção

6.1.10 - VÁLVULA DE SERVIÇO TIPO "SCHRADER"

Esta válvula utiliza o princípio e tem o aspecto das válvulas de ar usadas nas câmaras de pneus de carros, motos ou bicicletas. Devem possuir uma tampa para assegurar um funcionamento à prova de vazamento.

Com as "Válvulas Schrader" pode-se verificar as pressões do sistema e recarregar o mesmo sem alterar o funcionamento do motocompressor. É importante lembrar que para abrir a válvula, é preciso usar o **lado da mangueira do Conjunto Manifold que possua um pino central** para empurrar o pino da válvula.

Figura 6.13 – Exemplos de Válvulas Schrader

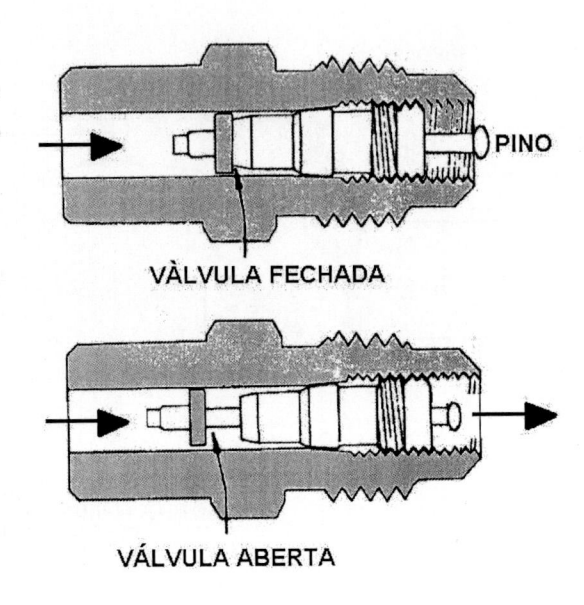

Figura 6.14 – Válvulas Schrader em corte

6.1.11 - VÁLVULA OU REGISTRO MANUAL

Essas válvulas são utilizadas de modo que podem isolar-se partes do circuito frigorígeno para reparos ou manutenção. Fecham-se girando no sentido horário e abrem-se girando no anti-horário.

Figura 6.15 – Registros ou Válvulas Manuais

6.1.12 - VÁLVULA DE SEGURANÇA TIPO "PLUGUE FUSÍVEL"

Nos circuitos frigorígenos, durante paralisações, incêndios ou altas temperaturas causadas por falhas nos controles elétricos, poderão ocorrer danos ao sistema ou mesmo uma explosão, devido ao aumento de pressão. Para a máxima segurança da instalação, deve-se montar no tanque de líquido ou no condensador a válvula de alívio tipo **Plugue Fusível** PSA ou PSB.

Quando a temperatura ultrapassar a prefixada, o núcleo do plugue fundirá (derreterá), deixando fluir o fluido refrigerante evitando assim, danos à instalação.

Figura 6.16 – Plugue Fusível em corte

6.1.13 - VÁLVULA DE SEGURANÇA TIPO "ALÍVIO"

São utilizadas em qualquer vaso de pressão. O limite prefixado de pressão não deve ser excedido, pois poderiam ocorrer sérios danos ao sistema, como, por exemplo, uma explosão.

Nos circuitos frigoríficos, a válvula de segurança deverá ser instalada no tanque de líquido ou no condensador a água.

Figura 6.17

Figura 6.18

Capítulo 5 – Componentes Básicos

Nesta válvula constituída basicamente de um corpo, onde estão alojados um pistão com assento de neoprene, mola e parafuso de regulagem, atuam de um lado, a pressão do recipiente onde está instalada e, do outro, as pressões atmosféricas e de uma mola, cuja tensão é calibrada através do parafuso de regulagem, para o valor desejado.

Quando a pressão ultrapassar o limite prefixado no Condensador ou Tanque de Líquido, a válvula abrirá, deixando fluir o fluido refrigerante até a normalização, quando, então, voltará a fechar.

É esta a sua grande vantagem sobre os Plugues Fusíveis. Quando os Plugues abrem deixam fluir todo o fluido refrigerante, devendo, por isso, ser substituídos.

Veja na figura 6.17 que uma válvula possui rosca, por segurança deve-se canalizar essa saída para fora da casa de máquinas do equipamento.

6.1.14 - TUBO FLEXÍVEL

Esses tubos podem ser utilizados nas linhas de sucção e descarga com o objetivo de evitar a transmissão de vibração do motocompressor para todo o equipamento

Figura 6.19 – Tubo Flexível

6.1.15 - EXEMPLOS DE CONEXÕES

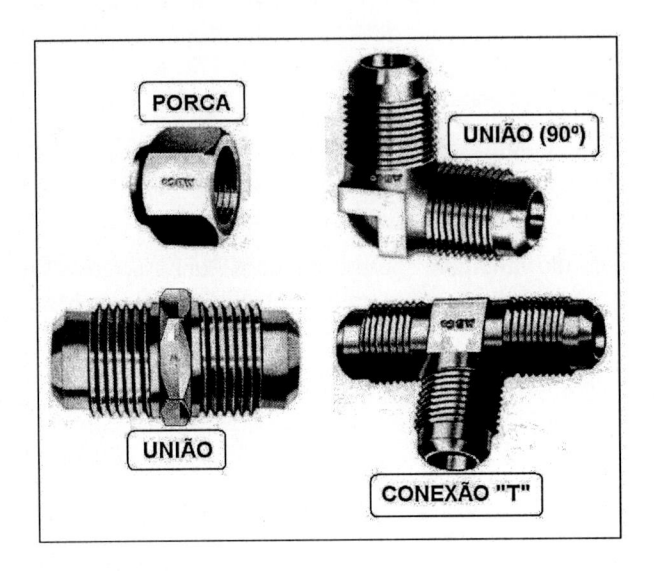

Figura 6.20 – Componentes para conexões

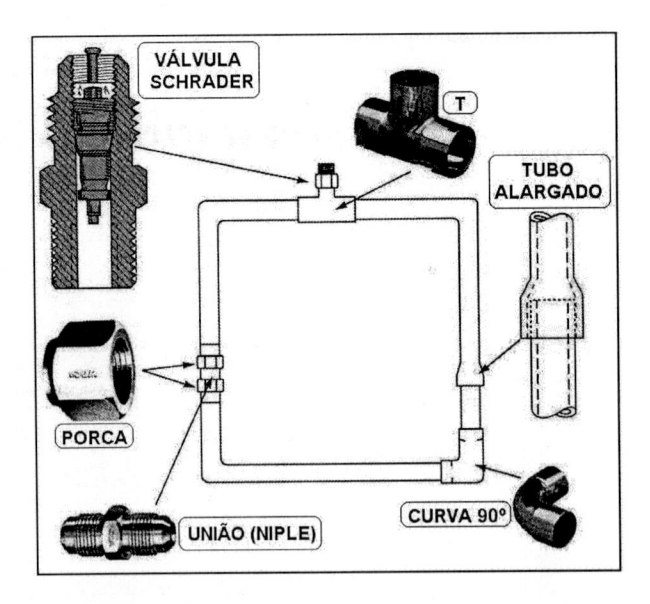

Figura 6.21 – Exemplo do uso de algumas conexões

6.2 – COMPONENTES PROTEÇÃO E CONTROLE

6.2.1 – PRESSOSTATOS ELETROMECÂNICOS

São dispositivos de proteção. O Pressostato de Baixa é utilizado também como controle. Se a pressão de sucção do compressor cair e atingir o limite mínimo permitido, o Pressostato de Baixa desliga o motor elétrico do compressor. Se a pressão de descarga do compressor subir e atingir o limite máximo permitido, o Pressostato de Alta desliga o motor elétrico do compressor. A figura 4.19 mostra um PAB (Pressostato de Alta e Baixa) conjugado e regulável, mas os pressostatos podem vir separados sendo reguláveis ou não-reguláveis.

Os Pressostatos **não-reguláveis** são chamados de **"Pré Calibrados ou Miniaturizados"**, os ajustes de desarmes e rearme são efetuados pelo fabricante do equipamento não possibilitando ajustes durante a manutenção, no caso de defeito desse tipo de pressostato, pode-se adaptar os reguláveis como o mostrado na figura 6.22. A regulagem do PAB (Pressostato de Alta e Baixa) será exemplificada usando a figura 6.23.

Figura 6.22 – Pressostato de Alta e Baixa Regulável

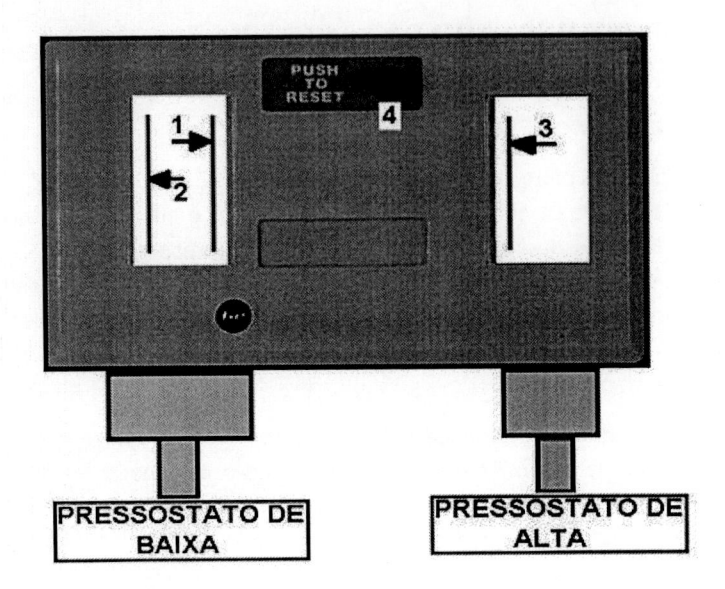

Figura 6.23 – Pressostato de Alta e Baixa Regulável

De acordo com a figura 6.23, temos:

Ponteiro 1 – **Escala do Rearme do Pressostato de Baixa.** A regulagem é feita no **parafuso de ajuste do rearme** mostrado na figura 4.19.

Ponteiro 2 – **Escala do Diferencial do Pressostato de Baixa.** A regulagem é feita no **parafuso de ajuste do diferencial**.

Ponteiro 3 – **Escala do Desarme do Pressostato de Alta.** A regulagem é feita no **parafuso de ajuste do desarme**.

O valor do desarme por alta pressão é regulado diretamente na escala do pressostato de alta, o **ponteiro 3** mostra esse valor. O **Rearme é Manual** através do botão **4**. Alguns pressostatos de alta possuem o rearme automático, isso não é muito aconselhável, visto que, se houve desarme por alta pressão deve-se forçar o Mecânico, Técnico ou Engenheiro verificar o problema.

O pressostato de baixa possui **duas escalas**, uma é a de **Rearme (ponteiro 1)** e a outra é a do **Diferencial (ponteiro 2)**, o pressostato de baixa não possui uma escala onde se regula diretamente o desarme como no pressostato de alta. O **valor do desarme** por baixa é a diferença entre o **"valor regulado no rearme"** e o **"valor regulado no diferencial"**.

Capítulo 5 – Componentes Básicos

Exemplo de regulagem de um PAB:

Pressão de Sucção do Compressor de uma Central de Condicionamento de Ar = **65 PSIg**

Pressão de Descarga do Compressor de uma Central de Condicionamento de Ar = **250 PSIg**

Valor do DESARME Regulado na Escala do Pressostato de Alta (Ponteiro 3) = **300 PSIg**

Se a pressão de Descarga do compressor atingir o valor de 300 PSIg, os contatos elétricos do pressostato irão se abrir desligando assim o motor elétrico do compressor.

Para regular um valor de 40 PSIg de DESARME por baixa pode-se, regular (Ponteiro 1) o **rearme para 70 PSIg** e um **diferencial** (Ponteiro 2) **para 30 PSIg**. 70 – 30 = 40.

Se a pressão de Sucção do compressor atingir o valor de 40 PSIg, os contatos elétricos do pressostato irão se abrir desligando o motor elétrico do compressor. Se a pressão subir até 70 PSIg os contatos elétricos do pressostato irão se fechar ligando o motor elétrico do compressor.

Além de monitorar as pressões de "Sucção" e "Descarga" do motocompressor de um equipamento, pode-se monitorar também situação da lubrificação do óleo quando o compressor utiliza uma Bomba de Óleo.

Os Motocompressores Herméticos, independente do tamanho e capacidade e os Compressores Abertos de pequeno e médio porte, possuem uma lubrificação do tipo "por Salpico", sem o uso de uma bomba de óleo.

Já os Compressores Abertos de Grande porte e os Motocompressores Semi-Herméticos, fazem uma lubrificação forçada com o uso de uma Bomba de óleo.

O fabricante do compressor deve ser consultado para saber o valor mínimo da pressão do óleo, e esta deve ser superior ao valor mínimo, é uma segurança contra travamento ou desgastes por deficiência de lubrificação.

A **"Pressão do Óleo"** é a diferença entre a "Pressão de Descarga (HP)" e a "Pressão de Sucção (LP)" da Bomba de Óleo. Exemplo, se a Pressão de Sucção da Bomba de óleo for 60PSIg e a Pressão de Descarga da mesma for 110PSIg, a **PRESSÃO DO ÓLEO** é igual a 50PSIg.

Com o uso de um **Pressostato de Óleo**, o mesmo desligará o motor elétrico do compressor caso a **Pressão do Óleo** atinja o valor mínimo recomendado pelo fabricante do compressor.

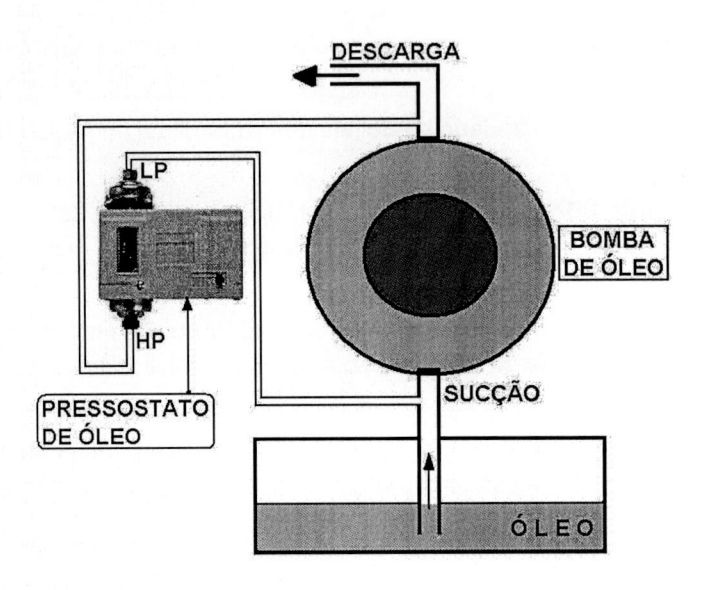

Figura 6.24 – Esquema de uma Bomba de Óleo com o Pressostato de Óleo

O **Pressostato de Óleo** contém um mecanismo temporizador, atuado pelo aquecimento (um resistor). Quando a pressão do óleo está igual ou menor que o valor regulado no pressostato (valor recomedado pelo fabricante), o mecanismo temporizador é acionado. Se a pressão normal de óleo não se normalizar dentro do período de atraso (Ex: 120 segundos), o temporizador irá fazer com que os contatos que desligam o comando do motor elétrico do compressor se abram.

O mecanismo temporizador dá à bomba de óleo tempo para desenvolver a pressão normal de operação do óleo quando da partida e para normalizar a pressão do óleo se a mesma tiver sido interrompida temporariamente durante a operação normal do compressor. Na figura 6.26 vê-se que a diferença de pressão é medida por foles opostos.

A pressão de descarga da bomba de óleo é "sentida" por um fole, enquanto a pressão de sucção é "sentida" pelo outro. Como já citamos, a diferença é a pressão do óleo.

Capítulo 5 – Componentes Básicos

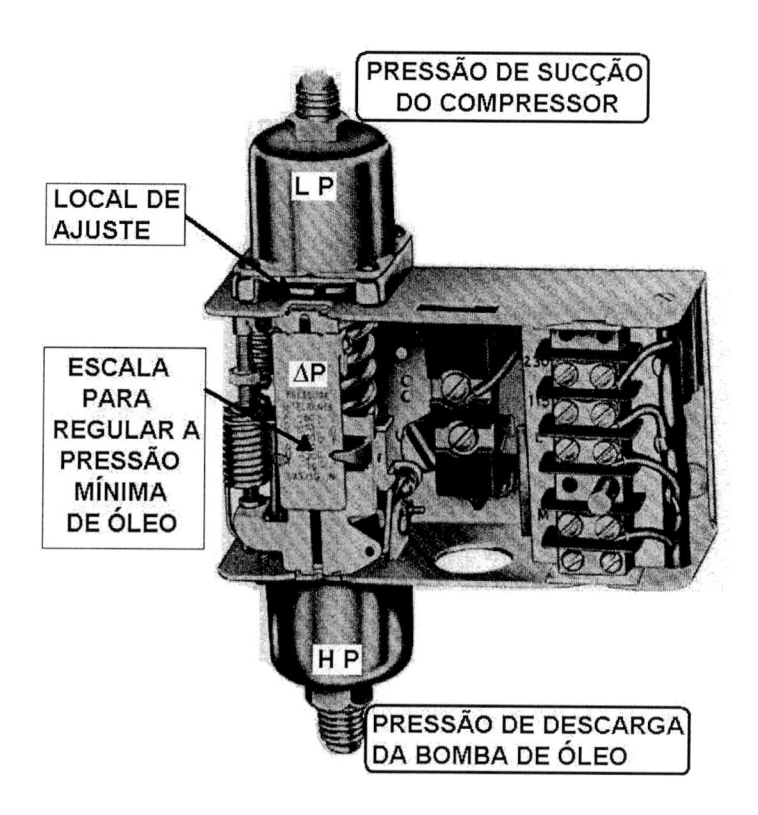

Figura 6.25 – Pressostato de Óleo

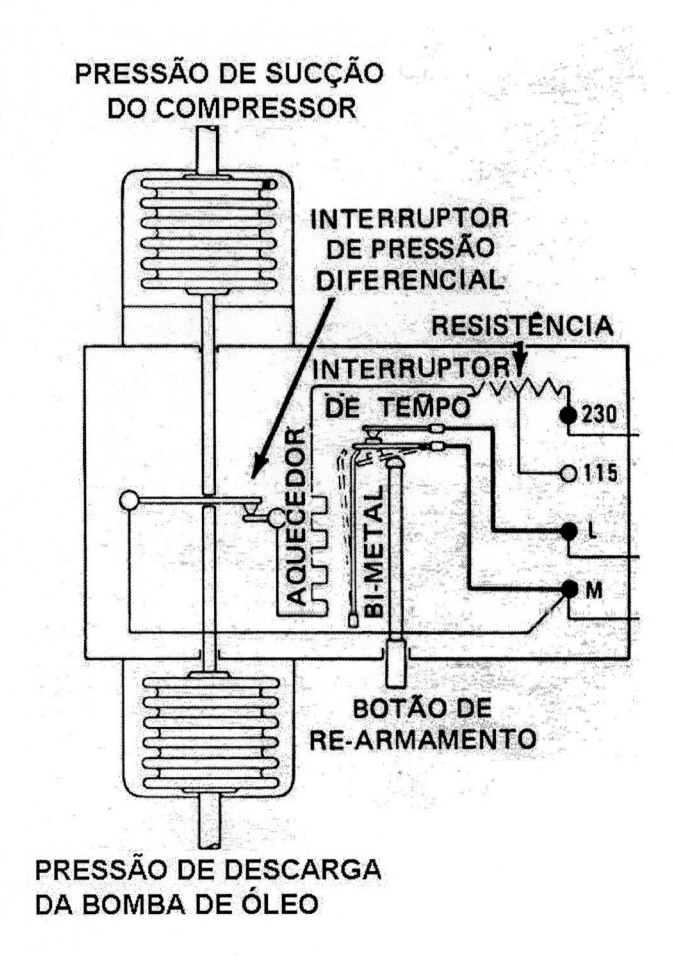

Figura 6.26 – Exemplo da Ligação Interna de um Pressostato de Óleo

Quando há deficiência de lubrificação o **Pressostato de óleo não desliga o motor do compressor imediatamente**, o pressostato liga o temporizador (resistor) que se aquece e durante cerca de 120 segundos, por exemplo, se a pressão de óleo não se normalizar, aí sim um bimetálico que se aqueceu juntamente com o resistor irá empurrar os contatos que estavam mantendo motor do compressor ligado, ou seja, os contatos se abrem porque o Temporizador (resistor) permaneceu os 120 segundos energizado.

Capítulo 5 - Componentes Básicos

Como a bomba de óleo succiona (puxa) o óleo do cárter do compressor, e como o cárter dos compressores abertos e semi-herméticos são sucção, as pressões de sucção do compressor e da bomba de óleo são iguais.

É incorreto afirmar tecnicamente que a pressão de descarga da bomba de óleo é a pressão do óleo. A pressão do óleo é um diferencial (P).

LP – Low Pressure (Baixa Pressão)

HP – High Pressure (Alta Pressão)

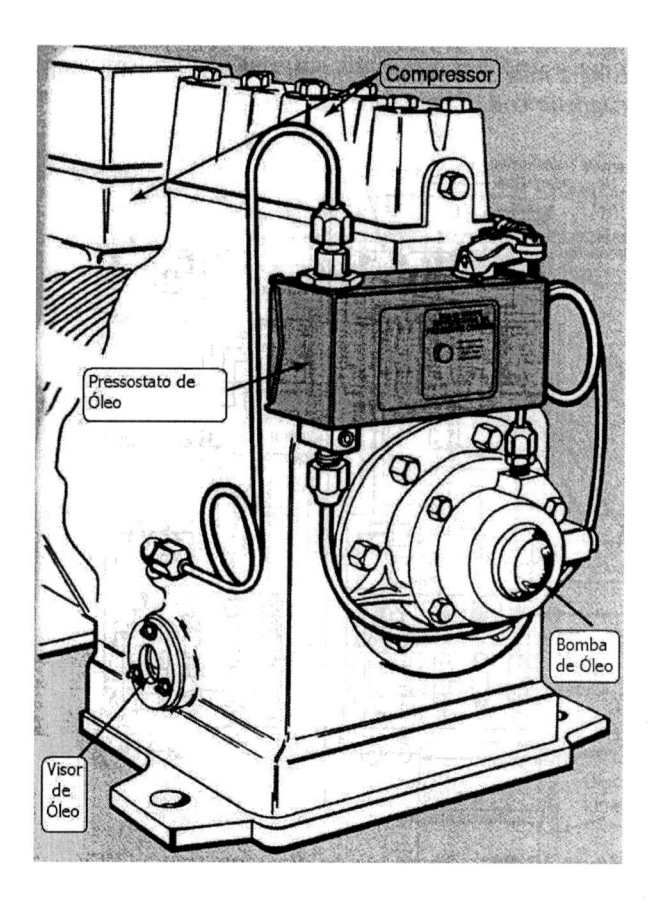

Figura 6.27 – Exemplo da instalação de um Pressostato de Óleo em um Motocompressor Semi-hermético

6.2.2 – TERMOSTATOS

Os Termostatos sendo **eletrônicos** ou **termomecânicos**, têm a função de manter uma temperatura ambiente média pré-estabelecida, seja para Refrigeração ou Climatização (ar Condicionado).

Quando a temperatura no "Bulbo Sensor" atinge o valor mínimo, o termostato abre seus contatos elétricos desligando assim o contato do comando do motor elétrico do compressor, ou em alguns equipamentos de refrigeração (Câmaras Frigoríficas), onde o termostato não desliga diretamente o motor do compressor, desligando sim a válvula solenóide da linha de líquido, com isso ocorrerá um recolhimento do fluido refrigerante e redução da pressão de sucção, com essa redução o motor do compressor será desligado pelo pressostato de baixa. Havendo qualquer obstrução na linha de líquido, que é a linha que liga a saída do condensador até o dispositivo de expansão, ocorre desarme por baixa.

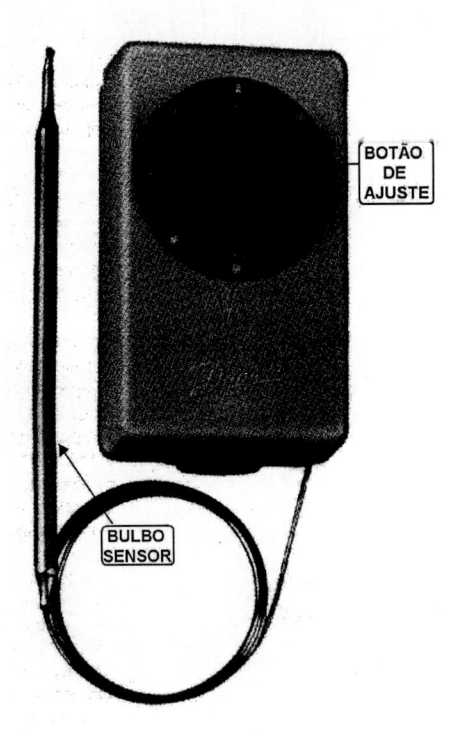

Figura 6.28 – Termostato Termomecânico

Capítulo 5 – Componentes Básicos

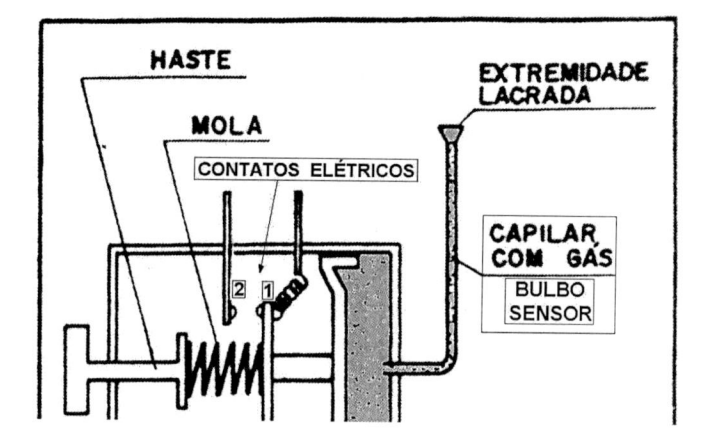

Figura 6.29 – Termostato Termomecânico em Corte

Um termostato termomecânico basicamente funciona devido à ação da pressão do gás que pressiona o diafragma (fole). A pressão do **gás do bulbo sensor** aumenta quando a temperatura ao ar ambiente no bulbo sensor aumenta, daí o contato móvel 1 (figura 6.29) encosta no contato fixo 2, o contato móvel é movimentado pelo diafragma. A pressão do **gás do bulbo sensor** diminui quando a temperatura ao ar ambiente no bulbo sensor também diminui, daí o contato móvel 1 (figura 6.29) se afasta do contato fixo 2 (abrindo os contatos).

Os Termostatos são termomecânicos, os custos destes dispositivos são menores que os dispositivos eletrônicos como o Termostato da figura 6.30. A vantagem de um controle digital está numa maior precisão no liga/desliga, o circuito eletrônico contido no interior de um termostato digital (figura 6.30) recebe a informação da temperatura ambiente através de um sensor.

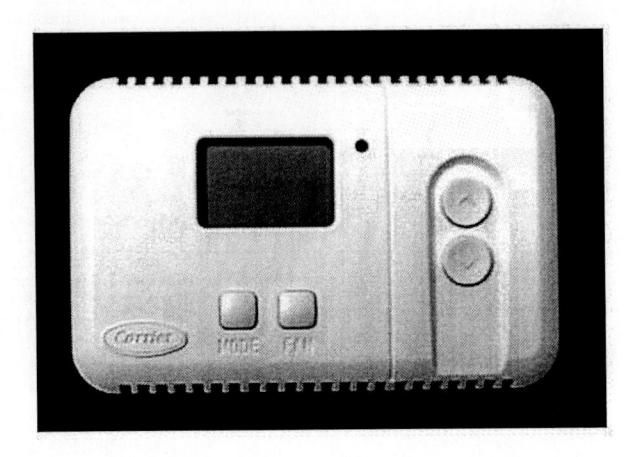

Figura 6.30 – Termostato Digital Eletrônico

Capítulo 7

Refrigeração Residencial

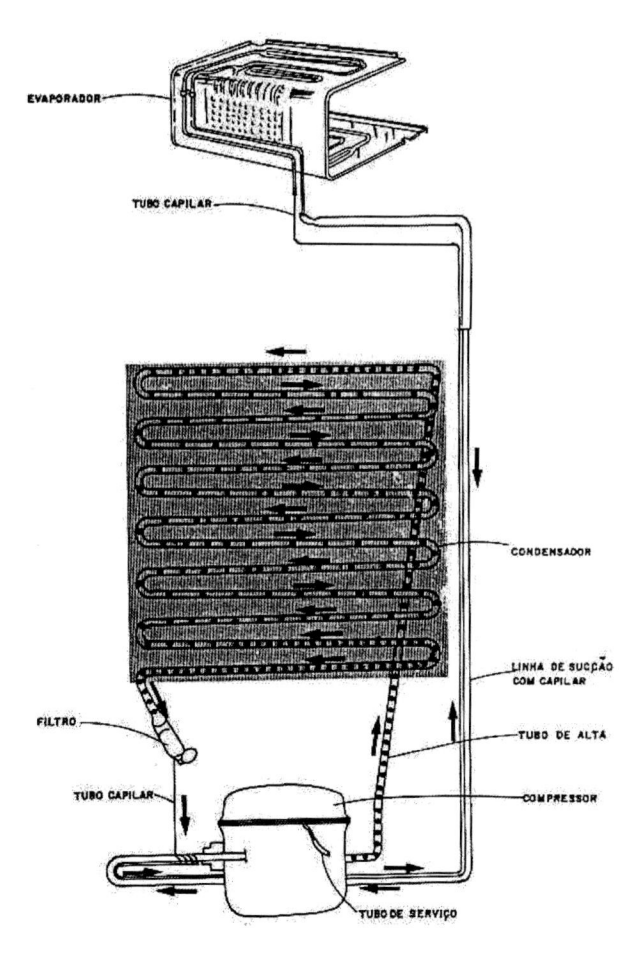

Figura 7.1 – Circuito Frigorígeno ou Sistema de refrigeração de um Refrigerador "1 porta"

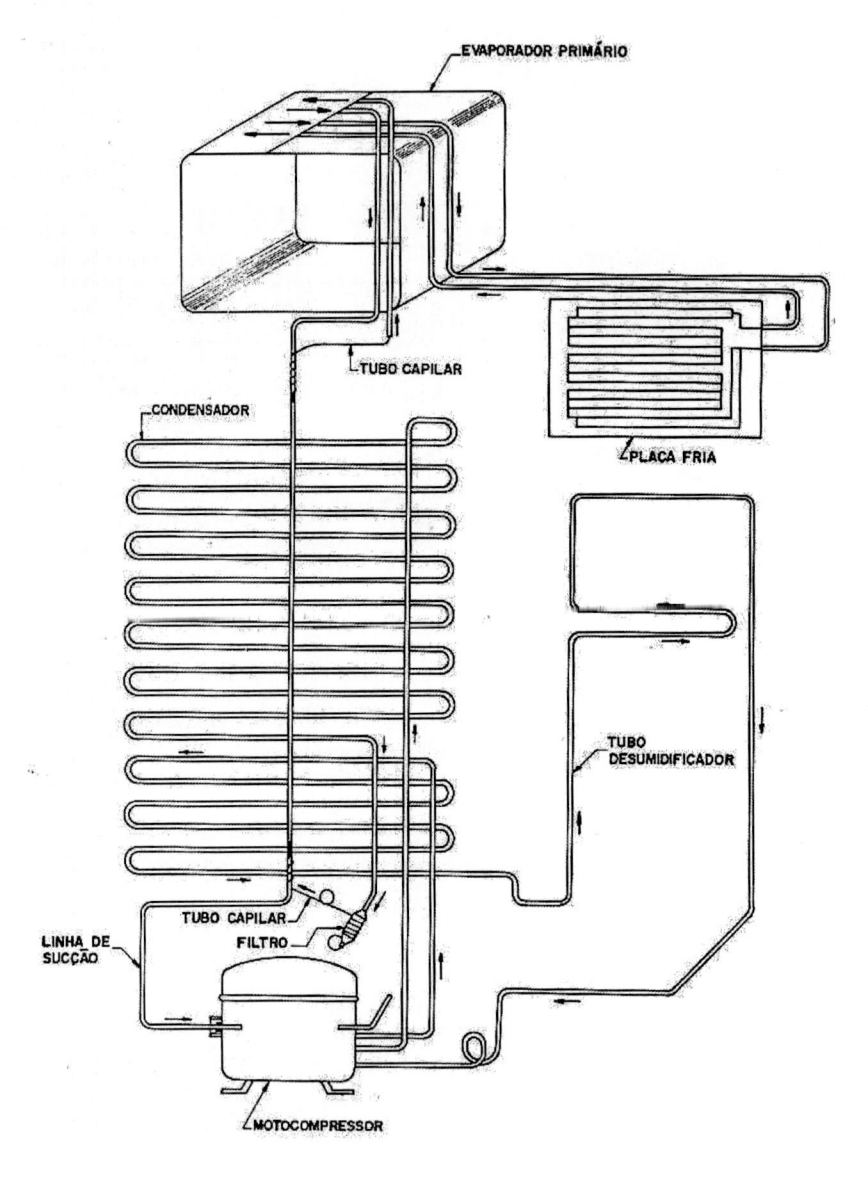

Figura 7.2 – Circuito Frigorígeno ou Sistema de refrigeração de um Refrigerador "2 portas"

Capítulo 7 - Refrigeração Residencial   117

7.1 - MOTOCOMPRESSORES

Os sistemas domésticos (residenciais) são equipados com motocompressores do tipo hermético, ou seja, totalmente lacrado, não sendo possível fazer reparos quando houver um defeito, algumas pessoas que se dizem profissionais refrigeristas fazem o reparo (recuperação) desse tipo de compressores, é um crime, pois o chamado "recondicionamento" não garante a mesma qualidade que a da fabricação original, então você estudante de refrigeração não compartilhe com esse tipo de "gambiarra".

Internamente, o motocompressor hermético é composto de duas partes fundamentais: o **compressor (parte mecânica)** e o **motor (parte elétrica)**. Este conjunto permanece suspenso por molas dentro da carcaça.

Figura 7.3 – Motocompressor Hermético

Figura 7.4 – Motocompressores Hermético e Hermético em corte

A figura a seguir mostra os componentes do Motocompressor Hermético:

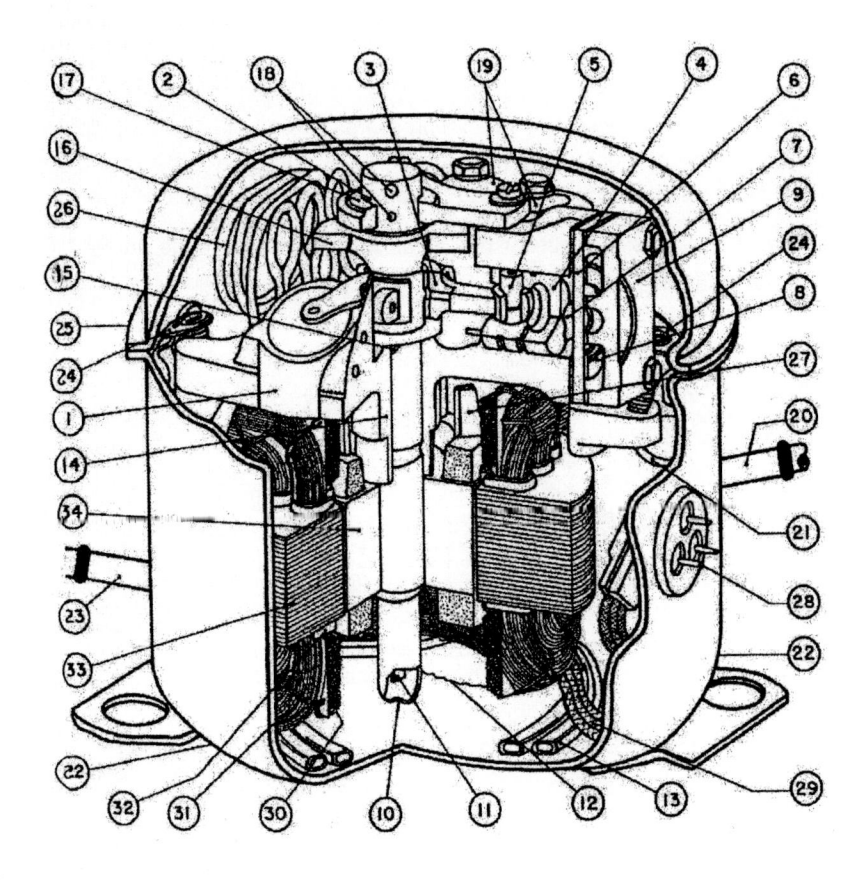

Figura 7.5 – Motocompressor Residencial em corte

Componentes do compressor em corte da figura 7.5:

1– CORPO	2 – EIXO
3 – BIELA	4- PISTÃO
5 – PINO	6 – PLACA VÁLVULAS
7 – VÁLVULA DE SUCÇÃO	8 – VÁLVULA DE DESCARGA
9 – CABEÇOTE	10 – PESCADOR DE ÓLEO
11 – DIVISOR	12 – NÍVEL DE ÓLEO
13 – RESFRIADOR DE ÓLEO	14 – MANCAL PRINCIPAL
15 – RANHURA DE LUBRIFICAÇÃO	16- CONTRAPESO
17 – MANCAL	18 – FUROS DE LUBRIFICAÇÃO
19 – MUFLAS DE DESCARGA	20 – CANO DE SUCÇÃO
21 – SUPORTE INTERNO	22 – CARCAÇA
23- CANO DE DESCARGA	24 – MOLAS DE SUSPENSÃO
25 – SOLDA	26 – SERPENTINA DE DESCARGA
27– ALETAS ROTOR	28 – TERMINAIS ELÉTRICOS
29 – CABOS DE LIGAÇÃO	30 – BOBINA DE PARTIDA
31 – BOBINA DE TRABALHO	32 – ISOLAÇÃO
33 – ESTATOR	34 – ROTOR

7.1.1 - RELÉS DE PARTIDA DOS MOTOCOMPRESSORES

Os Relés são os dispositivos de partida dos compressores herméticos. Alguns modelos são equipados com protetor de sobrecarga acoplado no mesmo corpo e circuito.

A secção de partida do relé consiste de uma bobina de fio grosso isolado e uma armadura móvel de metal. A armadura de metal está em posição vertical e mantém os contatos de partida sob condições normais.

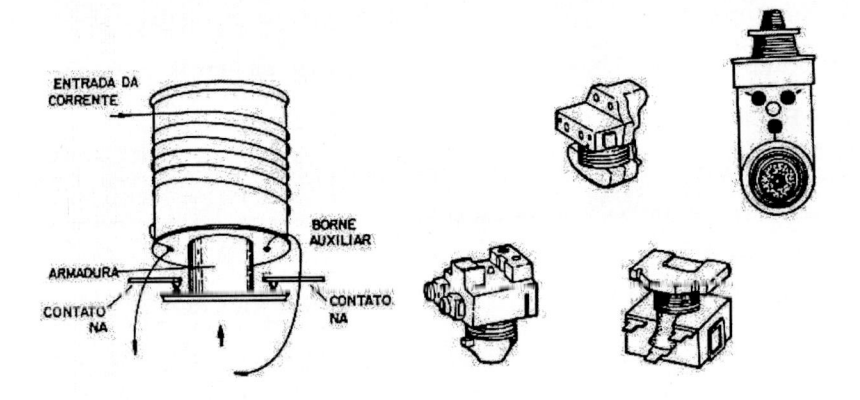

Figura 7.6 – Exemplos de Relés Eletromecânicos

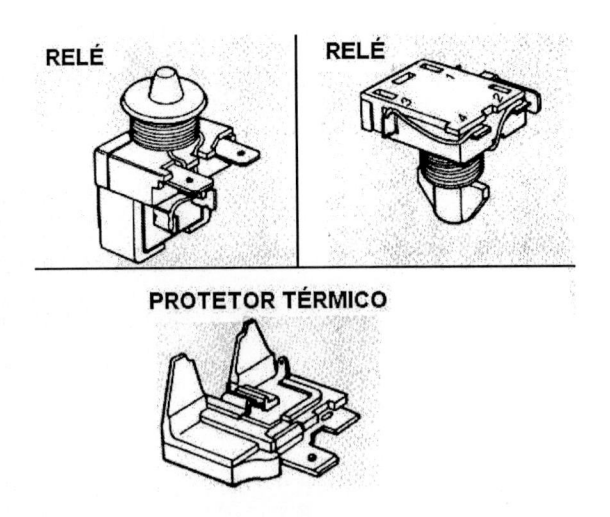

Figura 7.7 – Exemplos de Relés Eletromecânicos e Protetor Térmico

Capítulo 7 – Refrigeração Residencial

A bobina do relé é ligada em série com o enrolamento principal do motor.

Quando a maquina é ligada, a alta corrente inicial através da bobina e do enrolamento principal é suficiente para elevar a armadura móvel por meio da força magnética e então, fazer com que os contatos de partida se fechem. Com os contatos de partida fechados, o enrolamento de partida e conectado em paralelo com o enrolamento principal para fazer funcionar o motor. Tão logo o motor adquira velocidade normal, a corrente inicial, que era alta, decresce e reduz a força magnética, agindo na armadura metálica, permitindo que ele caia e abra os contatos do enrolamento de partida.

RELÉ PTC (COEFICIENTE DE TEMPERATURA POSITIVA)

O relé PTC é formado por uma pastilha de material cerâmico. Este material possui a propriedade de aumentar a resistência elétrica quando aquecido pela corrente que passa através dele. Durante a partida do motor, o PTC está frio, e com uma resistência elétrica baixa, consequentemente, conduz corrente através da bobina de partida, fazendo o motor girar. Esta corrente vai aquecê-lo fazendo com que a resistência aumente e a corrente diminua através da bobina de partida até se tornar praticamente zero.

Seu uso é recomendado para freezers e refrigeradores domésticos, onde o tempo entre os ciclos de operação é suficiente para o PTC esfriar e estar pronto para uma nova partida.

Figura 7.8 – Exemplo de Relés PTC e sua simbologia

7.1.2 - PROTETOR TÉRMICO (PROTETOR DE SOBRECARGA)

O protetor de sobrecarga é constituído basicamente de uma lâmina bimetálica (duas lâminas com coeficiente de dilatação diferente, soldadas convenientemente uma sobre a outra) e um resistor de aquecimento (figura 7.9).

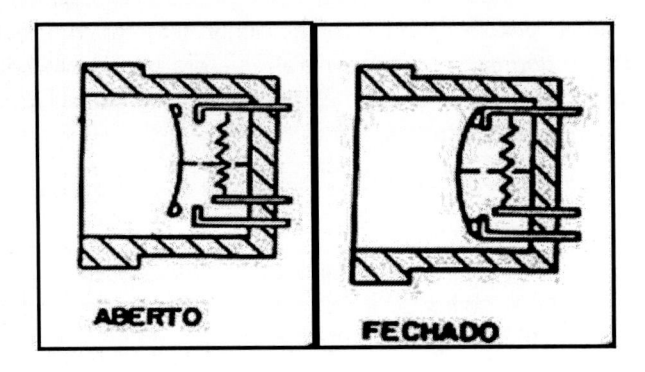

Figura 7.0   Exemplos de Protetores Térmicos

Se, por uma irregularidade qualquer, uma corrente mais elevada que a corrente normal de trabalho circular pelo resistor em tempo não instantâneo, a lâmina bimetálica se curvará, até desligar os contatos de sobrecarga e, por conseguinte, o enrolamento principal, parando o motor.

Quando a lâmina bimetálica se resfriar, voltará novamente a sua posição normal e então fechará os contatos, colocando o motor em funcionamento.

Todos os compressores herméticos devem ser equipados com protetores térmicos. Existem dois tipos de protetores térmicos, externo e interno. Geralmente se utiliza o protetor colocado no lado externo do compressor, próximo aos terminais elétricos e em contato com a superfície da carcaça, para melhor desempenho.

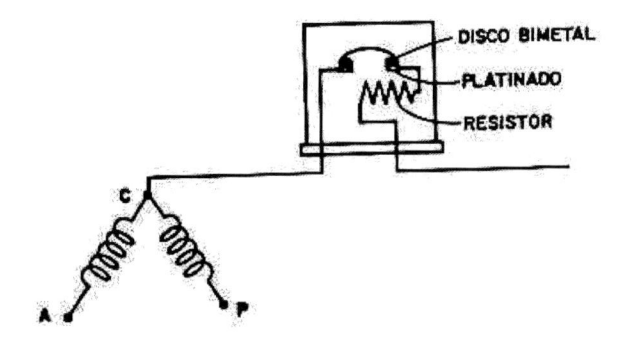

Figura 7.10 – Exemplos de ligação do Protetor Térmico

Figura 7.11 – Terminais de ligação do Relé e Protetor Térmico

7.1.3 – SELEÇÃO DE MOTOCOMPRESSORES

A escolha de um motocompressor para um determinado equipamento depende dos seguintes fatores:

1 – Dispositivo de Expansão ou Elemento de Controle;

2 – Temperatura de Evaporação (Vaporização).

Dispositivo de Expansão ou Elemento de Controle;

O sistema de refrigeração necessita de um elemento de controle do fluido refrigerante "líquido" que vem do condensador e vai para o evaporador. Em Refrigeradores, Freezers e Bebedouros esse dispositivo é um tubo de diâmetro bastante reduzido, o tubo capilar. Mas existem equipamentos de refrigeração que utilizam uma válvula de expansão.

Em sistemas (circuitos) dotados de tubo capilar, as pressões no evaporador (lado da baixa pressão) e condensador (lado de alta pressão) se equalizam durante a parada do motocompressor. Neste tipo de circuito o compressor é dotado de um motor elétrico com "baixo torque de partida".

Já num circuito com válvula de expansão o compressor é dotado de um motor elétrico com alto torque de partida. Os motores elétricos de compressores apropriados para estes dois sistemas são denominados:

LST – Low Starting Torque (Baixo torque de partida);

HST – High Starting Torque (Alto Torque de Partida)

Os compressores HST podem ser aplicados em sistemas que utilizam compressores LST quando os períodos de parada são muito curtos, não permitindo a equalização das pressões. Entretanto, os compressores LST não podem ser aplicados em sistemas com válvula de expansão.

Temperatura de Evaporação (Vaporização)

Outro fator que influi na escolha do motocompressor é a faixa de temperatura de evaporação que o sistema requer. Assim temos dois tipos:

• Congeladores (Freezer e Refrigerador) que trabalham com temperaturas bastante baixas, variando entre –25°C à –35°C.

• Resfriadores (Bebedouro e Refresqueira) que trabalham com temperatura de evaporação acima de 0°C.

A absorção de calor pelo fluido refrigerante "líquido" que entra no evaporador, vai depender da temperatura de evaporação.

Os compressores podem ser classificados quanto sua aplicação:

HBP – High Back Pressure (Alta temperatura de evaporação)

MBP – Medium Back Pressure (Média temperatura de evaporação)
LBP – Low Back Pressure (Baixa temperatura de evaporação)

CLASSIFICAÇÃO	TEMPERATURA DE EVAPORAÇÃO	EXEMPLO DE APLICAÇÃO
LBP	- 35°C até – 10°C	Freezers e Refrigeradores
L/MBP	- 35°C até – 5°C	Balcões e Bebedouros
HBP	- 5°C até + 15°C	Refresqueiras e Bebedouros

Figura 7.12 – Tabela de Aplicação

Uma determinada temperatura no evaporador corresponde à uma determinada pressão, para isso deve-se verificar nas tabelas ou réguas que convertem pressão em temperatura e vice-versa. Exemplo: Se o compressor de um Freezer (R-134) estiver com **4PSIg** na sucção, o fluido refrigerante vai evaporar a uma temperatura de **– 20,5°C** (Ver tabela a seguir).

Temperatura		R-12		Suva® 134a (R-134a)		Suva® MP39 (R-401A)		Suva® MP66 (R-401B)	
°F	°C	psig	kgf/cm²	psig	kgf/cm²	psig	kgf/cm²	psig	kgf/cm²
-50.00	-45.56	15.42		18.74		13.45		12.17	
-45.00	-42.78	13.33		16.89		11.01		9.54	
-40.00	-40.00	10.97		14.81		8.30		6.71	
-35.00	-37.22	8.36		12.47		5.30		3.41	
-30.00	-34.44	5.49		9.86		1.92		0.08	0.01
-25.00	-31.67	2.31		6.93		0.87	0.06	2.02	0.14
-20.00	-28.89	0.57	0.04	3.68		2.67	0.20	4.15	0.29
-15.00	-26.11	2.44	0.17	0.07		5.07	0.36	6.50	0.46
-10.00	-23.33	4.49	0.32	1.92	0.14	7.48	0.53	9.06	0.64
-5.00	-20.56	6.72	0.47	4.06	0.29	10.10	0.71	11.86	0.83
0.00	-17.78	9.15	0.64	6.46	0.45	12.97	0.91	14.90	1.05
5.00	-15.00	11.78	0.83	9.07	0.64	16.09	1.13	18.21	1.28
10.00	-12.22	14.64	1.03	11.93	0.84	19.45	1.37	21.78	1.53
15.00	-9.44	17.72	1.25	15.04	1.06	23.08	1.62	25.64	1.80
20.00	-6.67	21.04	1.48	18.43	1.30	27.01	1.90	29.80	2.10
25.00	-3.89	24.61	1.73	22.11	1.55	31.25	2.20	34.29	2.41
30.00	-1.11	28.45	2.00	26.10	1.83	35.81	2.52	39.11	2.75
35.00	1.67	32.56	2.29	30.42	2.14	40.71	2.86	44.30	3.11
40.00	4.44	36.97	2.60	35.07	2.47	45.96	3.23	49.85	3.50
45.00	7.22	41.67	2.93	40.09	2.82	51.56	3.63	55.79	3.92
50.00	10.00	46.69	3.28	45.48	3.20	57.56	4.05	62.13	4.37
55.00	12.78	52.04	3.66	51.27	3.60	63.99	4.50	68.89	4.84
60.00	15.56	57.73	4.06	57.47	4.04	70.81	4.98	76.09	5.35
65.00	18.33	63.78	4.48	64.10	4.51	78.08	5.49	83.75	5.89
70.00	21.11	70.19	4.93	71.19	5.00	85.79	6.03	91.89	6.46
75.00	23.89	76.98	5.41	78.75	5.54	93.98	6.61	100.52	7.07
80.00	26.67	84.17	5.92	86.79	6.10	102.67	7.22	109.66	7.71
85.00	29.44	91.77	6.45	95.35	6.70	111.85	7.86	119.33	8.39
90.00	32.22	99.79	7.02	104.44	7.34	121.57	8.55	129.55	9.11
95.00	35.00	108.25	7.61	114.08	8.02	131.83	9.27	140.35	9.87
100.00	37.78	117.16	8.24	124.30	8.74	142.65	10.03	151.73	10.67
105.00	40.56	126.55	8.90	135.11	9.50	154.06	10.83	163.72	11.51
110.00	43.33	136.41	9.59	146.53	10.30	166.07	11.67	176.33	12.40
115.00	46.11	146.77	10.32	158.60	11.15	178.70	12.56	189.60	13.33
120.00	48.89	157.65	11.08	171.33	12.04	191.97	13.50	203.53	14.31
125.00	51.67	169.06	11.88	184.74	12.99	205.90	14.47	218.15	15.34
130.00	54.44	181.01	12.72	198.87	13.98	220.51	15.50	233.48	16.41
135.00	57.22	193.52	13.60	213.74	15.03	235.82	16.58	249.54	17.54
140.00	60.00	206.62	14.53	229.37	16.12	251.85	17.70	266.35	18.72
145.00	62.78	220.31	15.49	245.79	17.28	268.61	18.88	283.93	19.96
150.00	65.56	234.61	16.49	263.03	18.49	286.14	20.12	302.29	21.25

Figura 7.13 – Tabela Pressão x Temperatura

A densidade do fluido refrigerante é baixa em temperaturas baixas e, portanto, somente uma pequena quantidade de calor poderá ser absorvida durante a evaporação. Se a evaporação ocorrer a uma temperatura mais alta, por exemplo, 0°C, a pressão e densidade aumentarão e a quantidade de calor absorvida será maior.

Por esta razão, podemos concluir que o trabalho realizado pelo motor num compressor para alta temperatura de evaporação será maior que o realizado pelo mesmo compressor em baixa temperatura de evaporação.

Consequentemente, motores para aplicação em sistemas de alta pressão de evaporação devem ter torque mais elevado.

7.2 - EVAPORADORES E CONDENSADORES

O evaporador é a parte do sistema de refrigeração onde o refrigerante muda do estado líquido para o estado de vapor. Essa mudança, como vimos, é chamada "evaporação", e daí o nome desse componente.

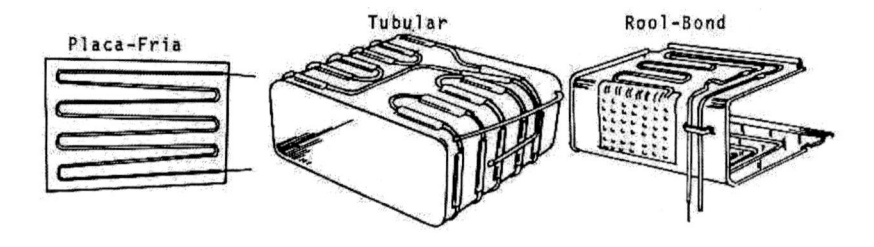

Figura 7.14 – Principais modelos de evaporadores com circulação de ar natural

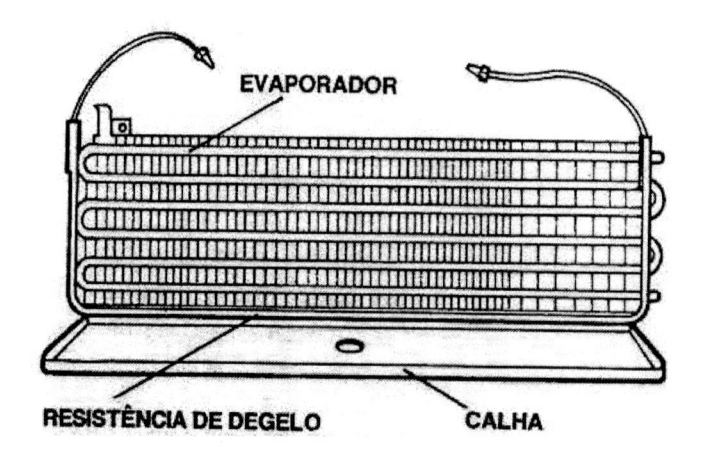

Figura 7.15 – Modelo de evaporador Frost-free

Os evaporadores são geralmente de alumínio nas unidades domésticas, porém já são fornecidos com o conector (peça constituída de um tubo de cobre e outro de alumínio que já vem soldados).

O tubo de sucção de alumínio já vem soldado ao evaporador, o que facilita o trabalho do reparador, que não é obrigado a soldar o tubo de cobre do trocador de calor com o tubo de alumínio do evaporador.

A finalidade do evaporador é absorver o calor proveniente de três fontes: o calor de penetração através da isolação; o calor da infiltração devido à abertura de portas; e calor dos produtos guardados. Quanto à superfície, os evaporadores podem ser: primários (desprovidos de atletas) e aletados (Frost-Free). Quanto a circulação do ar pelo evaporador, pode ser : natural ou forçada (Frost-Free).

Nos evaporadores com transmissão de calor por convecção natural (Figuras 7.14 e 7.16), devemos observar cuidadosamente a escolha e a colocação dos produtos no refrigerador, bem como a sua distribuição.

As condições externas dos evaporadores afetam a transmissão de calor de forma bastante acentuada. Por exemplo, a formação de camada de gelo em evaporadores funciona como isolante, devendo-se restringir essa camada de gelo até a espessura de 5 mm.

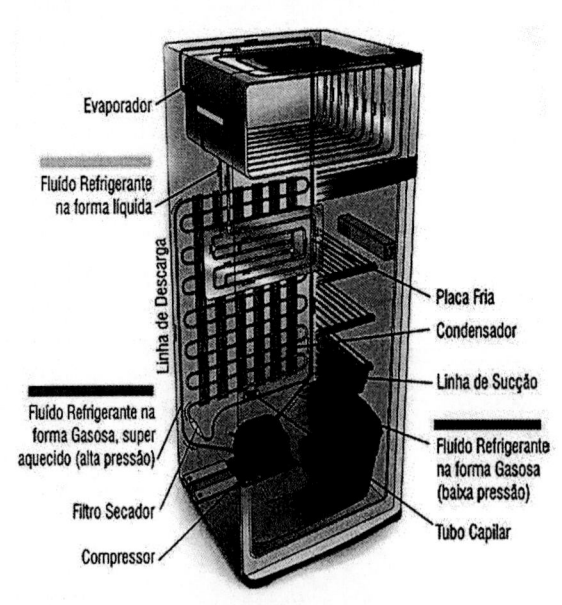

Figura 7.16 – Detalhe do evaporador e placa fria em um Refrigerador 2 portas (Duplex)

CONDENSADORES

É a parte do sistema de refrigeração onde o refrigerante muda do estado de vapor para líquido, o condensador tem como finalidade liberar o calor, absorvido pelo refrigerante no evaporador e o calor acrescentado na compressão, para o ambiemte externo.

Essa liberação de calor provém da mudança de estado físico, de vapor para líquido.

A capacidade de transferência de calor no condensador depende da superfície, da diferença de temperaturas existentes entre o refrigerante que se condensa e o meio-ambiente externo, da quantidade de refrigerante e da condição de transmissão de calor.

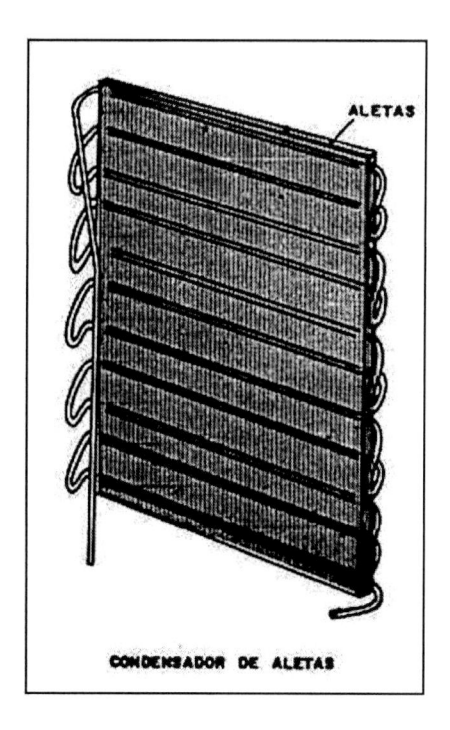

Figura 7.17 – Modelo de condensador

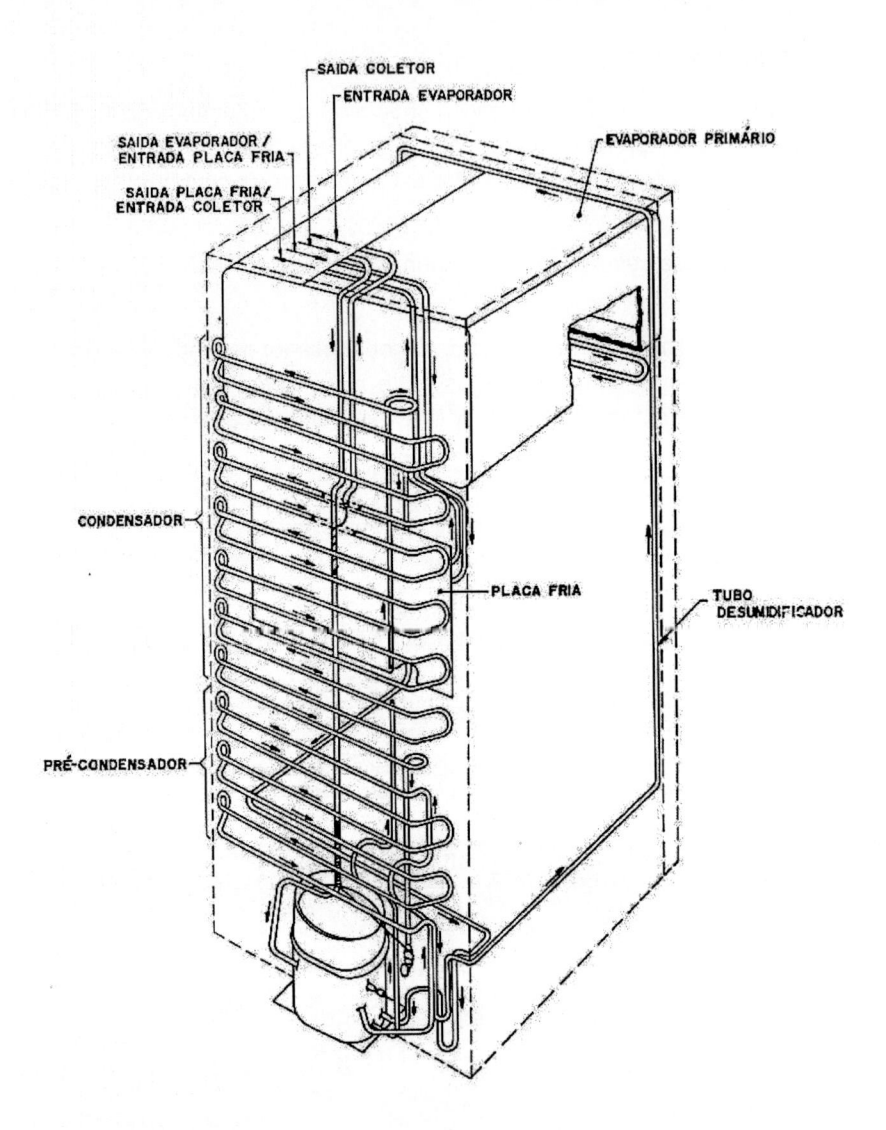

Figura 7.18 – Detalhe do condensador em um Refrigerador 2 portas (Duplex)

Capítulo 7 – Refrigeração Residencial

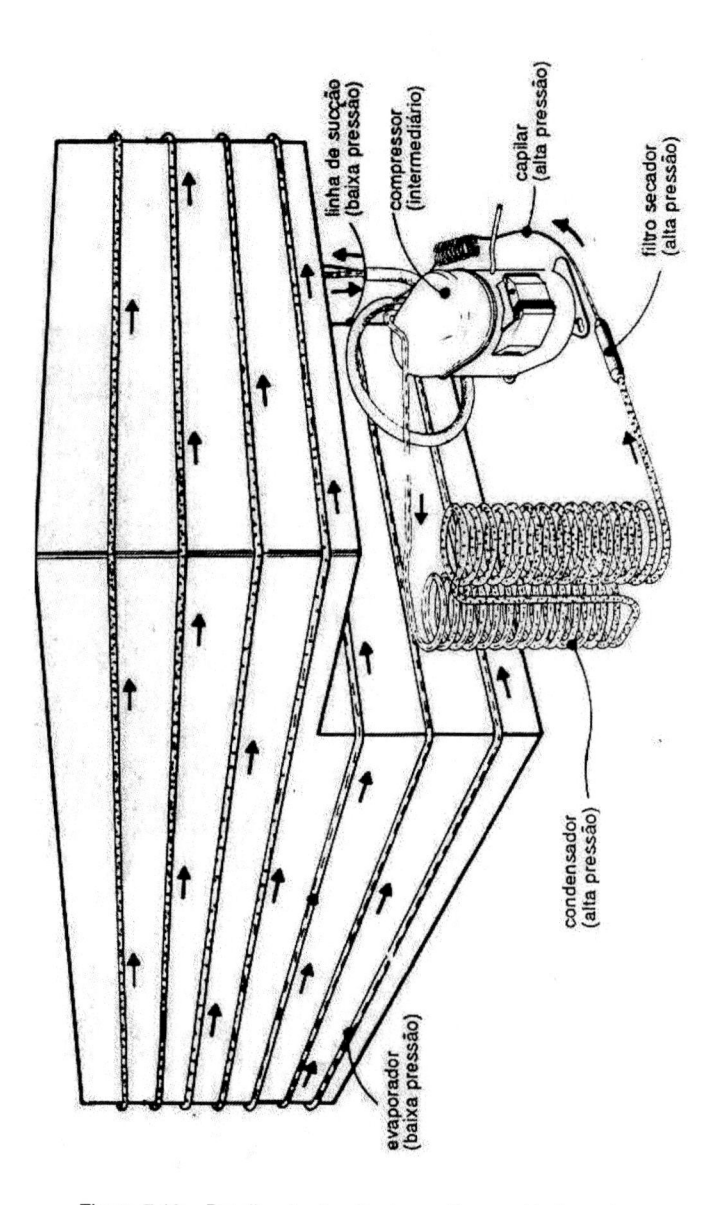

Figura 7.19 – Detalhe do circuito de um Freezer Horizontal

Os condensadores resfriados a ar, que são os mais usados em refrigeração doméstica, tem como agente de resfriamento o ar. A circulação do ar através do condensador pode dar-se de duas maneiras, como segue:

a) por circulação natural (Figura 7.17);

b) por circulação forçada.

POR CIRCULAÇÃO NATURAL

É normalmente constituída por uma série de aletas (arames de aço), através das quais passa a tubulação. A finalidade dessas aletas é aumentar a superfície de contato com o ar.

Nos condensadores desse tipo, que são colocados na parte traseira externa dos refrigeradores, o refrigerante superaquecido, vindo do compressor, transmite seu calor ao ar que esta em contato com as aletas, tornando-o mais leve.

O ar quente, por ser mais leve, sobe, e seu lugar e ocupado por ar mais fresco, o qual, por sua vez, também se aquece e sobe, produzindo dessa maneira uma circulação natural e contínua pelo condensador. É o que se chama extração de calor por convecção natural do ar.

POR CIRCULAÇÃO FORÇADA

Para refrigeradores e Freezers de grande capacidade, torna-se necessário aumentar a circulação de ar através do condensador. Isso é conseguido com a chamada circulação forçada.

Esses condensadores são semelhantes em construção aos condensadores de aletas com circulação natural, com a diferença de que um ventilador é acrescentado, a fim de forçar a circulação de ar através dos mesmos.

Outro detalhe de construção dos condensadores com circulação de ar forçada é que a distância entre as aletas é sensivelmente menor do que nos de circulação natural, pois o ar circula muito mais rapidamente.

7.3 – TUBO CAPILAR

Em Refrigeradores e Freezers, o dispositivo de expansão utilizado é o tubo capilar, os circuitos das figuras 7.1 e 7.2 mostram em detalhe esse componente.

7.4 – TERMOSTATO

O Termostato é o componente que faz o controle (liga/desliga) do motocompressor de acordo com a temperatura interna.

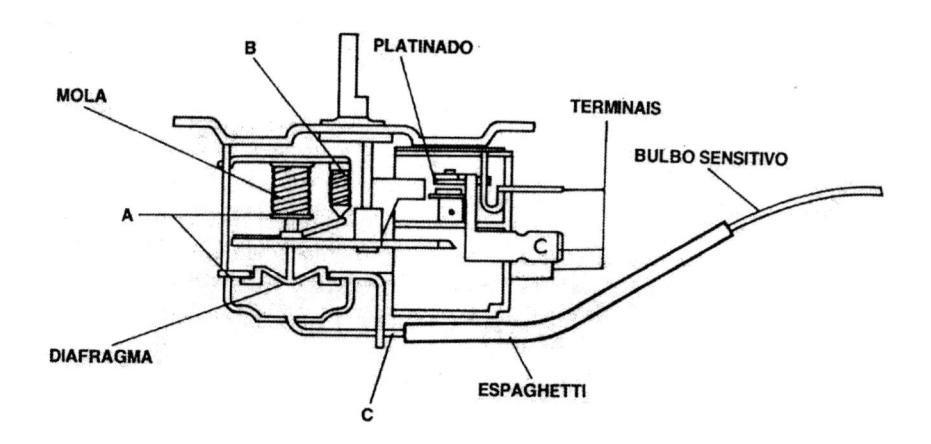

Figura 7.20 – Detalhe do Termoststo e seus componentes internos

MODELO	aplicação	Comprimento do capilar (mm)
T41-0906	Refrigerador c/ degelo semi-autom. - ELECTROLUX	762
T51-0101	Refrigerador 1 porta – CÔNSUL	660
T51-0902	Refrigerador 1 porta – ELEGTROLUX R26/R28/R34	700
T51-0905	Refrigerador 1 poria - ELECTROLUX R27/R130	838
T51-1202	Refrigerador 1 porta – BRASTEMP	559 (TP)
T51-1203	Refrigerador 1 porta – BRASTEMP RG40	838 (TP)
T51-1305	Refrigerador 1 porta – ESMALTEC	508
T54-0001	Bebedouros	660
T55-0802	Freezer (Congelador)-METALFRIO	914
T55-0805	Freezer /Conservador – METALFRIO	914
T55-0907	Freezer /Conservador – ELECTROLUX	1.016
T55-0916	Freezer Vertical - ELECTROLUX	660
T62-0104	Refrigerador Duplex - CÔNSUL (2 pinos)	1.016
T89-0102	Refrigerador Duplex - CÔNSUL (3 pinos)	838
T89-1202	Refrigerador Duplex – BRASTEMP (3 pinos)	1.016
T89-1903	Refrigerador Duplex - ELECTROLUX (3 pinos)	1.254

Figura 7.21 – Exemplo de Tabela para seleção dos Termoststos

7.5 - SISTEMA FROST-FREE

7.5.1 – SISTEMAS ELETROMECÂNICOS

O freezer ou refrigerador (geladeira) dotado de degelo automático possui o mesmo funcionamento básico do refrigerador convencional, acrescentando estágios para este propósito.

A figura 7.22 ilustra o esquema elétrico completo com as seções de degelo automático.

Capítulo 7 - Refrigeração Residencial

Vejamos o funcionamento de cada etapa que compõem o estágio de degelo automático.

Motoventilador do Evaporador

Sua função é promover o fluxo de todo o ar do interior do refrigerador através do evaporador. Este processo de "Convecção forçada" é chamado de sistema "FROST FREE" ou sistema "NO FROST" (Livre de Gelo), pois permite que não haja formação de gelo no interior do gabinete.

A figura 7.23 ilustra o fluxo de ar dentro do freezer. O motor do ventilador do evaporador fica localizado sobre o evaporador, para conseguir-se acesso ao mesmo basta retirar a capa de cobertura do evaporador, que é fixada com parafusos.

Timer de Degelo

O timer de degelo (Figura 7.24) é o componente que comanda o sistema de degelo automático a cada intervalo de no mínimo de seis, oito ou doze horas, dependendo do modelo.

O período de tempo entre cada período de degelo depende do funcionamento do termostato, ou seja, é o tempo de seis horas acrescido do tempo em que o compressor permanece desligado pelo termostato, isso acontece porque o motor do timer é ligado pelo termostato. As figuras 7.25, 7.26 e 7.27 ilustram o funcionamento do Timer.

Resistência de Degelo

É uma resistência blindada (impermeável) por uma carcaça de aço inoxidável e fixada ao evaporador. Quando a resistência for energizada (ligada) através do timer, provocará o descongelamento (degelo) do evaporador, veja a figura 7.30.

A resistência de degelo é ligada em série com o termostato de degelo (bimetal), que a desliga quando o evaporador atingir a temperatura de abertura do bimetal.

As figuras 7.15 e 7.28 ilustram a resistência de degelo conectada ao evaporador.

Termostato de Degelo (Bimetal)

Consta de um bimetal que através de uma haste de material não condutor elétrico aciona um contato elétrico (platinados) em função da temperatura (figura 7.29).

O termostato de degelo é fixado através de um dispositivo de pressão em contato direto com o evaporador, captando assim a temperatura do mesmo.

É ligado em série com a resistência de degelo e irá desenergizá-la (desligá-la) assim que o evaporador estiver livre de gelo, independentemente do período de degelo (em minutos) determinado pelo timer.

Acima de +4ºC o bimetal abre. Abaixo de -2ºC, até 10 graus negativos, o bimetal permanece fechado.

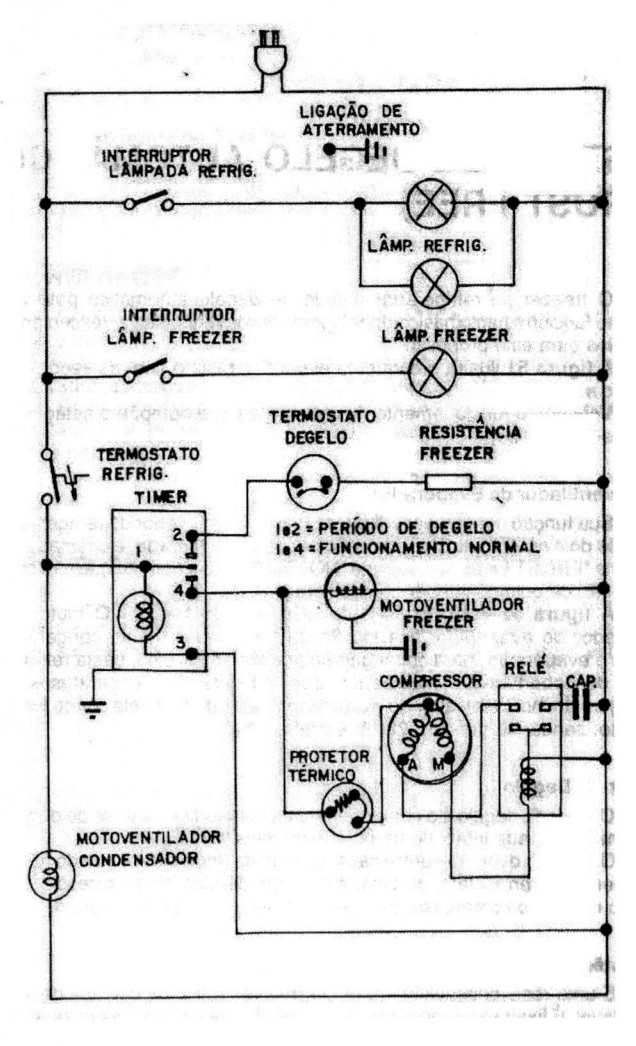

Figura 7.22 – Exemplo de esquema elétrico de um Refrigerador Frost-Free

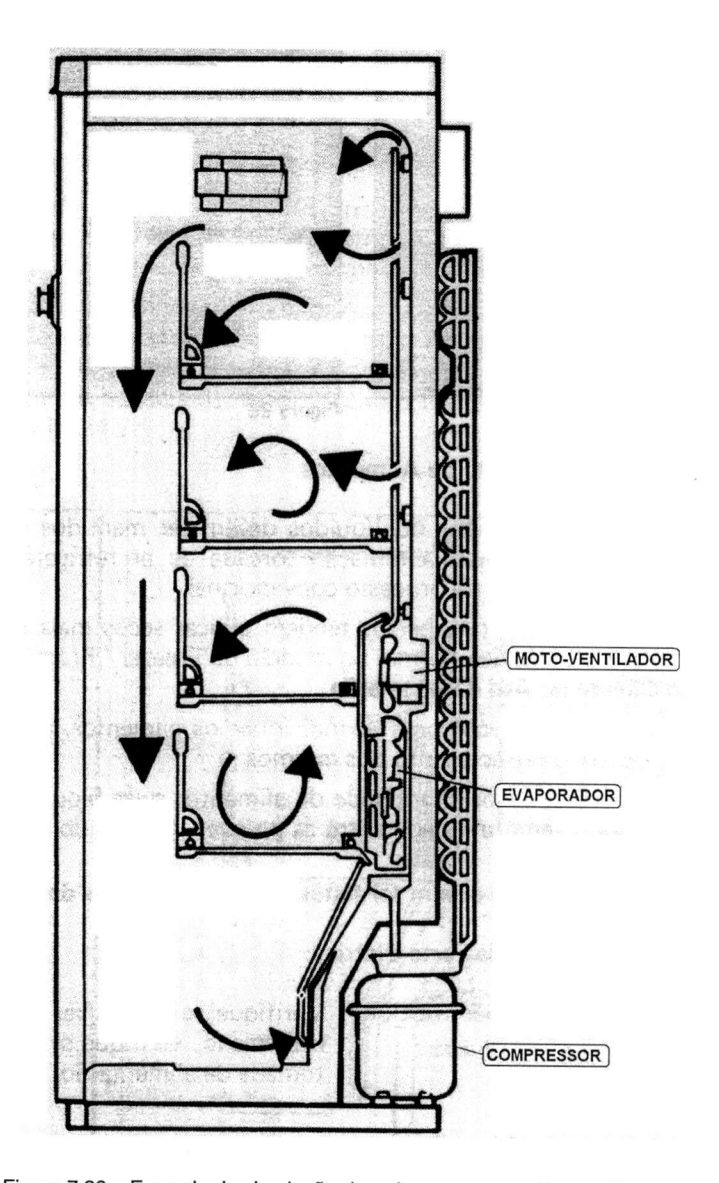

Figura 7.23 – Exemplo da circulação do ar interno em um Freezer Frost-Free

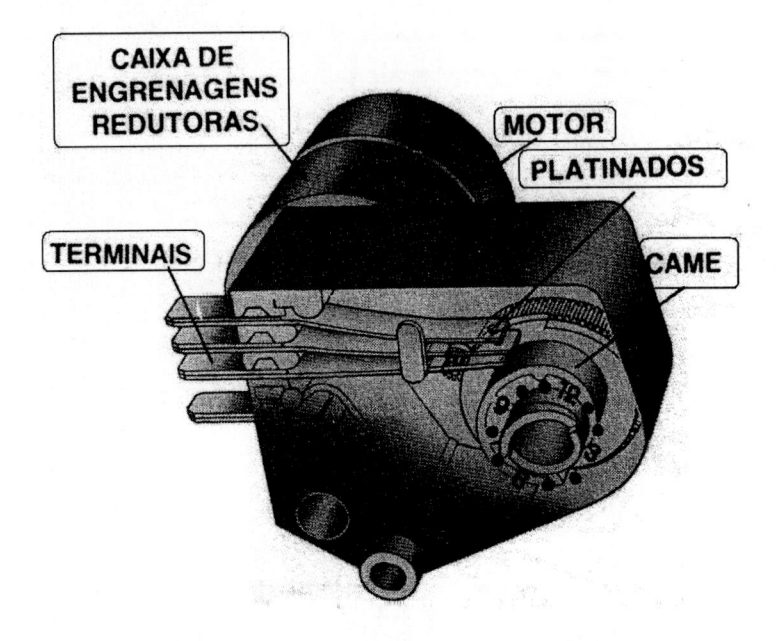

Figura 7.24 – Timer utilizado nos sistemas Frost-Free

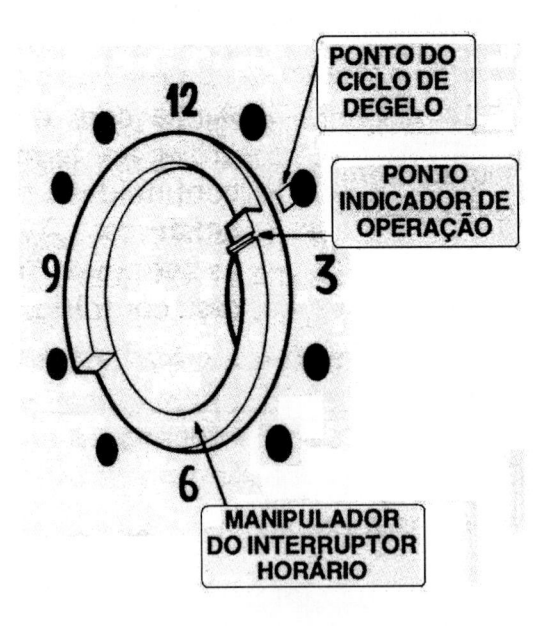

Figura 7.25 – Detalhe do Timer utilizado nos sistemas Frost-Free

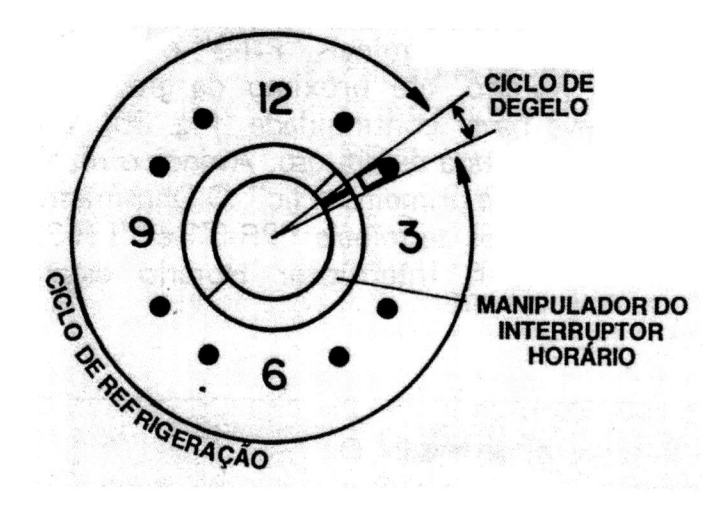

Figura 7.26 – Detalhe dos períodos do Timer utilizado nos sistemas Frost-Free

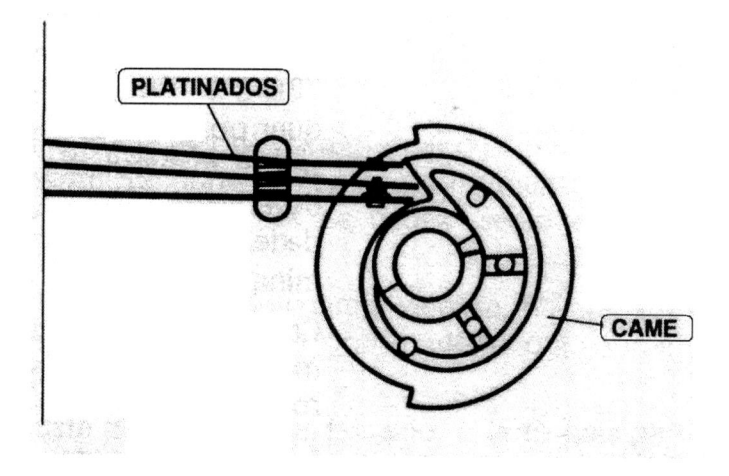

Figura 7.27 – Detalhe dos platinados do Timer utilizado nos sistemas Frost-Free

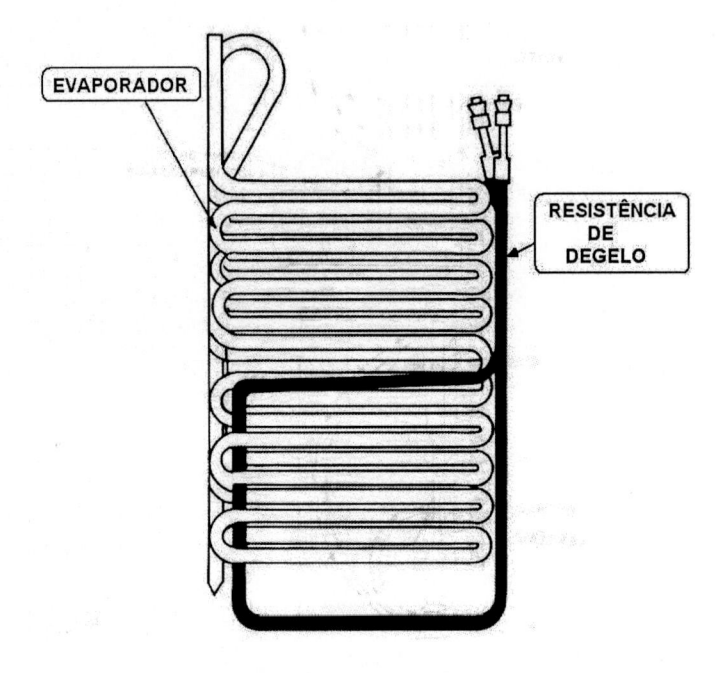

Figura 7.28 – Detalhe do Evaporador e Resistência

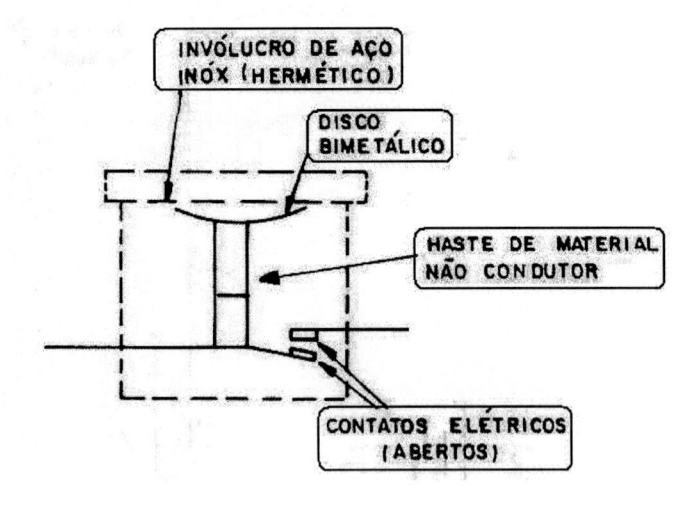

Figura 7.29 – Detalhe do termostato de Degelo (Bimetal)

Capítulo 7 - Refrigeração Residencial 141

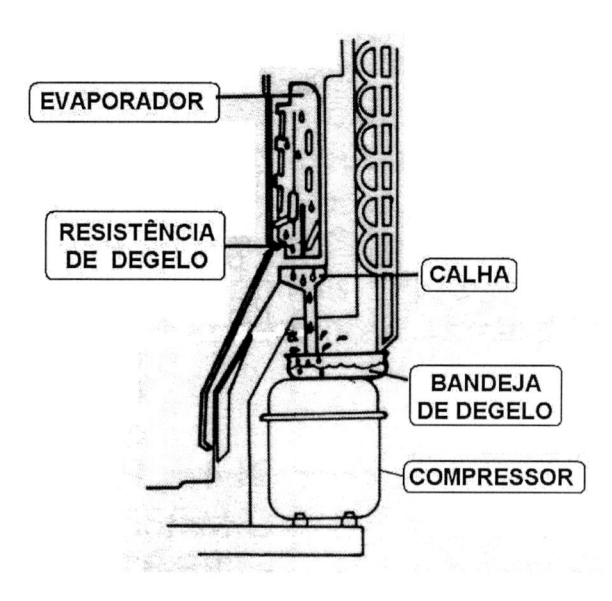

Figura 7.30 – Detalhe da água escoando após o descongelamento (Degelo)

Figura 7.31 – Detalhe da bandeja (sobre o compressor) que recebe e evapora a água após o descongelamento (Degelo)

7.5.2 – SISTEMAS ELETRÔNICOS

O freezer ou refrigerador (geladeira) dotado de um sistema eletrônico para o controle do degelo e controle de temperatura possui o mesmo funcionamento básico do refrigerador convencional, porém, o **módulo de controle (Placa eletrônica)** e **sensores** localizados no interior do refrigerador e/ou freezer, fazem um controle mais preciso do equipamento.

A figura 7.32 ilustra as posições dos sensores em um Refrigerador eletrônico 2 portas, é importante salientar que existem diversos modelos de Refrigeradores e Freezers eletrônicos.

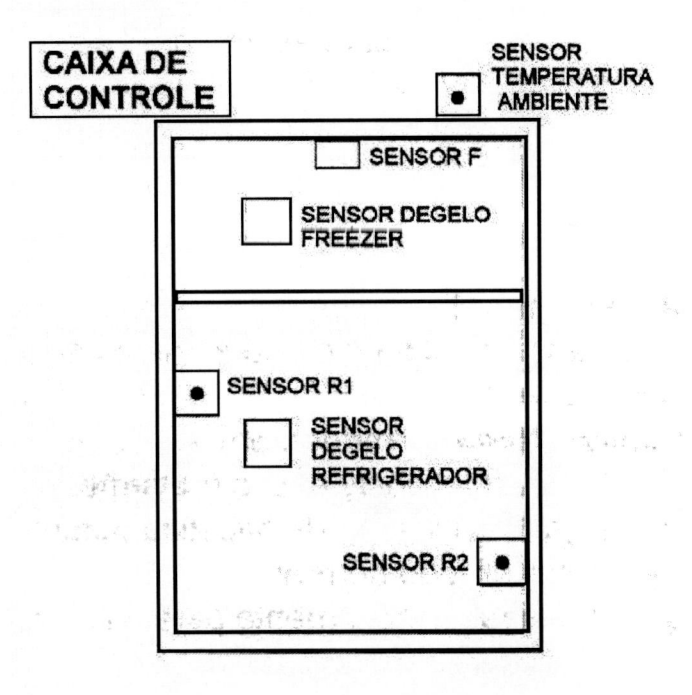

Figura 7.32 – Posicionamento dos sensores

7.6 - DIAGRAMAS ELÉTRICOS

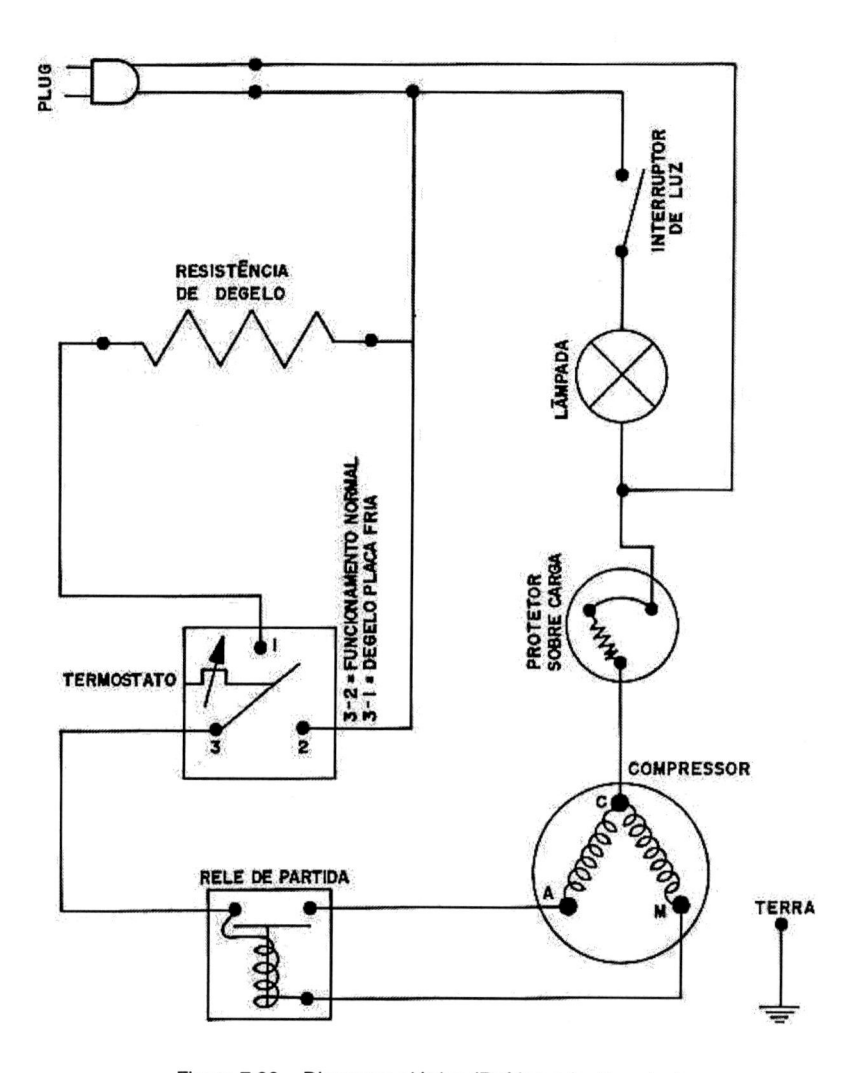

Figura 7.33 – Diagrama elétrico (Refrigerador 2 portas)

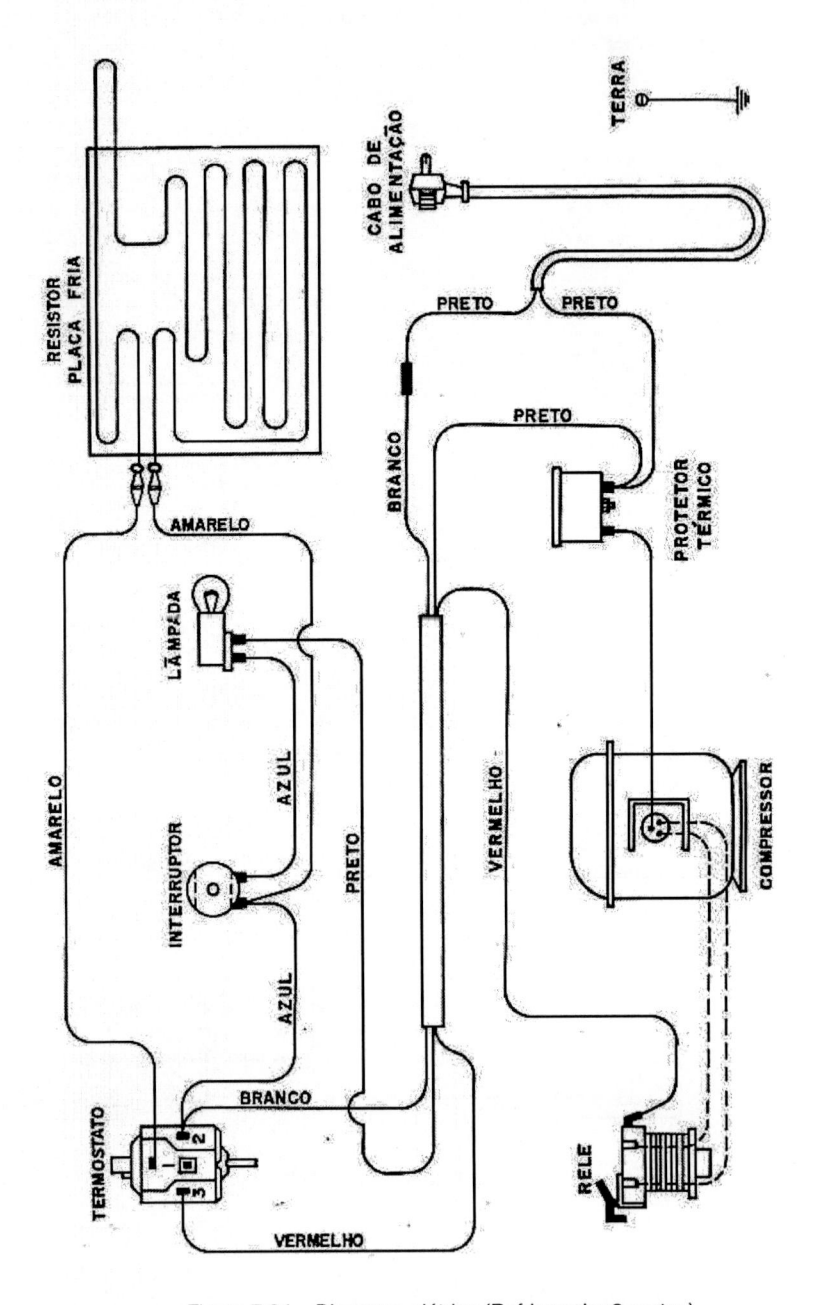

Figura 7.34 – Diagrama elétrico (Refrigerador 2 portas)

Capítulo 7 – Refrigeração Residencial 145

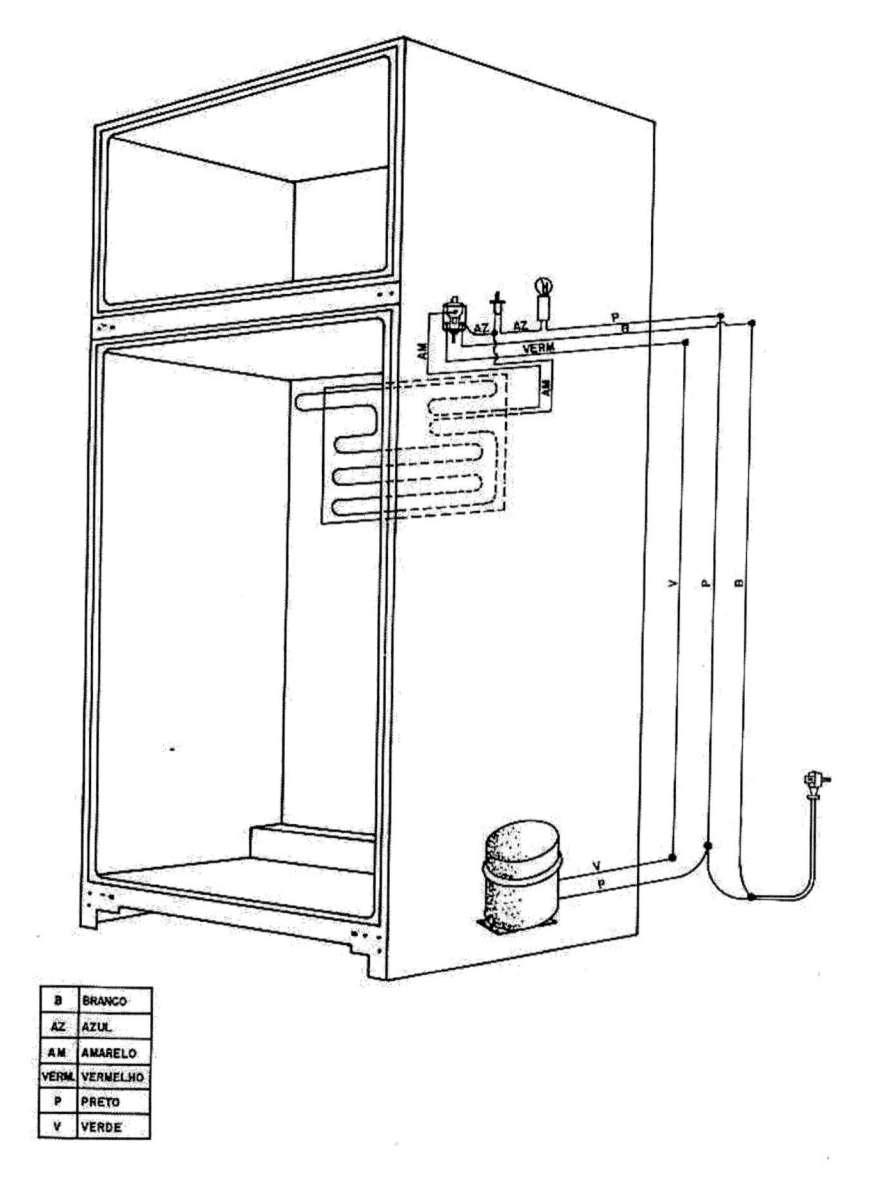

B	BRANCO
AZ	AZUL
AM	AMARELO
VERM.	VERMELHO
P	PRETO
V	VERDE

Figura 7.35 – Ilustração do gabinete com o diagrama elétrico (Refrigerador 2 portas)

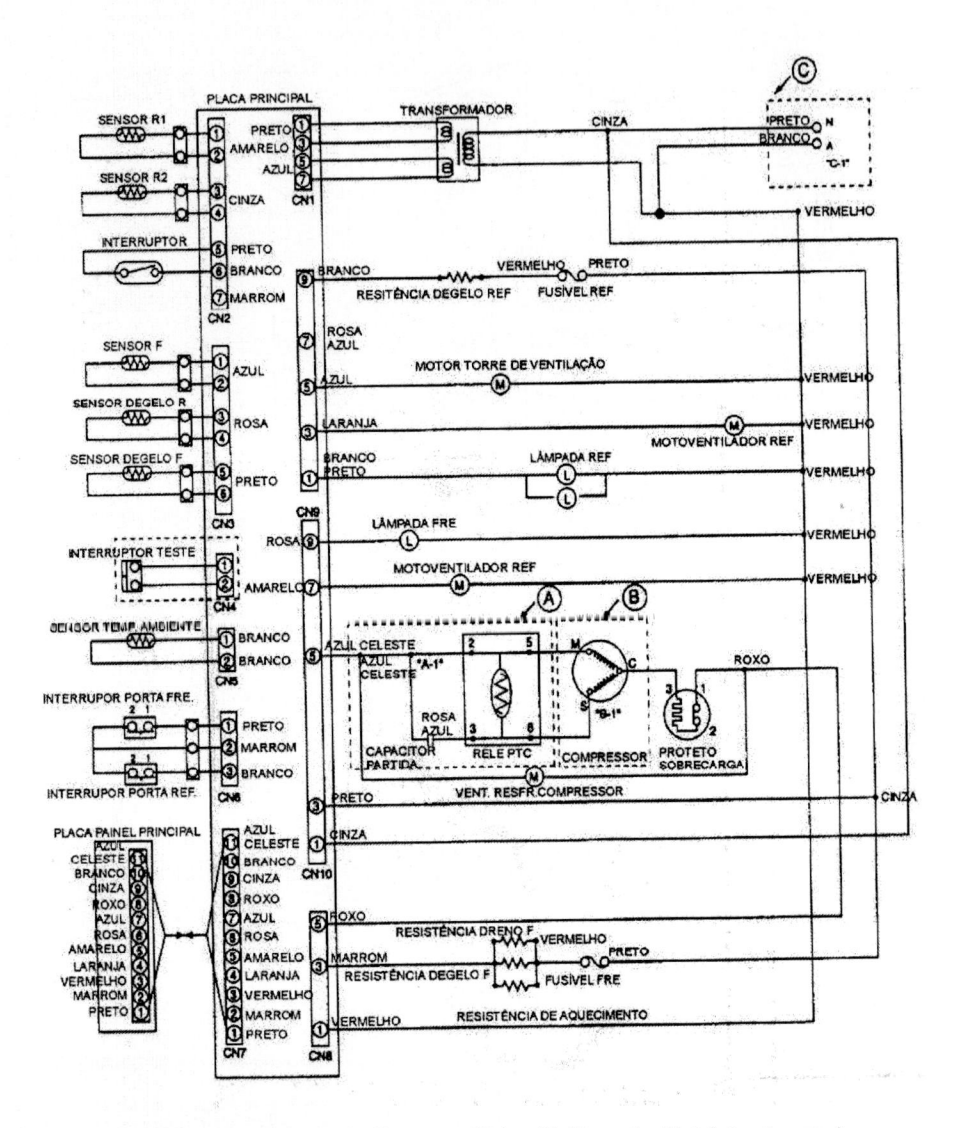

Figura 7.36 – Exemplo de diagrama elétrico (Refrigerador Eletrônico 2 portas)

7.7 – BEBEDOUROS RESIDENCIAIS

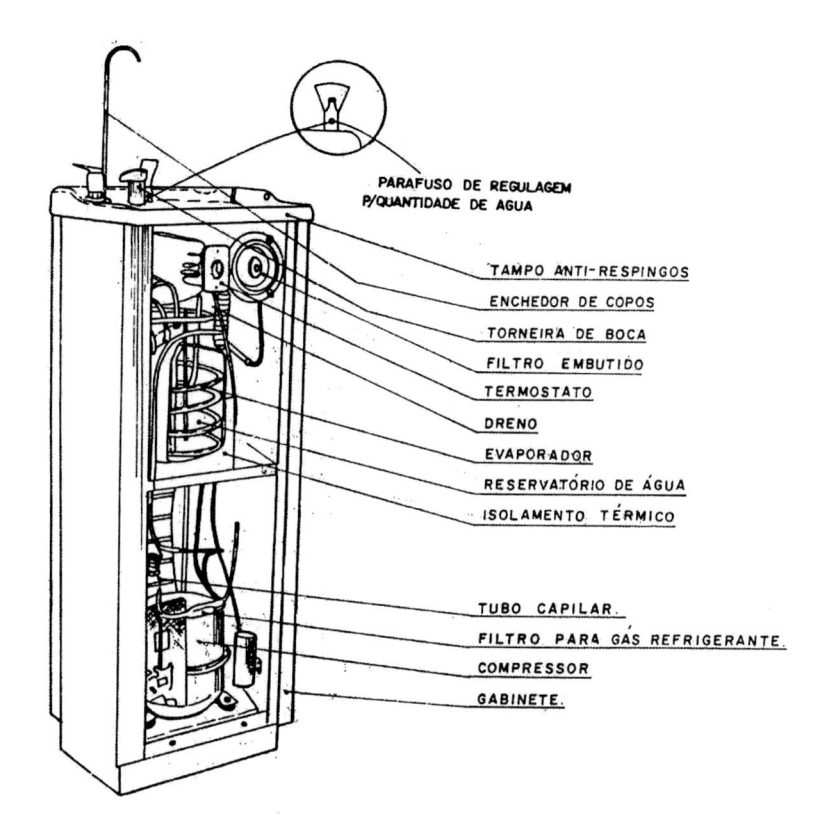

Figura 7.37 – Exemplo de um Bebedouro com torneira

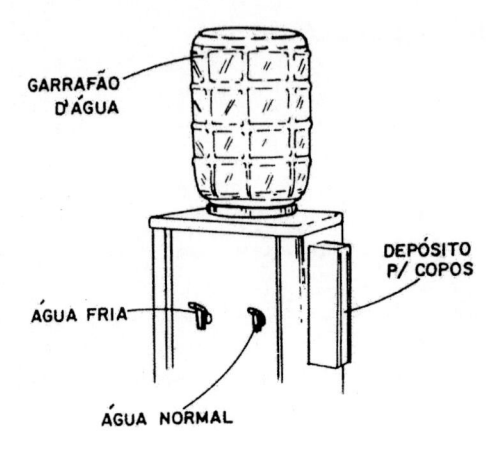

Figura 7.38 – Exemplo de um Bebedouro com garrafão

7.8 – SISTEMA LOCKRING

O Sistema Lockring consiste na introdução de um Tubo sobre o outro e a aplicação do Anel Lockring sobre ambos. Durante a montagem o Lockring é introduzido com interferência sobre a conexão dos Tubos. O perfil interno do Lockring reduz o diâmetro dos Tubos até estabelecer um absoluto contato entre as superfícies.

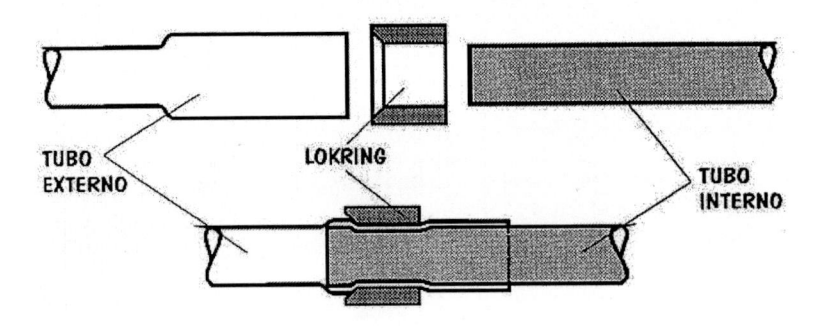

Figura 7.39

Capítulo 7 - Refrigeração Residencial

O Sistema Lockring por conexão de Tubos está sendo aplicado na produção de Refrigeradores, para a conexão entre as Tubulações do Evaporador primário com o Evaporador secundário (Evaporador com a Placa Fria), os quais nestes novos projetos são montados integrados com o Gabinete (Figura 7.40).

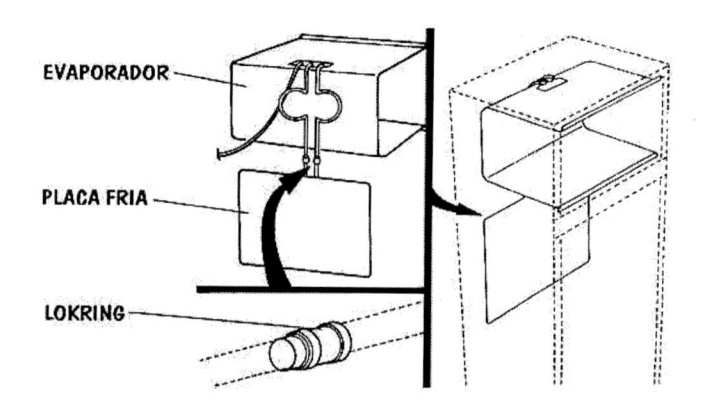

Figura 7.40

O tipo de Lockring utilizado na produção requer ferramentas e equipamentos hidráulicos especiais para sua aplicação, portanto são impossíveis de serem aplicados em campo. Para aplicação em campo existe um tipo de Lockring especifico o qual iremos demonstrar a seguir.

Lockprep: o Líquido de Vedação

Apesar da alta pressão metal - metal entre os Tubos e a junta Lockring, não é possível selar as fissuras, ranhuras e imperfeições superficiais das tubulações. Portanto, para obter-se a Vedação plena da conexão, é adicionado o elemento vedante LOCKPREP entre as extremidades dos Tubos. O Lockprep penetra entre os espaços vazios envolvendo todo o Tubo e curando logo após sua aplicação. O Lockprep é um líquido anaeróbio, ou seja, cura-se quando colocado em condições na ausência do oxigênio (Figura 7.41).

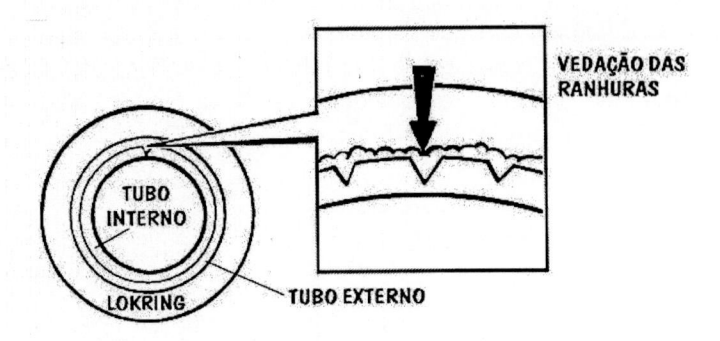

Figura 7.41

SISTEMAS LOCKRING PARA APLICAÇÃO EM CAMPO

A conexão de Tubos pelo Sistema Lockring para campo é de aplicação prática, confiável e oferece muitas vantagens em comparação com a brassagem (solda):

• Não expõe o produto e o operador aos danos causados pelo fogo do maçarico;

• proporciona a realização de um serviço limpo, de ótima aparência e livre dos poluentes causados pela decomposição de produtos dos agentes refrigerantes, resíduos, tinta e óleo queimados pelo processo de brassagem;

• simplicidade para aplicação e maior confiabilidade contra vazamentos;

• permite a união de Tubos em lugares onde não se pode soldar, como no caso do interior do Gabinete;

• permite a união de Tubos de materiais diferentes.

O Sistema Lockring para aplicação em campo consiste de dois anéis Lockring e uma Junta Tubular para a introdução e conexão das extremidades dos Tubos (Figura 7.42).

Capítulo 7 – Refrigeração Residencial

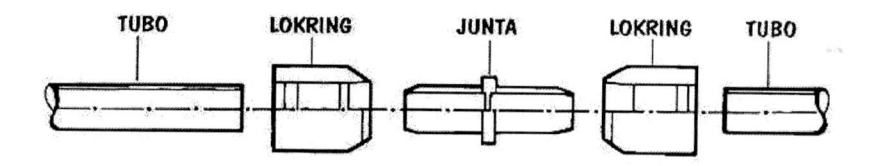

TUBO   LOKRING   JUNTA   LOKRING   TUBO

Figura 7.42

Para facilitar o manuseio e a montagem da junta Lockring, os anéis são pré - montados com a Junta. Durante a montagem, o Lockring é empurrado sobre a Junta. O perfil interno do Lockring reduz o diâmetro da Junta até estabelecer o absoluto contato com a superfície de todos os Tubos os quais são levemente reduzidos. Portanto, a hermética vedação metal - metal se dá em função da redução e da força elástica permanente da junção.

TUBO   LOKRING   LOKRING   CONEXÃO

ANTES DA MONTAGEM   APÓS A MONTAGEM

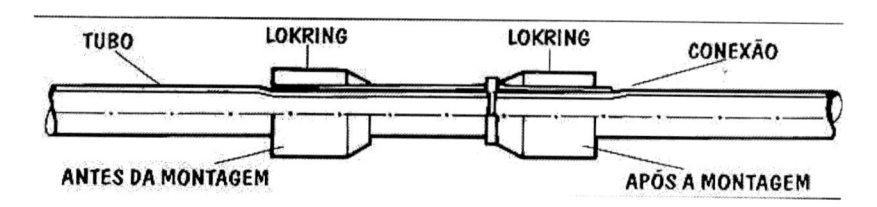

Figura 7.43

O sistema Lockring para campo também utiliza como elemento vedante o líquido anaeróbio Lockprep. O Vedante LOCKPREP 65 10ml (POSSIBILITA APLICAÇÃO EM APROXIMADAMENTE 200 CONEXÕES)

Figura 7.44 – Vedante

Ferramentas para montagem do Lokring

A conexão Lokring é facilmente montada com a utilização do Alicate manual. Este alicate pode ser utilizado para a montagem de Lockrings de várias dimensões simplesmente com a substituição do carregador.

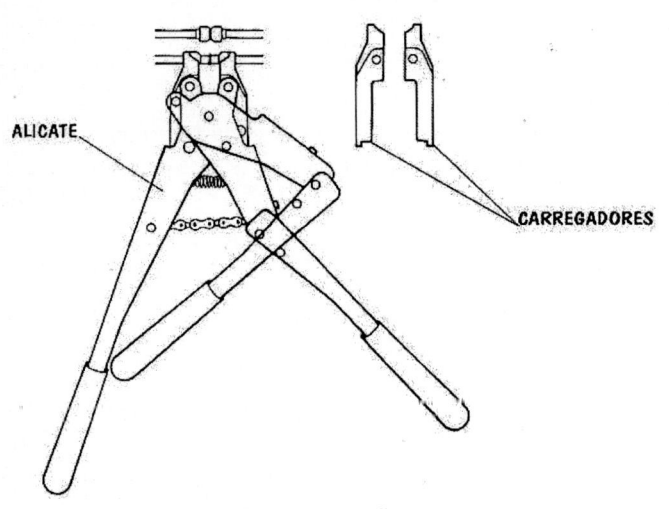

Figura 7.45 – Alicate

Instruções de Montagem

1. Limpar as extremidades dos Tubos com uma lixa fina para ferro. Lixar apenas no sentido rotacional para evitar ranhuras longitudinais. A extremidade dos Tubos deve estar isenta de tinta, óleo, graxas ou riscos longitudinais.

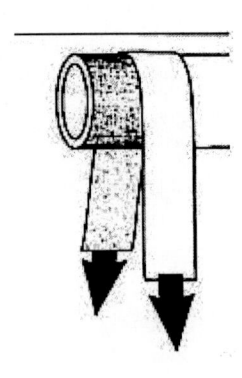

Figura 7.46

Capítulo 7 - Refrigeração Residencial

2. Para garantir a vedação, aplique duas ou mais gotas de Lockprep nas extremidades dos Tubos. O Lockprep preenche as possíveis ranhuras da superfície dos Tubos. Após a montagem, o Lockprep endurece devido a ausência do oxigênio e pelo contato com a superfície metálica.

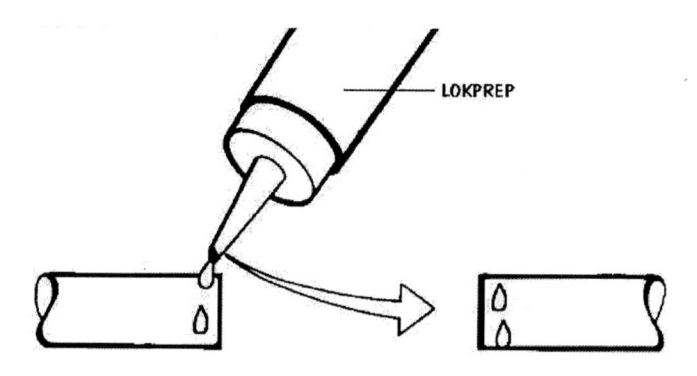

Figura 7.47

3. Inserir as pontas dos Tubos dentro da junta até o limite ("stop" interno da junta) e então, girar a junta uma volta completa (360º) para melhor distribuição do Lockprep.

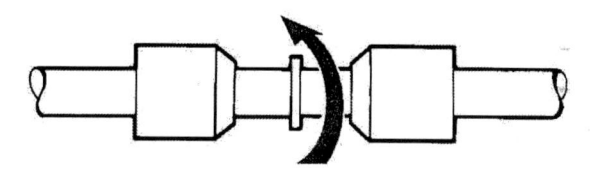

Figura 7.48

4. Posicionar o Alicate aplicador sobre a conexão e proceder com o fechamento dos Lockrings sobre a junta até o limite ("stop" da junta). Após um período de 2 a 3 minutos, a conexão pode ser submetida a vácuo ou pressão.

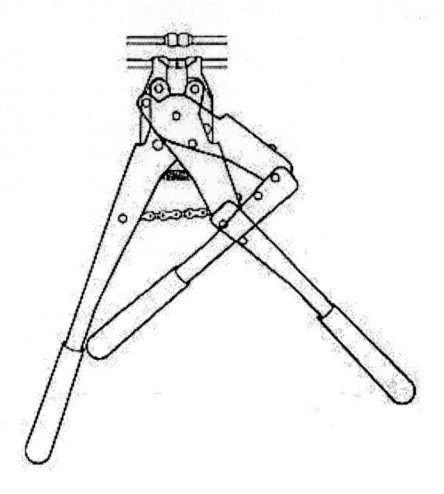

Figura 7.49

5. Especialmente para a montagem de conexões em locais de pouco espaço para a articulação do Alicate, com o auxílio de um punção de apoio, faça uma pré-montagem da conexão com uma das extremidades dos Tubos a serem unidos e posteriormente complete a montagem com a outra extremidade.

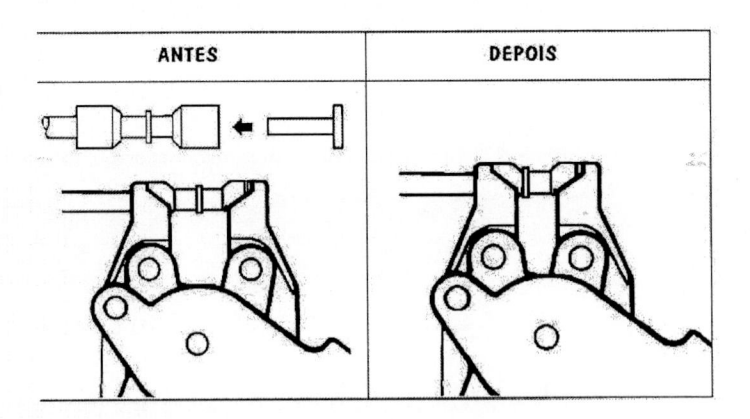

Figura 7.50

Capítulo 8

Refrigeração Comercial

Será feita uma abordagem básica dos equipamentos da linha de refrigeração comercial. É de extrema importância a consulta dos catálogos técnicos dos fabricantes de **evaporadores** e **unidades condensadoras**. Esses catálogos mostram detalhes de instalação, dimensionamento de linhas de sucção e líquido, esquemas elétricos, seleção de VET, montagem dos tubos, etc.

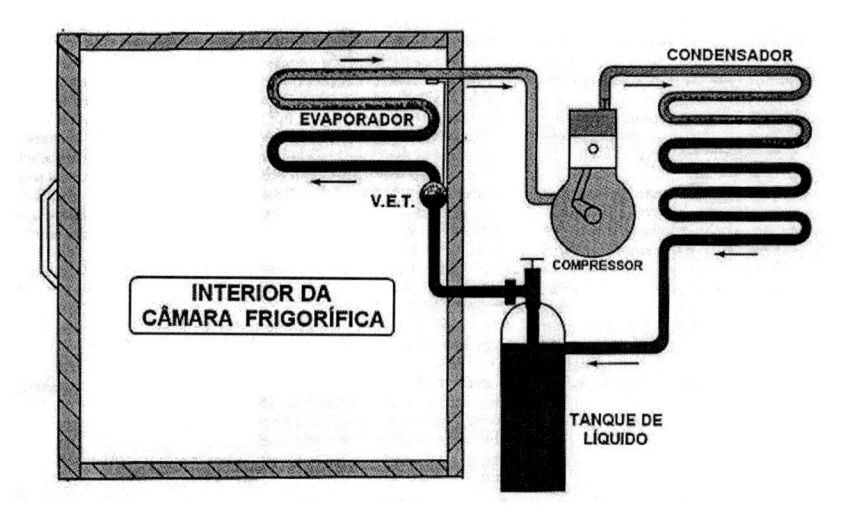

Figura 8.1 – Exemplo de um Circuito Frigorígeno simples de uma Câmara Frigorífica

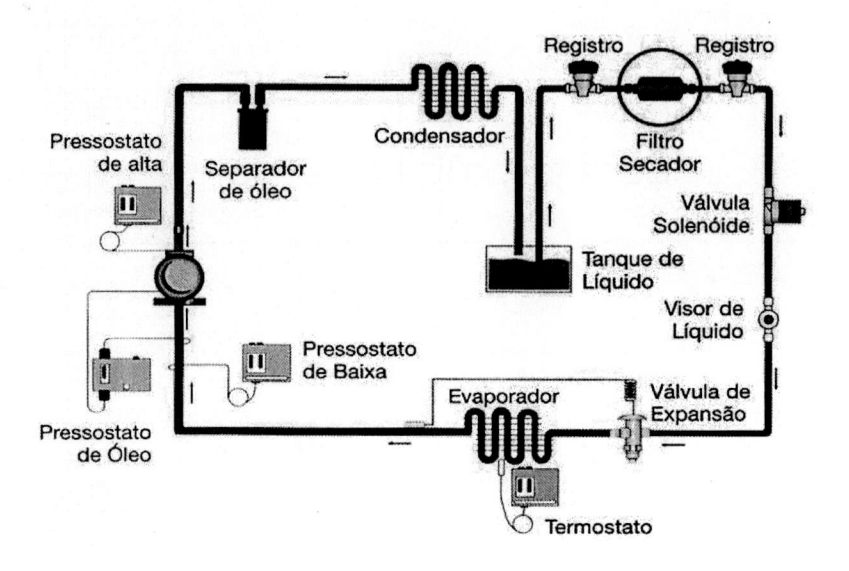

Figura 8.2 – Exemplo de um Circuito Frigorígeno de uma Câmara Frigorífica com acessórios

8.1 – CÂMARAS FRIGORÍFICAS

As Câmaras são ambientes usados geralmente para armazenar grandes quantidades de alimentos ou produtos químicos, poderiam ser chamadas de grandes Freezers. São muito utilizadas em supermercados, hotéis, restaurantes, açougues, indústrias, etc. Conforme as necessidades, são fabricadas em alvenaria ou em painéis pré-moldados. Podem ser fixas ou desmontáveis. De acordo com o produto, a estocagem e as temperaturas de conservação (armazenagem), a câmara pode possuir antecâmara ou cortina de ar, as temperaturas de conservação definem se é uma **Câmara de Resfriados** ou uma **Câmara de Congelados**.

A necessidade da antecâmara deve-se a dois fatores importantes:

1 – Evitar a entrada de calor externo conduzido pelo ar exterior;

2 – Conseguir uma temperatura média entre as temperaturas da câmara e do ar externo.

Figura 8.3 – Câmara Frigorífica ou Câmara Fria

8.1.2 – EVAPORADORES

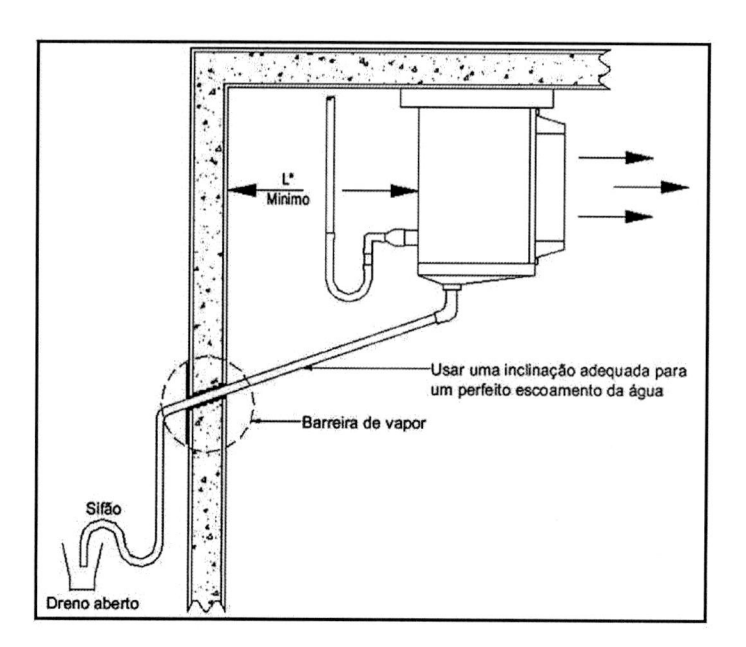

Figura 8.4 – Exemplo de um Evaporador no interior da Câmara Frigorífica

Como vimos anteriormente, o evaporador retira calor do ar interno e transfere para o fluido refrigerante. O fluido refrigerante recebe (retira) calor do ar que está no interior da Câmara Frigorífica, com isso os produtos ou alimentos serão resfriados ou congelados por estarem cedendo calor ao ar interno.

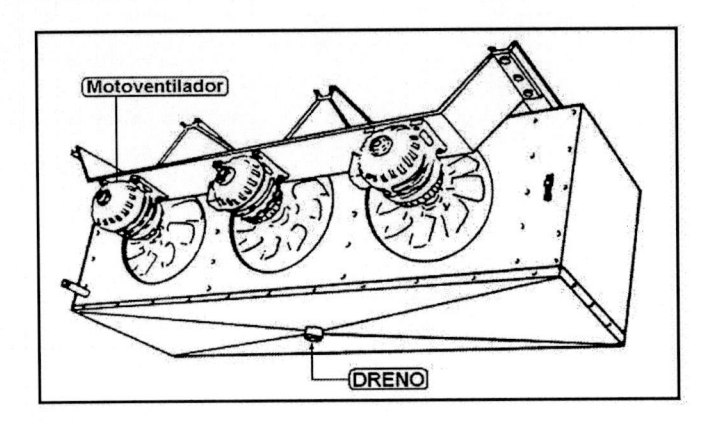

Figura 8.5 – Evaporador de Teto

Figura 8.6 – Evaporador de Parede

Figura 8.7 – Evaporador de Teto

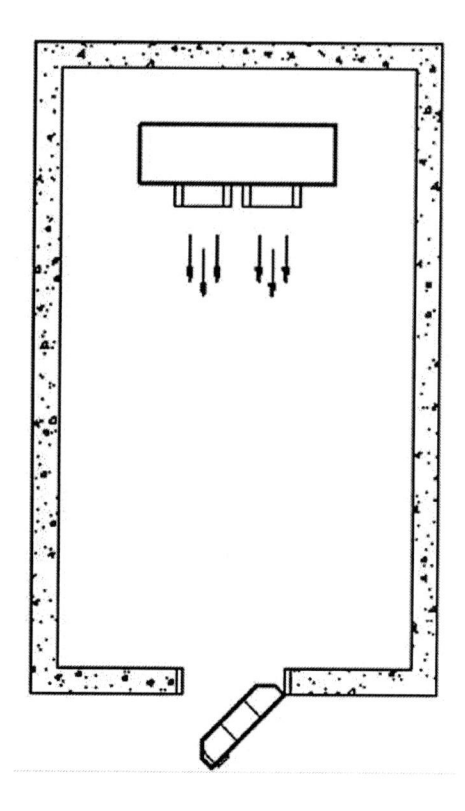

Figura 8.8 – Exemplo de Instalação de um Evaporador (Vista superior)

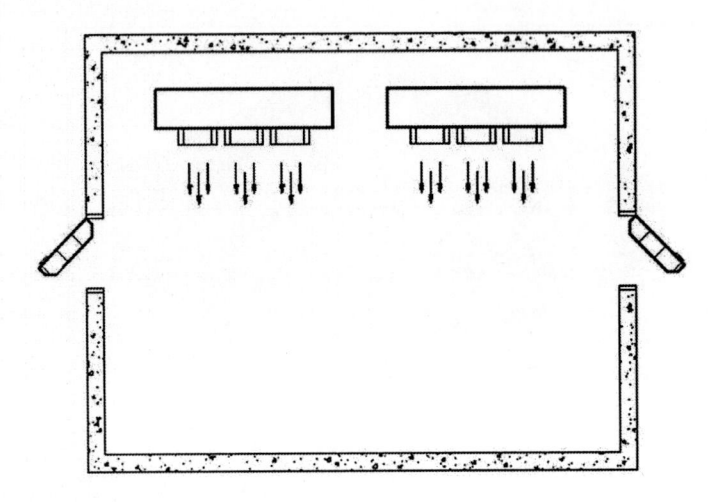

Figura 8.9 – Exemplo de Instalação de dois Evaporadores (Vista superior)

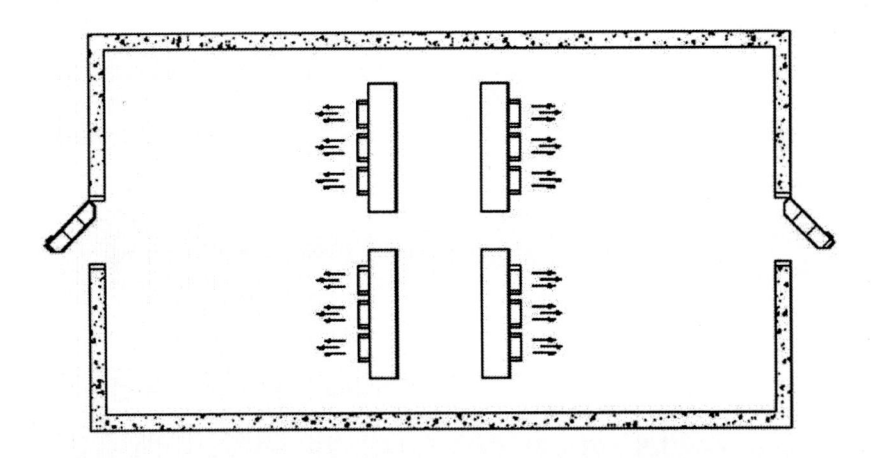

Figura 8.10 – Exemplo de Instalação de quatro Evaporadores (Vista superior)

8.1.3 – UNIDADES CONDENSADORAS

Unidade Condensadora é um termo técnico para definir uma unidade que contém juntos o Compressor e o Condensador do circuito frigorígeno.

Figura 8.11 – Unidade Condensadora (Marca: Bitzer)

Figura 8.12 – Unidade Condensadora (Marca: Bitzer)

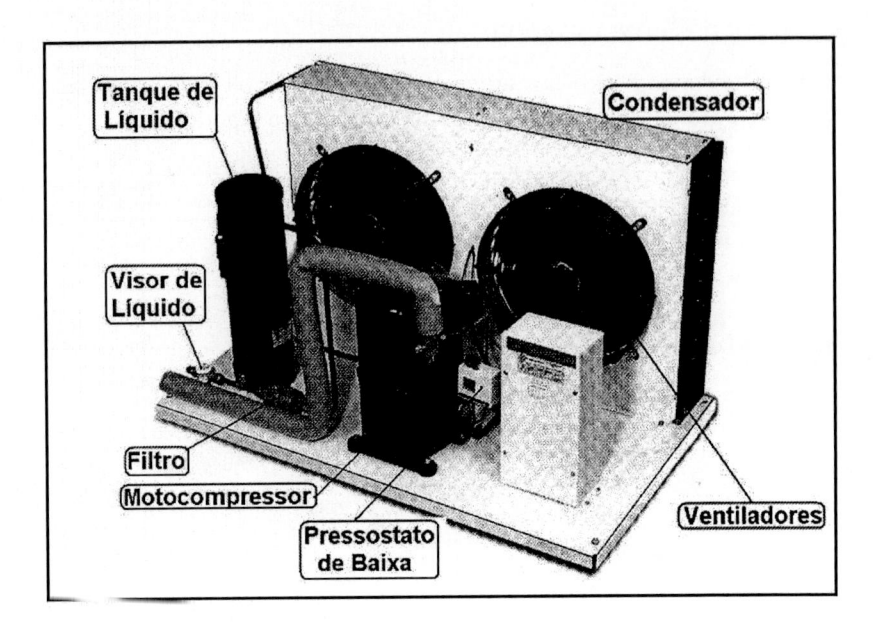

Figura 8.13 – Principais componentes de uma Unidade Condensadora

As unidades condensadoras das figuras 8.11 e 8.12 possuem Motocompressor Semi-hermético, e a unidade condensadora da figura 8.13 um Motocompressor Hermético.

A instalação das Unidades Condensadoras deve ser feita em:

1 – Piso nivelado;

2 – Ambiente limpo;

3 – Local onde não exista nada que possa comprometer a circulação do ar pelo condensador e com espaço suficiente para manutenção (consertos).

Capítulo 8 - Refrigeração Comercial 163

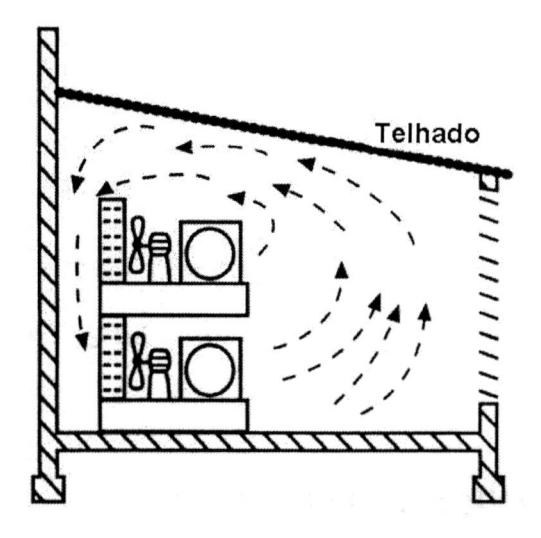

Figura 8.14 – Instalação Incorreta

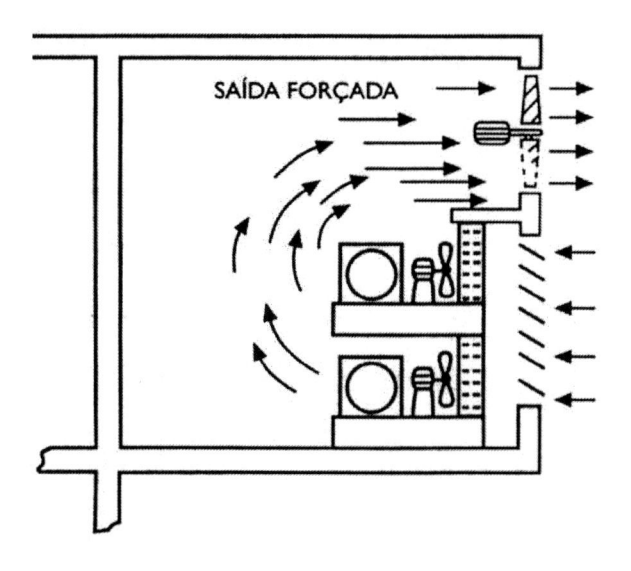

Figura 8.15 – Instalação correta com o auxílio de um Motoventilador

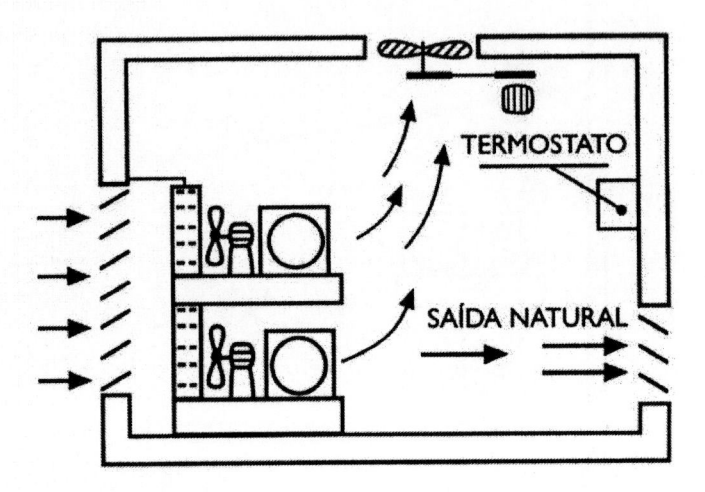

Figura 8.16 – Instalação correta com o auxílio de um Motoventilador

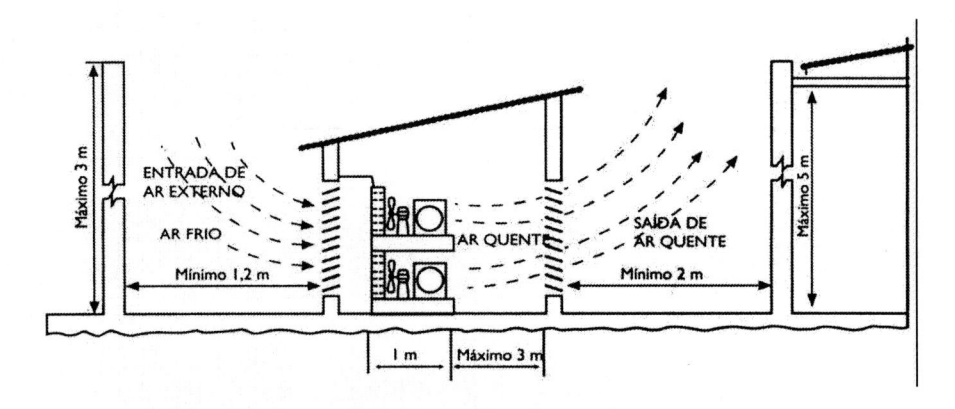

Figura 8.17 – Instalação correta

Depois de definidos os equipamentos a serem utilizados, consulte os fabricantes dos mesmos quanto à demanda de carga térmica. A respeito de compressores unitários, não em paralelos, existem disponíveis no mercado unidades condensadoras com compressores herméticos de ½ HP a 10HP, com semi - hermético de ¾ HP á 12 HP.

Capítulo 8 – Refrigeração Comercial

As faixas de **temperaturas de evaporação** na refrigeração comercial são três:

1 – Baixa temperatura para congelados (–40°C a –20°C);
2 – Média temperatura para resfriados (–15°C a –10°);
3 – Alta temperatura para resfriados (–5°C a +2°C).

As aplicações das unidades condensadoras estão divididas de acordo com o tipo do motocompressor:

Motocompressor Hermético – Aplicado aos regimes de baixas, médias e altas temperaturas.

Motocompressor semi-hermético – Aplicado aos regimes de congelados, médias e altas temperaturas.

Motocompressor hermético scroll – aplicados aos regimes de congelados, médias e altas temperaturas.

Como visto anteriormente, a escolha do local de instalação das unidades condensadoras deve ser criteriosa, pois o local é um dos grandes responsáveis pelo não funcionamento adequado de uma instalação.

O mecânico ou técnico em Refrigeração são os responsáveis diretos pela realização desta análise. Sabemos que toda energia retirada na forma de calor dos alimentos dentro das câmaras, balcões frigoríficos, freezers, etc. mais o calor injetado pelo compressor, será rejeitado no condensador. Para que essa rejeição (eliminação) de calor ocorra bem é indispensável o espaço para a ventilação, entrada e saída de ar com qualidade e quantidade suficientes para que o condensador consiga executar essa troca de calor.

8.1.4 – TUBULAÇÕES

É de fundamental importância ao Técnico em Refrigeração ter em mente que todo o motocompressor envia óleo e fluido refrigerante para o circuito. Esta quantidade de óleo varia em função das condições de trabalho do motocompressor, porém a responsabilidade de retornar este óleo para o motocompressor é inteiramente do projeto da instalação. Diâmetros de tubulações muito grandes provocam velocidades baixas e acúmulo de óleo nas linhas. Diâmetros de tubulações muito pequenos geram altas velocidades provocando ruídos, possíveis desgastes prematuros em sedes de válvulas, vibrações excessivas e perda de potência no compressor.

O Mecânico ou Técnico deve praticar as soldas dos tubos com um fluxo de nitrogênio ou outro gás inerte não inflamável, a fim de expulsar o oxigênio do interior da tubulação evitando a formação de sujeira (sério contaminante do sistema). Para assegurar uma boa distribuição do fluido refrigerante líquido nos evaporadores e evitar o retorno de líquido ao motocompressor é necessário, além da seleção correta da VET (Válvula de Expansão Termostática), utilizar o recurso do prolongamento da tubulação utilizando-se do **Sifão invertido** que impedirá a ida de líquido para o motocompressor.

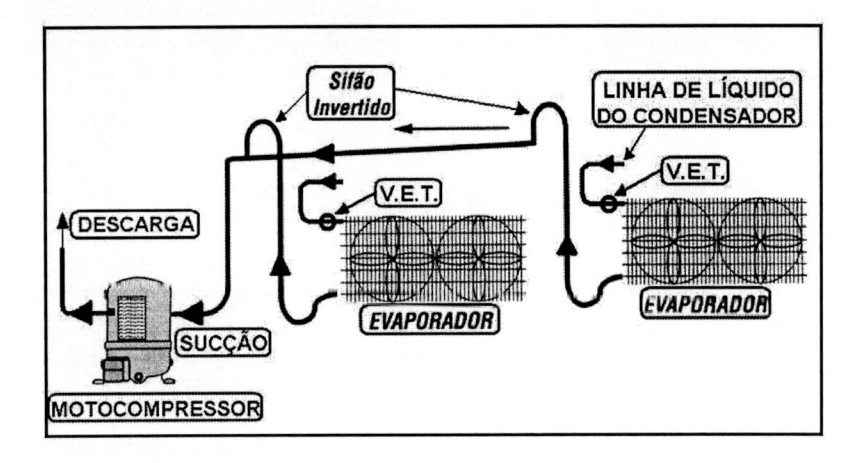

Figura 8.18

Quando o evaporador ou evaporadores estiverem localizados acima do motocompressor, um **Sifão invertido** deve também ser usado a fim de evitar a migração de fluido refrigerante líquido ao motocompressor nos momentos de parada. A utilização de um Acumulador de Sucção é viável nessas situações.

Capítulo 8 - Refrigeração Comercial 167

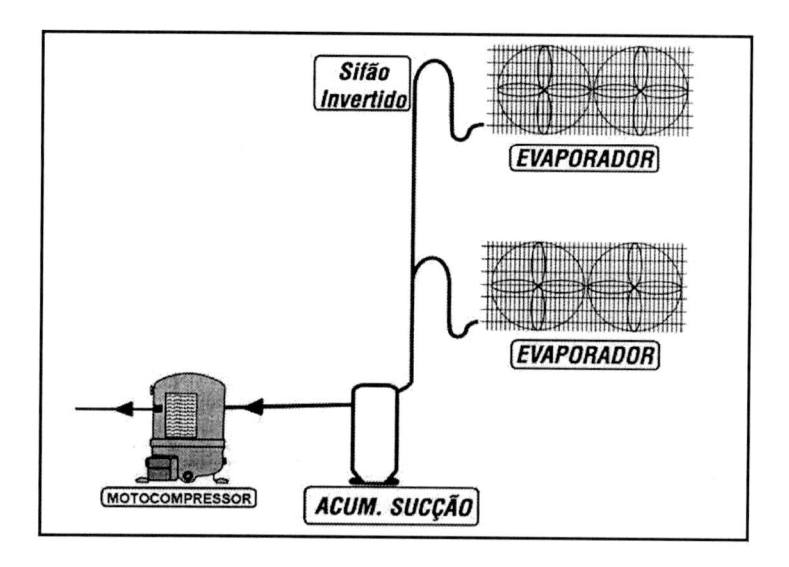

Figura 8.19

Nas tubulações de descargas verticais para cima (figura 8.20), também deve ser previsto o sifão invertido, para evitar o escorrimento de óleo ou líquido condensado sobre o cabeçote do motocompressor, pois o mesmo não irá dar partida inundado de óleo e fluido. Outro recurso é o uso da válvula de retenção na descarga.

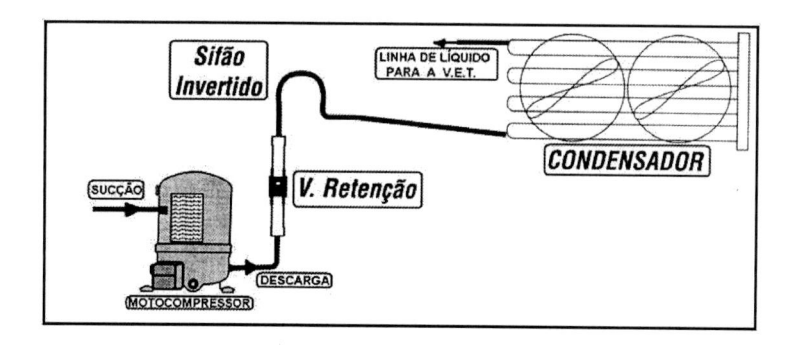

Figura 8.20

Todos os detalhes desse item 8.1.4 sobre instalações de tubulações não se resumem apenas aos equipamentos de refrigeração, pode-se usar essas dicas também para equipamentos de Climatização (Ar Condicionado) que foram vistos no Capítulo 6.

O diâmetro das conexões das unidades condensadoras e dos **evaporadores não poderá servir de parâmetro para a seleção dos diâmetros do restante do circuito frigorígeno**. Para a seleção correta das tubulações deve-se seguir as **tabelas de fabricantes conhecidos como _Danfos_ e McQuay**. Algumas dessas **tabelas estão anexadas no final do livro**.

Em instalações onde o motocompressor está instalado acima do evaporador (figura 8.22) é necessária a instalação do **Sifão a cada 3 metros**, com o objetivo de auxiliar o arraste do óleo de volta ao motocompressor. Veja na figura 8.21 que o **Sifão** promove o arraste do óleo através da redução do diâmetro do tubo provocado pela presença do óleo, com isso a velocidade do fluido refrigerante no Sifão vai aumentar provocando o arraste do óleo.

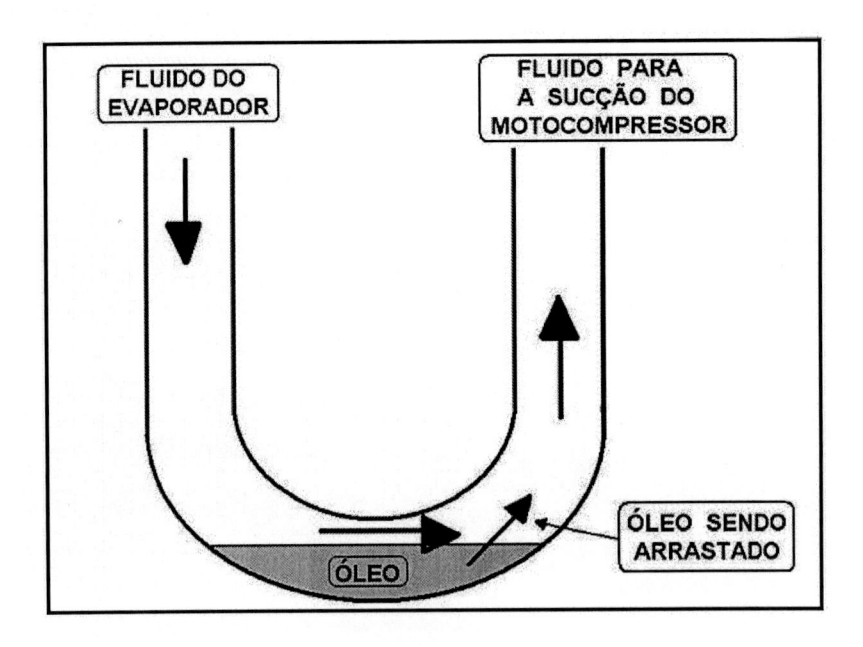

Figura 8.21

Capítulo 8 - Refrigeração Comercial 169

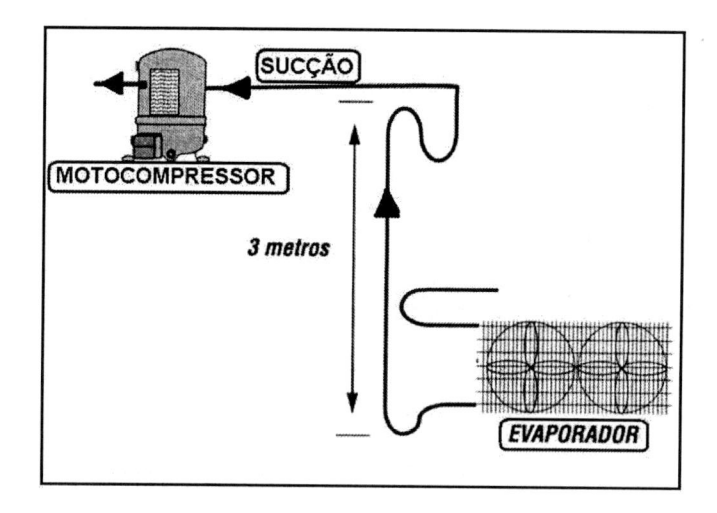

Figura 8.22

Nas instalações que funcionam com temperatura de evaporação abaixo de – 15°C se faz necessária à instalação de um separador de óleo na descarga do motocompressor, isto por que a miscibilidade do fluido refrigerante com o óleo diminui consideravelmente com a queda da temperatura.

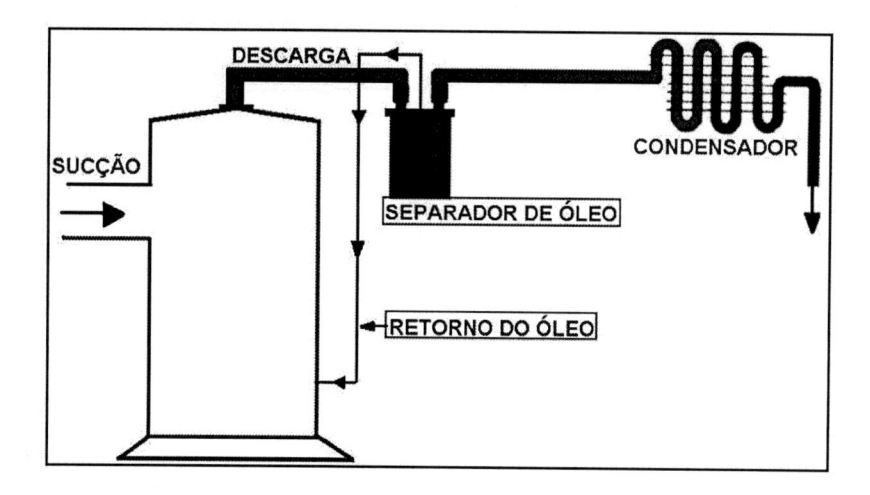

Figura 8.23

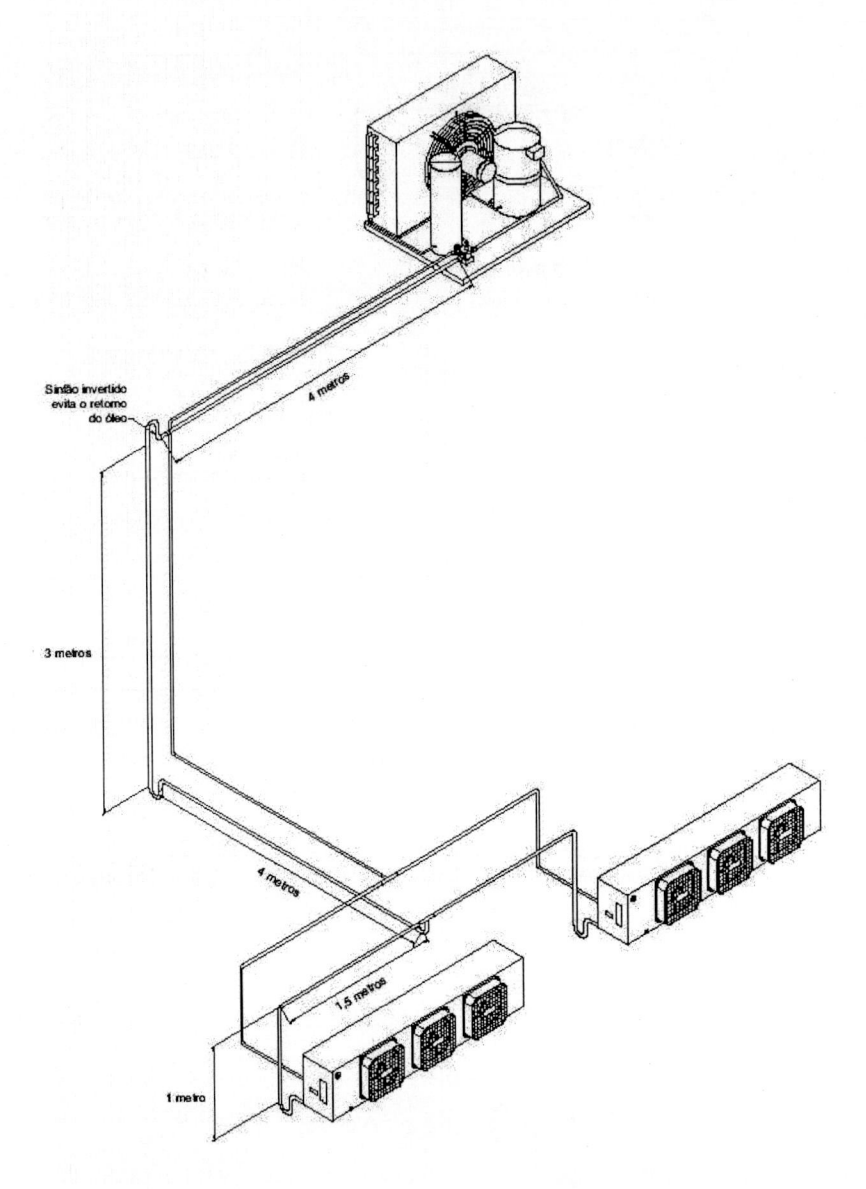

Figura 8.24 – Desenho isométrico com exemplo de instalação

8.1.5 – EXEMPLO DO FUNCIONAMENTO DE UMA CÂMARA FRIGORÍFICA

A figura 8.25 representa um sistema de Refrigeração composto de Câmara de Congelados e Câmara de Resfriados com componentes da marca **Danfos.**

O evaporador da câmara de resfriados B, um motocompressor C, um condensador D e um tanque de líquido E. O fluido refrigerante chega às válvulas de expansão termostáticas TE, passando pelo filtro secador DX e visor de líquido com indicador de umidade SGI. Antes de cada válvula de expansão termostática TE, encontramos as válvulas solenóide EVR, controladas pelos termostatos KP 61. Os termostatos controlam a abertura e o fechamento das válvulas solenóide, de acordo com a temperatura no sensor F do termostato, montado em cada câmara frigorífica.

Uma válvula de retenção NVR está montada na linha de sucção do evaporador da câmara de congelados A. Esta válvula evita o retorno de fluido refrigerante para o evaporador da câmara de congelados durante os períodos de parada do motocompressor.

Um regulador de pressão KVP está montado na linha de sucção do evaporador da câmara de resfriados. O regulador KVP mantém uma pressão de evaporação constante, correspondente à temperatura requerida na câmara de resfriados.

O regulador de pressão e sucção KVL, montado antes do motocompressor, protege o seu motor contra sobrecargas que possam ocorrer durante as partidas.

O pressostato de óleo MP promove a parada do motocompressor se a pressão do óleo atingir um valor abaixo do especificado no mesmo, o Capítulo 4 mostra detalhadamente o funcionamento de um pressostato de óleo. O PAB (Pressostato de Alta e Baixa) KP 15 protege o motocompressor quando as pressões de sucção e descarga estiverem fora dos valores recomendados pelo fabricante do motocompressor. É importante que, sob quaisquer condições, haja pressão suficiente na linha de líquido (linha que liga o condensador às VET) para alimentar as válvulas de expansão. Para manter tal pressão, esta instalação ilustrada na figura 8.25 possui um regulador de pressão de condensação KVR e uma válvula de pressão diferencial NRD.

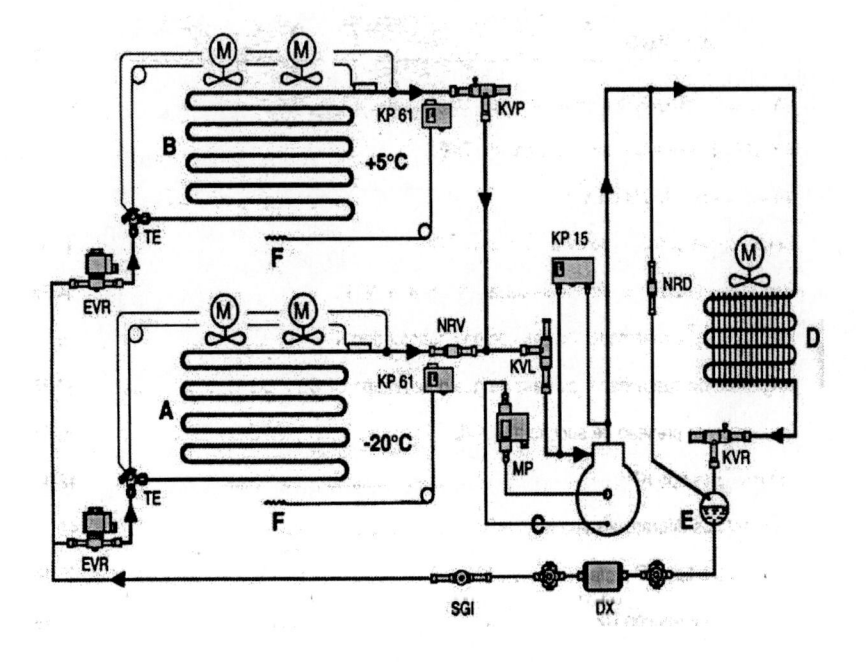

Figura 8.25

De acordo com a figura 8.25, se o diferencial dos evaporadores T for igual a 6°C, o fluido refrigerante terá uma temperatura de evaporação na Câmara de resfriados igual a –1°C, devido a temperatura interna ser de +5°C. E a temperatura de evaporação na Câmara de congelados será de –26°C, devido a temperatura interna ser de –20°C.

Capítulo 8 - Refrigeração Comercial

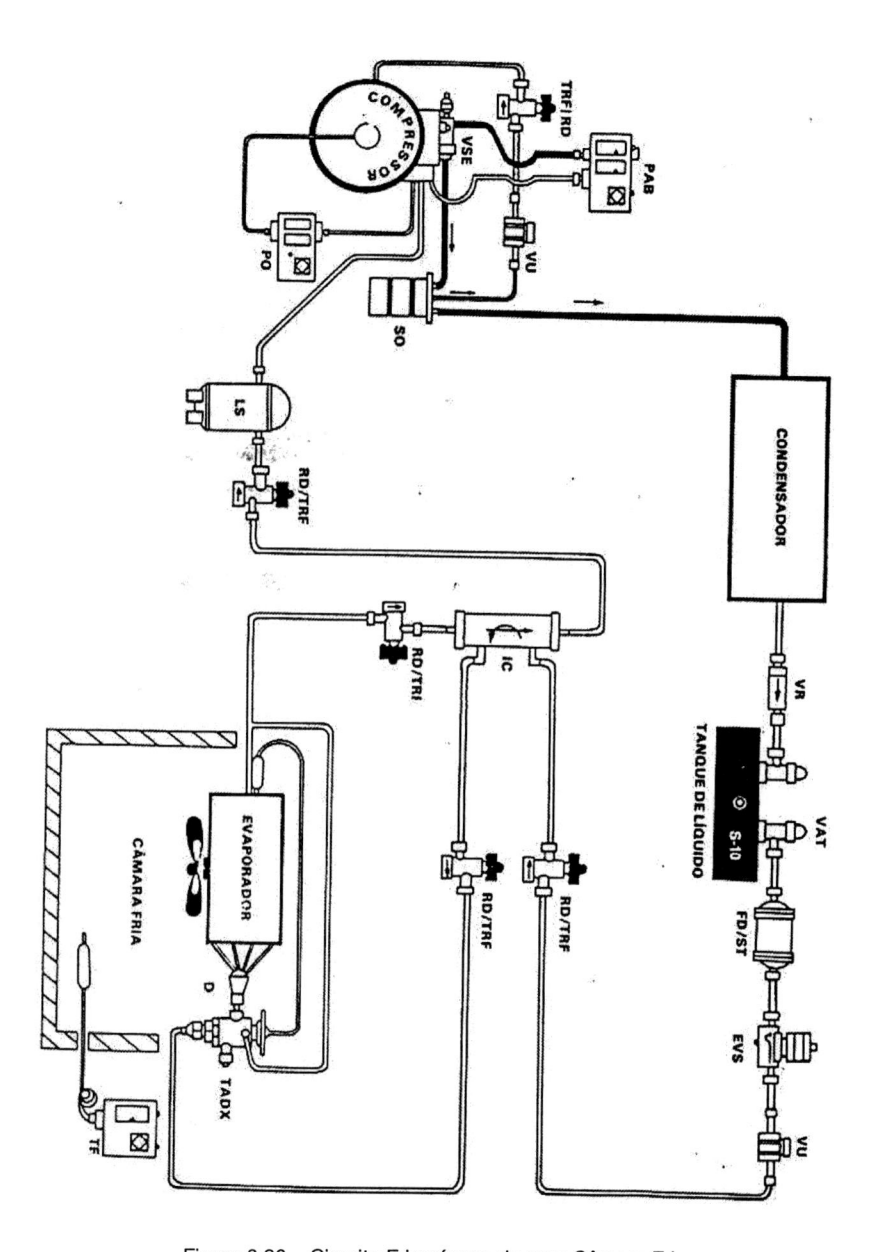

Figura 8.26 – Circuito Frigorígeno de uma Câmara Fria

A figura 8.26 ilustra outro Circuito Frigorígeno de uma Câmara Fria, onde:

VR – Válvula de Retenção;

VAT – Válvula Tanque

S-10 – Válvula de Segurança

EVS – Válvula Solenóide

FD/ST – Filtro secador

VU – Visor de Líquido com Indicador de umidade

RD/TRF – Registro

IC – Intercambiador de Calor

TADX – Válvula de Expansão Termostática com Equalização Externa

TF – Termostato

LS – Acumulador de Sucção

SO – Separador de óleo

PO – Pressostato de Óleo

VSE – Válvula de Serviço

D – Distribuidor de Líquido

PAB – Pressostato de Alta e baixa

8.1.6 – UNIDADES PLUG-IN

Essas unidades do tipo "Plug-in" trazem o evaporador, o compressor, o dispositivo de expansão e o condensador juntos dentro do gabinete da unidade, ou seja, é um circuito frigorígeno completo pré-montado e ajustado, necessitando apenas fazer uma abertura numa parede lateral da Câmara Frigorífica e instalar a alimentação elétrica, os controles de temperatura, de degelo (descongelamento) e pressões também já estão contidos no Plug-in.

Capítulo 8 - Refrigeração Comercial 175

Figura 8.27 – Plug-in

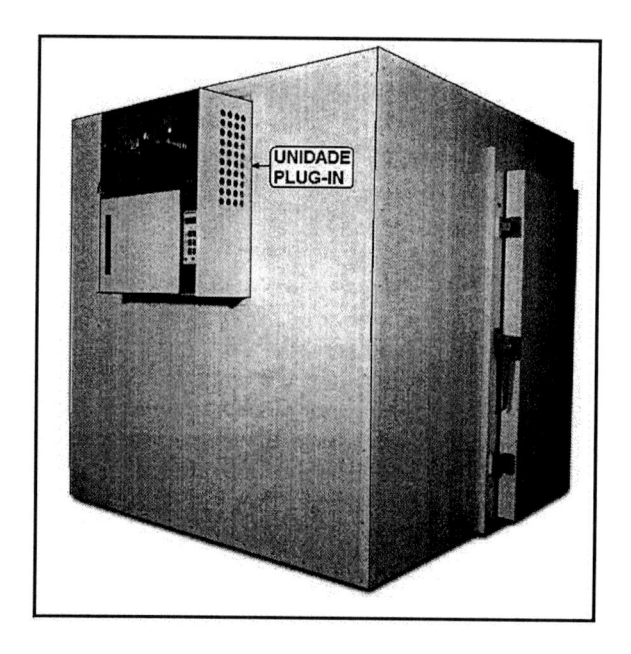

Figura 8.28 – Plug-in instalado

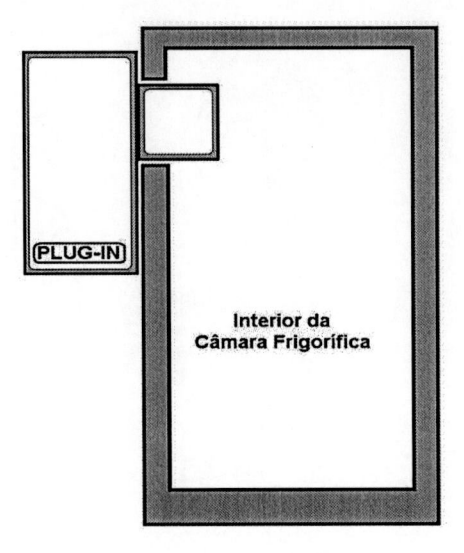

Figura 8.29 – Vista Lateral do Plug-in instalado

8.1.7 – CONTROLES DIGITAIS

As Câmaras e Balcões Frigoríficos podem ter uma maior precisão no controle da temperatura, da umidade e do descongelamento (degelo) dos evaporadores de congelados, a figura 8.30, por exemplo, mostra dois modelos de controladores de Temperatura e umidade.

Figura 8.30 – Controladores Digitais

8.1.8 – APROVEITAMENTO TOTAL DA CÂMARA FRIGORÍFICA

"A porta não pode ficar aberta".

Com o entra e sai de funcionários a porta da câmara acaba ficando aberta durante muito tempo. Sem falar que alguns esquecem de fechá-la.

"Deve-se respeitar a dimensão para armazenamento".

Alguns usuários colocam mais carga do que o projetado. O resultado pode ser desde produto estragado até danificação do equipamento. Além de dimensionar de acordo com a necessidade, é preciso respeitar o limite.

"Deixar espaçamento entre os produtos".

Às vezes, para ganhar espaço, o usuário entope a câmara, esquecendo que os produtos não podem ficar encostados.

"Tem que ter prateleiras".

A organização do espaço interno da câmara pode significar economia, além de agilidade no serviço.

"Sempre verifique se os trincos estão funcionando bem".

Não basta encostar a porta. Fique atento para checar se ela realmente está trancada.

"A gacheta (borracha da porta) tem que ter flexibilidade para preservar a vedação".

"A câmara deve ser lavada e estar sempre seca".

O usuário brasileiro não costuma lavar a câmara e quando o faz não a seca corretamente.

"Não podemos misturar produtos".

Carne com carne. Frutas com frutas. Os produtos têm necessidades térmicas diferentes.

"Respeitar o objetivo inicial da câmara".

Uma instalação projetada para carne não pode ser utilizada para verduras.

8.2 – RACK PARA REFRIGERAÇÃO

Figura 8.31 – Rack (Montagem em Paralelo dos Compressores Alternativos Bitzer)

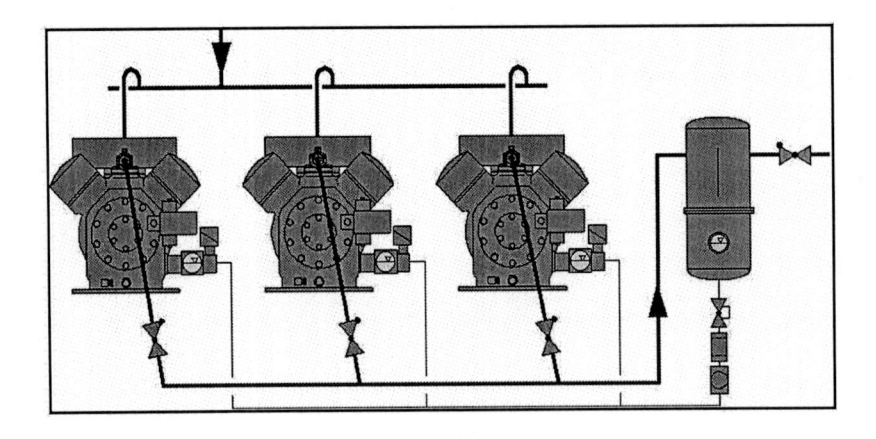

Figura 8.32 – Montagem em Paralelo dos Compressores Alternativos Bitzer

(Sistema com Pulmão HP)

Figura 8.33 – Rack (Montagem em Paralelo dos Compressores Alternativos Bitzer)

8.3 – C.I.C. (Control Injection COOLING)

O CIC (Resfriamento por Injeção Controlada) é um sistema utilizado para fazer um resfriamento rápido e controlado do compressor no caso da elevação da temperatura da câmara de descarga.

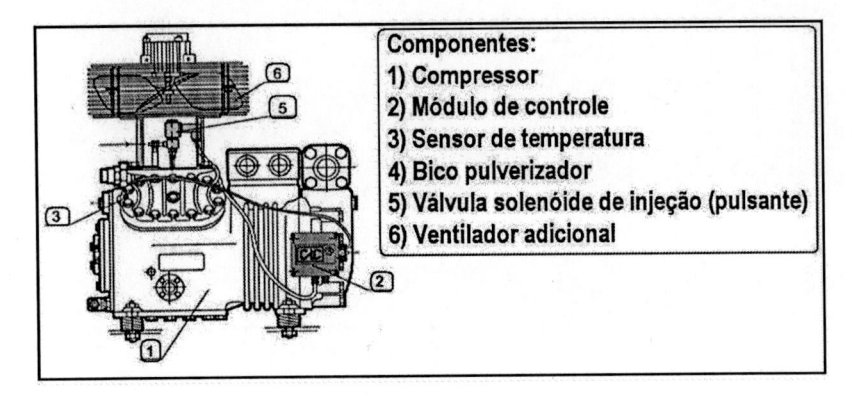

Componentes:
1) Compressor
2) Módulo de controle
3) Sensor de temperatura
4) Bico pulverizador
5) Válvula solenóide de injeção (pulsante)
6) Ventilador adicional

Figura 8.34 – Componentes do CIC (Resfriamento por Injeção Controlada)

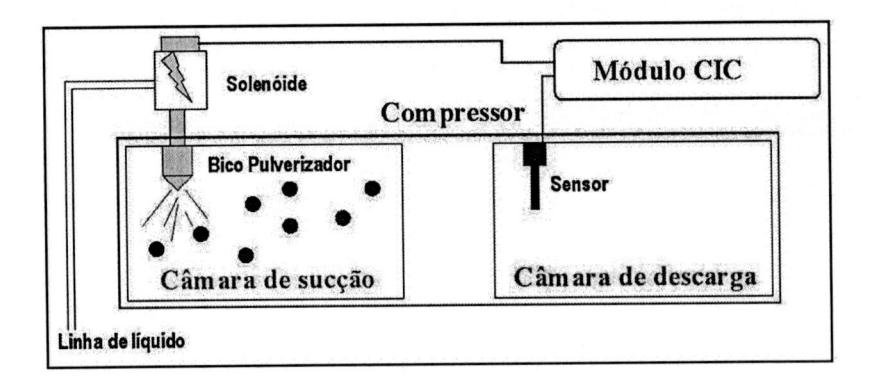

Figura 8.35 – Ilustração do CIC (Resfriamento por Injeção Controlada)

Capítulo 8 - Refrigeração Comercial

Figura 8.36 – Modelo de compressor Bitzer com o CIC
(Resfriamento por Injeção Controlada)

8.4 – TABELAS DE APLICAÇÃO DE ÓLEOS LUBRIFICANTES

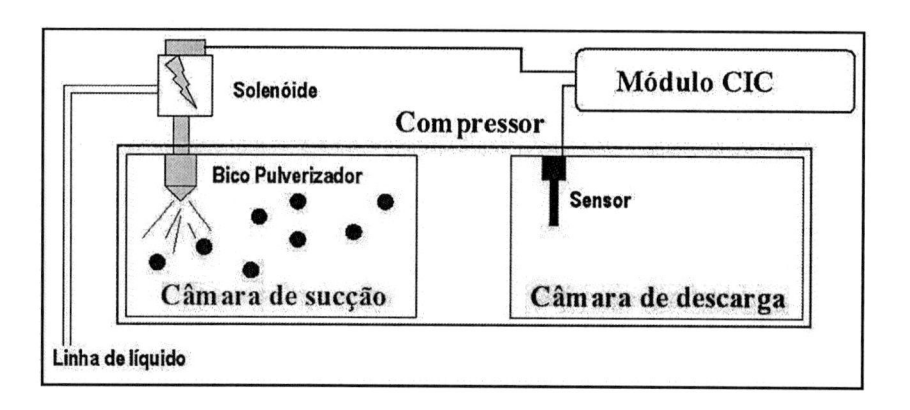

Figura 8.37 – Tabela de Lubrificantes

Lubrificantes para compressores Bitzer - HCFC				
Óleo	Refrigerante	Tipo	Aplicação	Fabricante
B 5.2	R-22	MA	A - M - B	Bitzer
CP32 RH	R-22	M	A - M - B	Petrobras
Clavus G32	R-22	M	A - M - B	Shell
Zerol 150	R-22	A	A - M - B	Petrosinthese
Zerol 300	R-22	A	A - M - B	Petrosinthese
Lubrificantes para compressores Bitzer - HFC				
Óleo	Refrigerante	Tipo	Aplicação	Fabricante
BSE 32	R-404A - R-507	PE	A - M - B	Bitzer
BSE 55	R-404A - R-507	PE	A - M - B	Bitzer
RL 32 S	R-404A - R-507	PE	A - M - B	ICI
RL 68 S	R-404A - R-507	PE	A - M - B	ICI
EAL Artic 32	R-404A - R-507	PE	A - M - B	Móbil
EAL Artic 68	R-404A - R-507	PE	A - M - B	Móbil

Tipo: M - Óleo mineral
Tipo: MA - Óleo semi-sintético (mineral e alquibenzeno)
Tipo: A - Óleo alquibenzeno
Tipo: PE - Óleo polioléster

Aplicação: A- alta temperatura de evaporação
Aplicação: M- média temperatura de evaporação
Aplicação: B- baixa temperatura de evaporação

Figura 8.38 – Tabela de Lubrificantes

5 – QUADRO ELÉTRICO

Figura 8.39 – Quadro elétrico

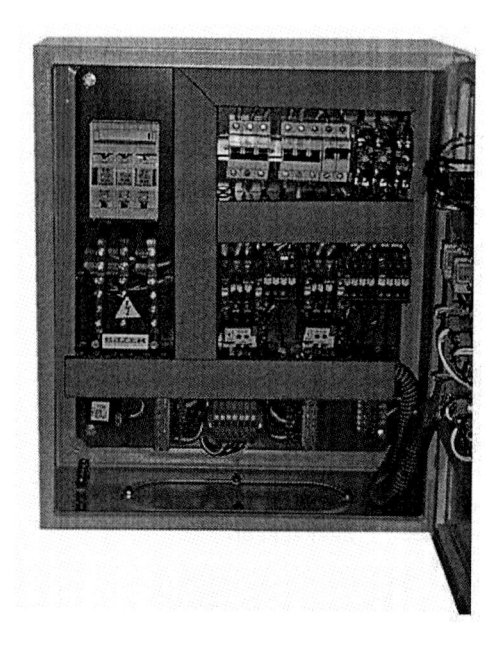

Figura 8.40 – Componentes internos de um quadro elétrico

Capítulo 9

Carga Térmica de Resfriamento

Este capítulo mostra de forma simplificada o levantamento de carga térmica de resfriamento.

Para se aplicar um condicionador de ar a um determinado ambiente, devemos antes de qualquer outra providência, fazer um levantamento da carga térmica do local. O levantamento da carga térmica é sempre feito com a finalidade de que nunca seja aplicado ao local um aparelho cuja capacidade seja inferior á carga térmica do mesmo local. Para fazermos este levantamento levaremos em consideração vários fatores.

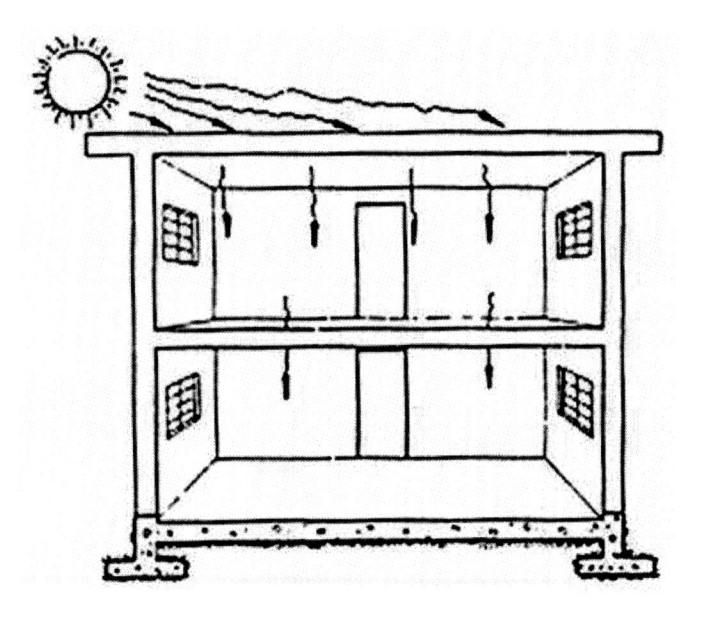

Figura 9.1 – Exemplo de ambiente sob telhado e entre andares

1º) Determine o volume do local – Comprimento x Largura x Altura = Metros Cúbicos (m³).

Através da tabela (figura 9.2) multiplique a quantidade de Kcal/h correspondente ao volume encontrado em metros cúbicos, tendo antes o cuidado de verificar se o local está situado entre andares ou logo abaixo do telhado.

Exemplo: Se o ambiente for uma sala entre andares de 6m de comprimento, 4m de largura e 3m de altura = 72 Metros Cúbicos (m³), terá 936Kcal/h.

Volume do Local (m³)		1
Kcal/h	Entre Andares	13
	Sob Telhado	18

Figura 9.2 – Tabela Volume x Kcal

2º) Determine a área das janelas – altura x largura = m².

Some as áreas de todas as janelas situadas na mesma parede e verifique se possuem cortina e qual o período de incidência do sol (manhã ou tarde). Através da tabela (figura 9.4) multiplique a área total encontrada pelo valor correspondente em Kcal/h.

Exemplo: Uma janela de 2m² e outra de 1m² (ambas na mesma parede e com cortina) recebem sol pela tarde. Com um total de 3m², a quantidade de calor que atravessa é de 636Kcal/h.

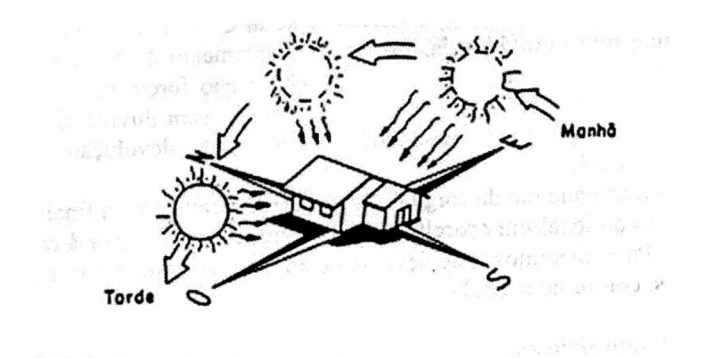

Figura 9.3

> OBSERVAÇÃO: *Quando houver janelas em mais de uma parede, considere aquelas da parede que recebe mais calor para o cálculo. As janelas da outra parede devem ser consideradas na sombra. Determine sua área e procure o número de Kcal/h na tabela correspondente, somando as Kcal/h correspondentes a todas as janelas.*

Área (m²)	JANELAS				Vidros na sombra
	Kcal/h		Kcal/h		
	Com cortina		Sem cortina		
	Sol manhã	Sol tarde	Sol manhã	Sol tarde	
1	160	212	222	410	37

Figura 9.4 – Tabela da quantidade de calor por área envidraçada

3º) Some as áreas (altura x largura = m²) das portas, arcos ou vãos

4º) Some o Nº máximo de Pessoas que freqüentam o ambiente

5º) Some as potências dos equipamentos elétricos

Havendo aparelhos elétricos em uso no ambiente, que desprendam calor tais como: cafeteiras, esterilizadores, computadores, eletrônicos, máquinas contábeis, lâmpadas etc, devemos considerá-los e calcular a carga térmica conforme os valores expressos na tabela para este fim.

PESSOA (S)		PORTA (S)		APARELHOS ELÉTRICOS	
Quantidade	Kcal/h	m²	Kcal/h	Watts nominal	Kcal/h
1	130	1	125	1	0,9

Figura 9.5 – Tabela da quantidade de calor por portas, pessoas e equipamentos elétricos

6º) Some os valores dos itens anteriores para ter o total da carga térmica em Kcal/h.

Após ter o valor total em Kcal/h, faça um acréscimo de 10% e transforme o valor em BTU/h ou TR.

3024Kcal/h = 12000BTH/h = 1TR

9.1 – EXEMPLO DE CÁLCULO:

Levantamento de carga térmica para instalar um condicionador de ar em um recinto, sob o telhado, que possui 4 metros de largura, 5 de comprimento e 3 de altura.

O referido recinto possui uma janela de 1m x 2m, voltada para a face oeste (sol pela tarde), a qual está cortinada; possui ainda uma porta de 2m de altura por 1m de largura. Freqüentam constantemente este recinto cinco pessoas, e os aparelhos elétricos e lâmpadas em uso consomem um total de 300 Watts.

1) Volume = 4 x 5 x 3 = 60m³ **(1080 Kcal/h)**

2) Janela = 1 x 2 = 2m² **(424 Kcal/h)**

3) Porta = 1 x 2 = 2m² **(250 Kcal/h)**

4) Pessoas = 5 **(650 Kcal/h)**

5) Aparelhos elétricos = 300W **(270 Kcal/h)**

TOTAL = 2674 Kcal/h + 10% = 2941,4 Kcal/h = 11673 BTU/h

Utilizar um C.A.J. de 12000 BTU/h

Capítulo 10

Condicionador de Ar do Tipo Janela (C.A.J.)

Figura 10.1 – C.A.J.

Para se aplicar um condicionador de ar a um determinado ambiente, seja um aparelho de janela, Split ou uma Central, devemos antes de qualquer outra providência, fazer um levantamento da carga térmica do local. Se este trabalho não for realizado com perfeição e não forem seguidas rigorosamente certas normas, podemos ter a certeza de que haverão, sem dúvida, alguns problemas que se tornarão insolúveis, redundando sempre na devolução do aparelho para o concessionário. O levantamento da carga térmica é sempre feito com a finalidade de que nunca seja aplicado ao local um aparelho cuja capacidade seja inferior á carga térmica do mesmo local. Para fazermos este levantamento teremos que levar em consideração vários fatores, conforme a tabela.

Figura 10.2 – Condicionador de Ar tipo Janela

10.1 – POSICIONAMENTO E INSTALAÇÃO DO CONDICIONADOR DE AR

Todo condicionador de ar requer cuidados especiais quando é instalado, pois dependendo do local, são necessários serviços de alvenaria, eletricidade, serralharia e vidraçaria. Tais serviços não necessariamente serão executados pelo serviço autorizado, porém é sua obrigação fornecer toda orientação necessária ao cliente, indicando se for o caso, pessoas ou firmas especializadas para instalação do produto. Para obter o máximo rendimento do aparelho é muito importante a escolha apropriada do local a ser instalado no ambiente e execução da carga térmica.

Sempre que possível posicionar o aparelho no centro do frontal à maior dimensão do ambiente a ser refrigerado. Instalar em local longe de cortinas, divisórias ou móveis que possam impedir a livre circulação ar ambiente. Recomenda-se afastá-lo de cantos para facilitar o acesso aos comandos e a manutenção do aparelho.

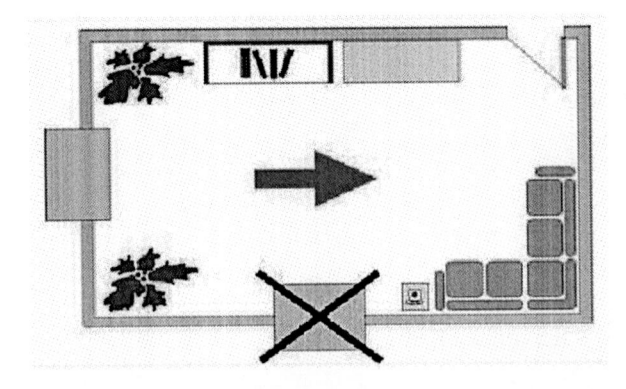

Figura 10.3 – Exemplo do posicionamento do CAJ em um ambiente

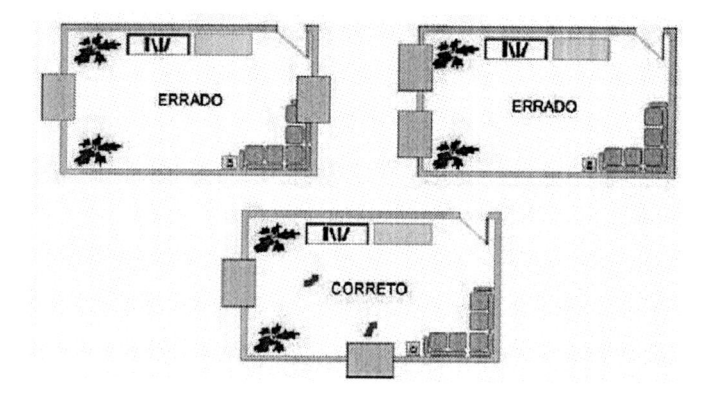

Capítulo 10 – Condicionador de Ar do Tipo Janela (C.A.J.) 193

Figura 10.4 – Exemplos do posicionamento do CAJ

Na instalação de mais de um aparelho no mesmo ambiente, o fluxo de ar não deve incidir no fluxo de ar do outro. Nunca instalar aparelhos muito próximos um do outro, pois isto cria condições anormais de funcionamento.

Para conseguir melhor rendimento do condicionador de ar evitar instalá-lo em locais com incidência direta de raios solares ou próximo de fontes geradoras de calor. Também deve ser evitado posicioná-lo em ambientes fechados onde a movimentação de ar externo fique prejudicada.

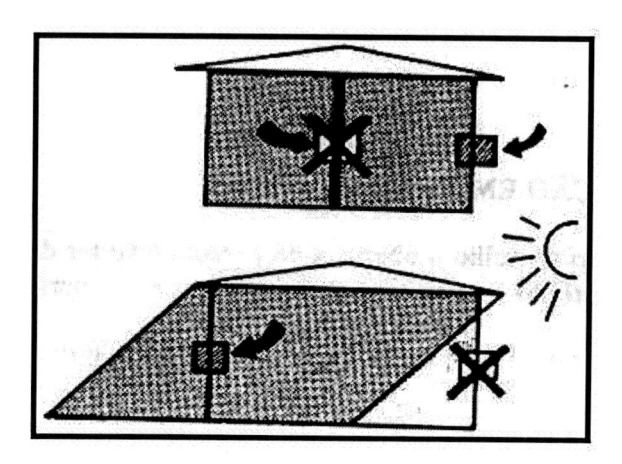

Figura 10.5

Na impossibilidade de instalar o condicionador de ar à sombra, deve-se protegê-lo da luz direta do sol pôr meio de um toldo ou proteção similar conforme ilustrado na figura 10.6.

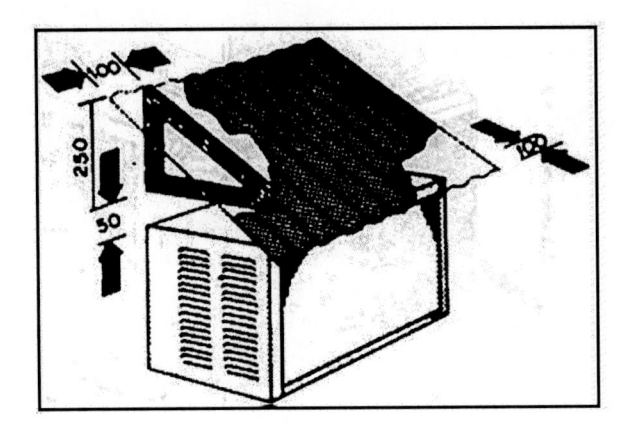

Figura 10.6

A altura de instalação recomendada do piso ao aparelho deve ser de 760 a 1300 mm, levando-se em conta a melhor conservação do ar a ser condicionado, bem como o fácil acesso ao painel de controles.

Figura 10.7

Capítulo 10 – Condicionador de Ar do Tipo Janela (C.A.J.)

De acordo com a figura 10.8, o fundo e as laterais do condicionador de ar devem ficar desobstruídos de quaisquer obstáculos. As laterais do aparelho devem Ter um espaço mínimo de 150 mm e o fundo um espaço mínimo de 500 mm.

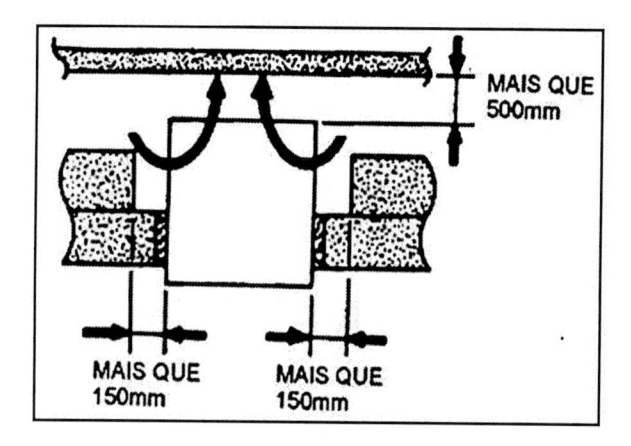

Figura 10.8 – Vista superior mostrando as distâncias recomendadas

Para instalação do aparelho a abertura da parede deve ter dimensões corretas para permitir o encaixe perfeito e a ventilação adequada para o perfeito funcionamento do produto.

Importante: colocar a vedação entre o gabinete e a moldura para evitar vibração e a infiltração de ar externo.

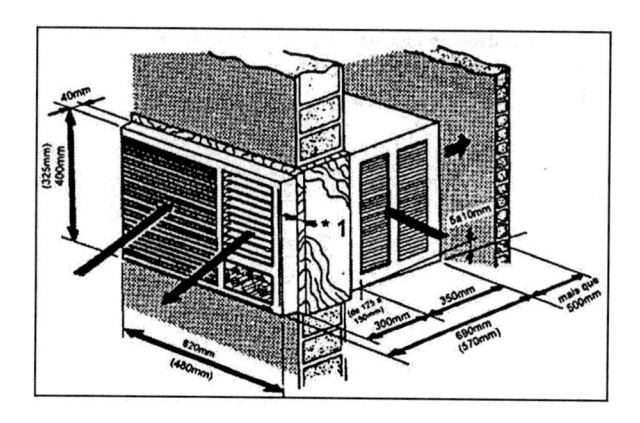

Figura 10.9 – Detalhes da instalação de um C.A.J. na parede

O caixilho de madeira deve ser confeccionado conforme a **figura 10.10**. É importante fixar o caixilho de madeira à parede por intermédio de buchas e parafusos adequados **fig. direita**.

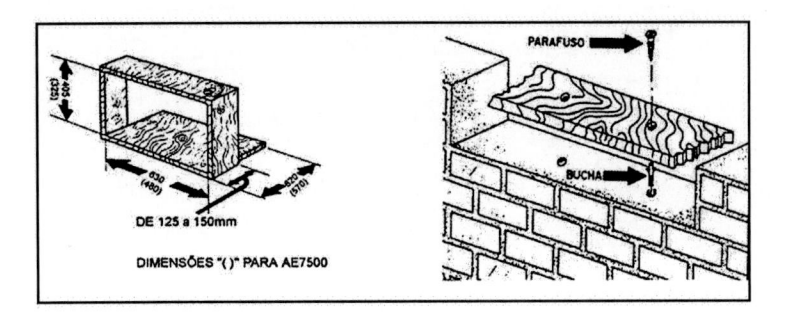

Figura 10.10 – Detalhe da instalação de um caixilho

Para evitar o acúmulo de água na base do aparelho, bom como a infiltração desta para o ambiente interno, o condicionador de ar deve ser instalado com uma inclinação de 05 a 10 mm conforme figuras 10.11 e efetuar a drenagem conforme a figura 10.12.

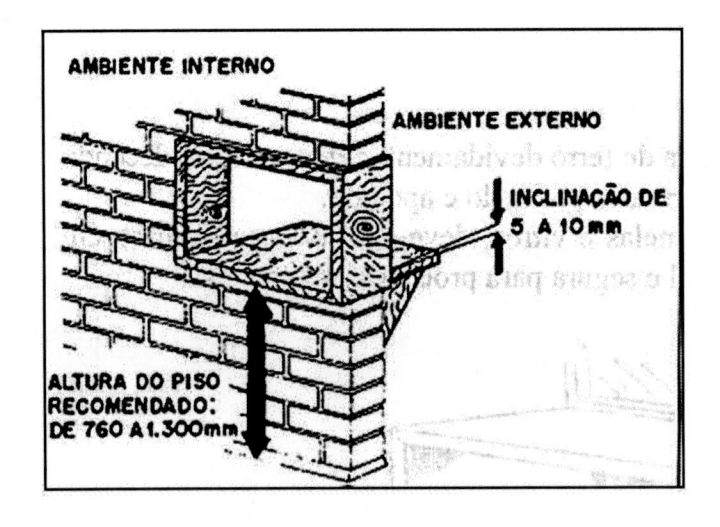

Figura 10.11 – Detalhe da inclinação

Capítulo 10 - Condicionador de Ar do Tipo Janela (C.A.J.) 197

Figura 10.12 – Detalhe da canalização da água de escoamento

No caso da instalação do C.A.J. em janelas, deve ser feita uma estrutura de ferro ou alumínio devidamente reforçada, obedecendo as dimensões básicas e cuidados onde o aparelho é fixado e apoiado. Devido a grande diversificação de janelas e vitrôs, deve-se estudar cada caso em particular, verificando a maneira mais fácil e segura para proceder à instalação. As figuras 10.13, 10.14 e 10.15 ilustram esse tipo de instalação.

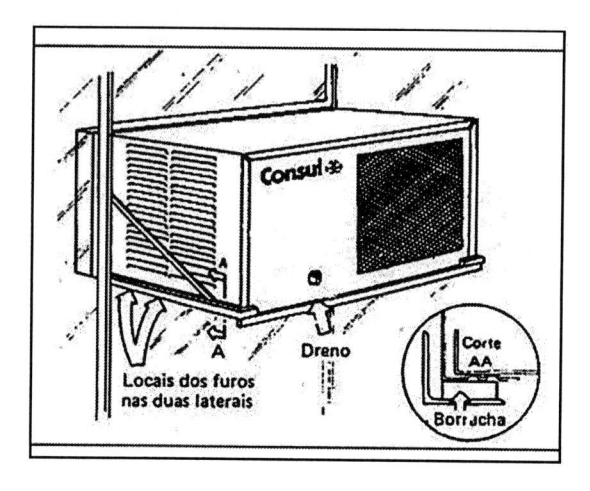

Figura 10.13 – Detalhes da instalação de um C.A.J. em uma janela de vidro

Figura 10.14 – Detalhes da instalação de um C.A.J. em uma janela com estrutura de aço

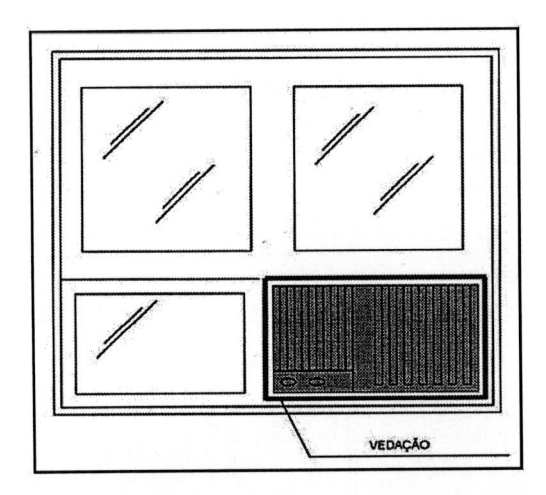

Figura 10.15 – Detalhes da vedação de um C.A.J. em uma janela de vidro

Para dar o acabamento estético ao C.A.J., é aconselhável usar molduras cuja cor combine as cores do ambiente. Se o lado externo ficar num local onde há trânsito de pessoas, colocar também moldura, para um melhor acabamento. A moldura pode ser madeira ou plástica.

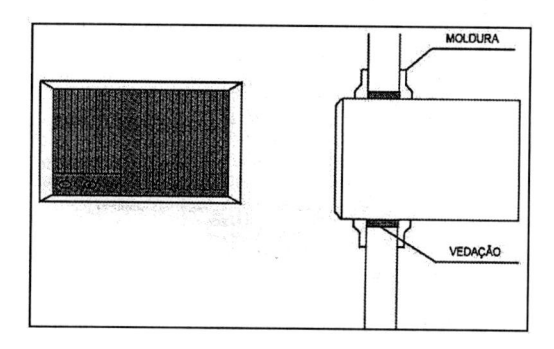

Capítulo 10 – Condicionador de Ar do Tipo Janela (C.A.J.)   199

Figura 10.16 – Detalhes da instalação da moldura em um C.A.J.

10.2 – INSTALAÇÃO ELÉTRICA DO CONDICIONADOR DE AR

A rede elétrica da residência onde o condicionador de ar será ligado deve ser cuidadosamente considerada, pois o mesmo possui potência de até 1600 Watts, exigindo um circuito elétrico devidamente dimensionado, conforme tabela abaixo. A distância mencionada na tabela refere-se à distância do local do medidor (relógio) da resistência à tomada de ligação do condicionador de ar.

Bitola do fio	Tensão corrente	127V 9,0A	127V 10,8A	127V 13,0A	220V 4,6A	220V 5,7A	220V 7,0A
2,5mm	(12AWG)	Até 18m	Até 15m	Até 12m	Até 61m	Até 49m	Até 39m
4,0mm	(10AWG)	19 a 30 m	16 a 25 m	13 a 20 m	62 a 99 m	50 a 79 m	40 a 65 m
6,0mm	(8AWG)	31 a 43 m	26 a 36 m	21 a 30 m	100 a 149 m	80 a 119 m	66 a 99 m
10,0mm	(6AWG)	44 a 73 m	57 a 60 m	31 a 50 m	150 a 245 m	120 a 200 m	100 a 160 m

Figura 10.17 – Tabela que mostra o dimensionamento da rede elétrica

Para evitar problemas, convém examinar se a rede elétrica (com todos os seus condutores, eletrodutos e equipamentos) está em boa condição e dimensionada para suportar o aumento de carga exigido pelo Condicionador de Ar. O aparelho deve ter circuito independente, protegido com o disjuntor de boa qualidade, com capacidade de 25 a 50% acima da corrente nominal do aparelho. Em rede elétrica monofásica instale um disjuntor no condutor fase, e em rede bifásica, um disjuntor em cada fase.

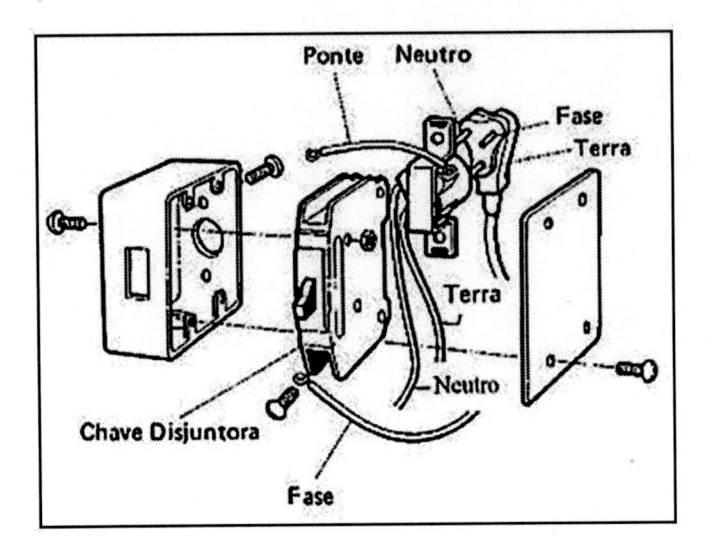

Figura 10.18 – Exemplo de instalação de um disjuntor na rede monofásica

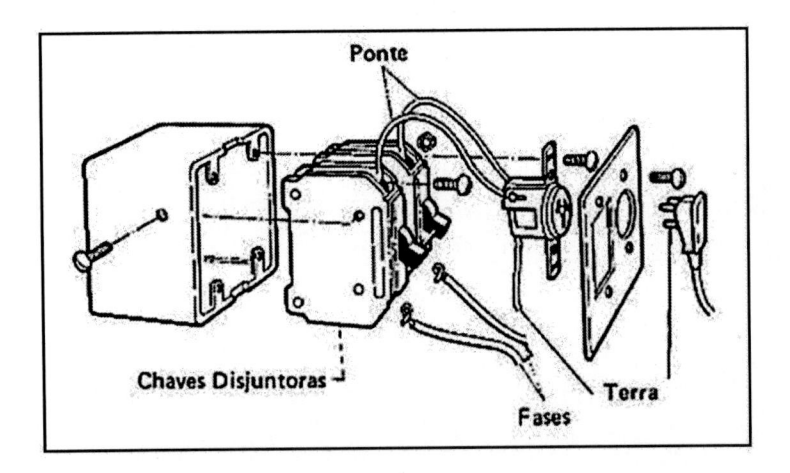

Figura 10.19 – Exemplo de instalação de dois disjuntores na rede bifásica

10.3 – CIRCUITO FRIGORÍGENO DO CONDICIONADOR DE AR

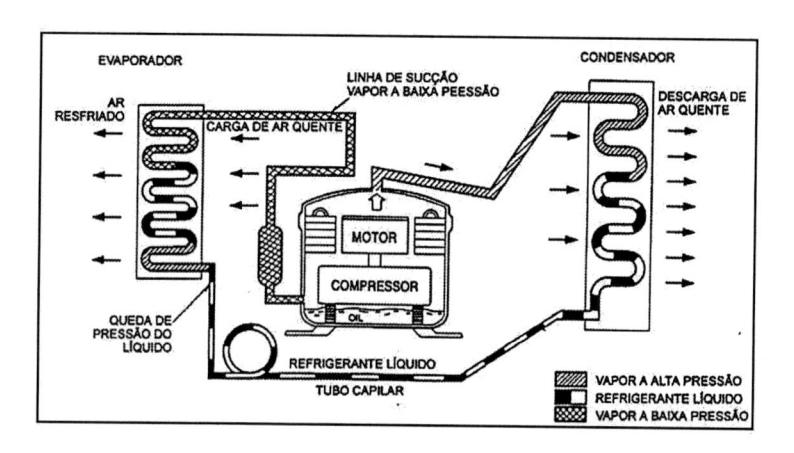

Figura 10.20 – Circuito Frigorígeno ou Sistema de Refrigeração

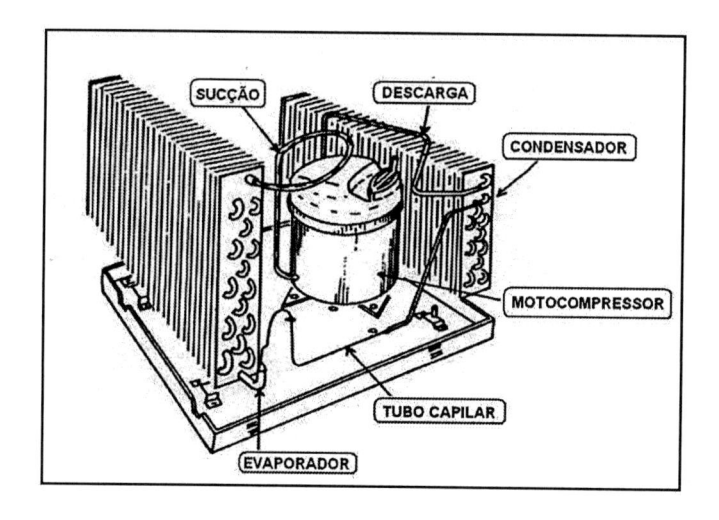

Figura 10.21 – Detalhe dos componentes do Circuito Frigorígeno ou Sistema de Refrigeração

10.3.1 - Válvula de Reversão

Os condicionadores de ar na versão ciclo reverso além de refrigerar (resfriar) o ambiente podem aquecê-lo, revertendo o sentido do fluxo de gás refrigerante através de um dispositivo mecânico (Válvula Reversora) instalado entre a linha de descarga e a linha de sucção.

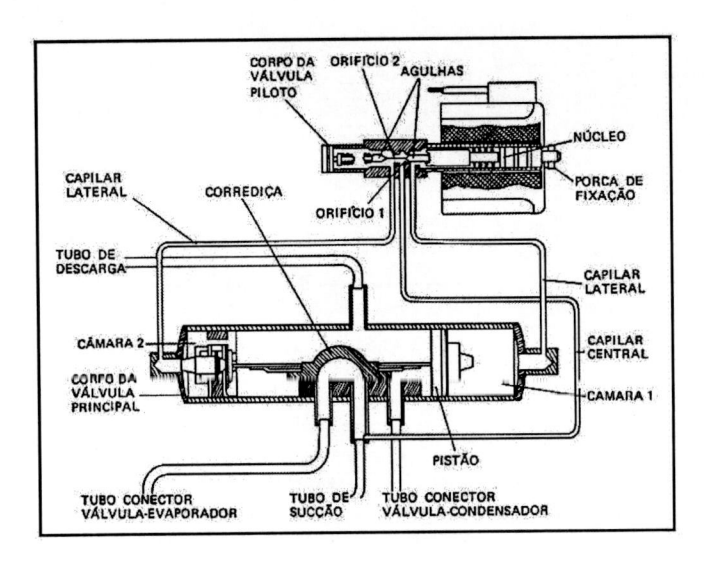

Figura 10.22 – Detalhe da Válvula de Reversão

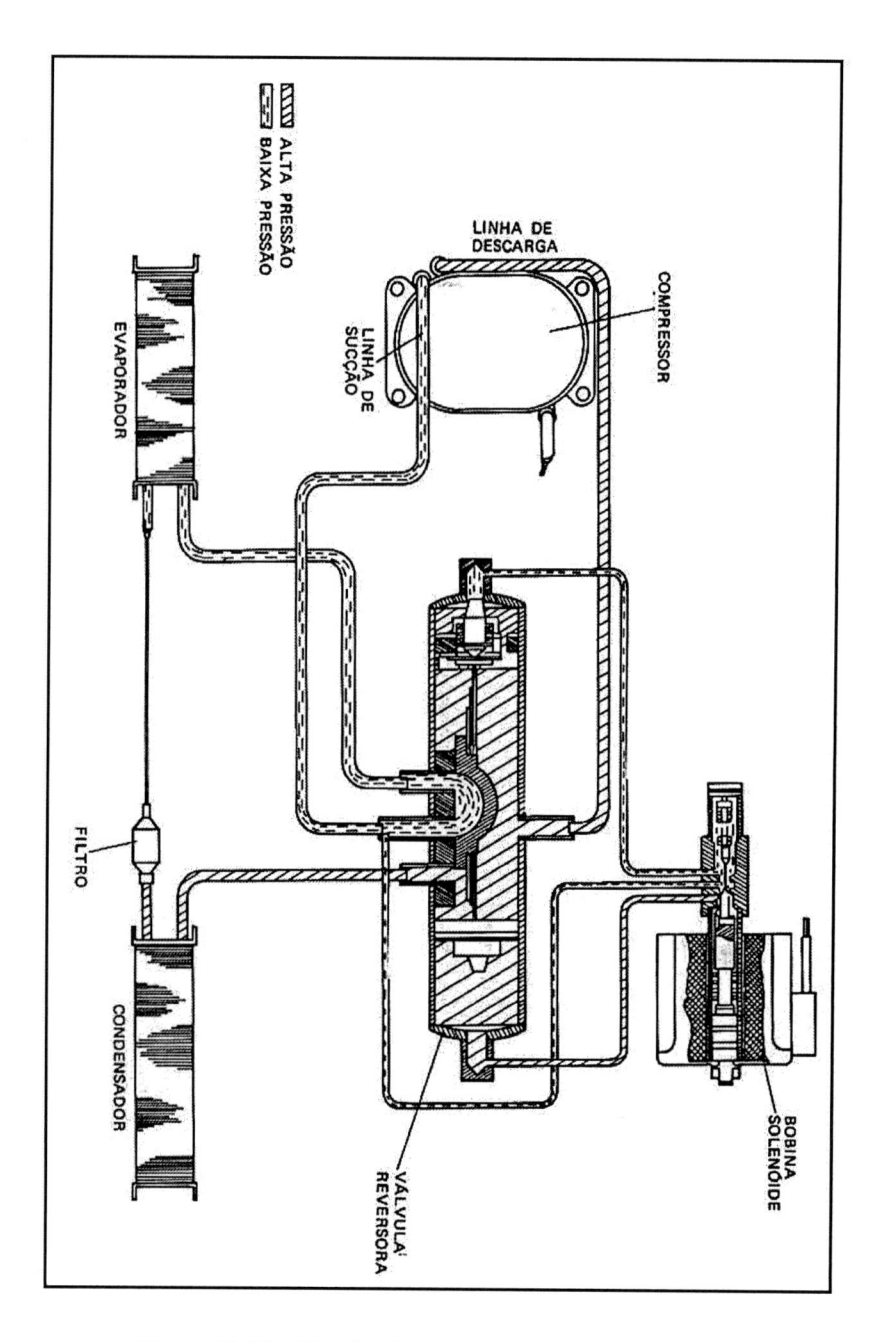

Figura 10.23 – Circuito Frigorígeno com válvula reversora

10.4 – SISTEMA DE VENTILAÇÃO DO CONDICIONADOR DE AR

O sistema de ventilação dos condicionadores de ar é realizado pelo motoventilador que aciona duas hélices:

- Hélice axial (traseira)
- Hélice radial (dianteira)

HÉLICE AXIAL: localizada na parte traseira do condicionador de ar, no interior da câmara de ventilação, tem como função refrigerar o condensador, aumentando também o resfriamento do compressor hermético e do motoventilador. O ar do ambiente externo entra pelas aberturas laterais e atravessa o condensador, impulsionando no sentido axial da hélice traseira.

HÉLICE RADIAL: também chamada de turbina, localiza-se na parte dianteira do condicionador de ar, no interior da câmara de ventilação, neste caso, denominado EVOLUTA. Tem como função recircular o ar do ambiente interno, fazendo-o passar pelo filtro e evaporador. O ar do ambiente interno entra, atravessa o filtro, o evaporador e é enviado de volta ao ambiente interno, após passar pelas aletas direcionais, impulsionado no sentido radial da hélice dianteira.

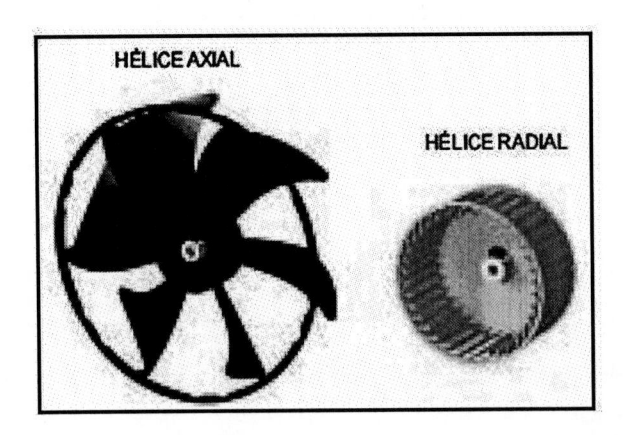

Figura 10.24 – Detalhe das Hélices

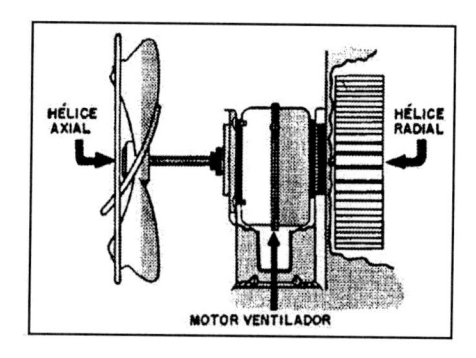

Capítulo 10 - Condicionador de Ar do Tipo Janela (C.A.J.)   205

Figura 10.25 – Detalhe do Motoventilador e das Hélices

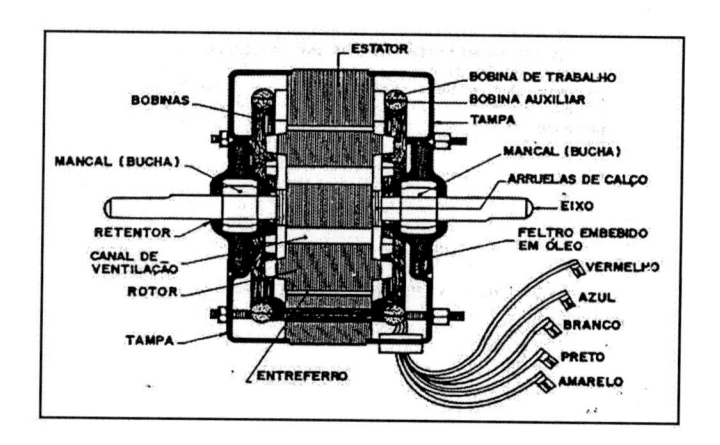

Figura 10.26 – Detalhe dos componentes do Motoventilador

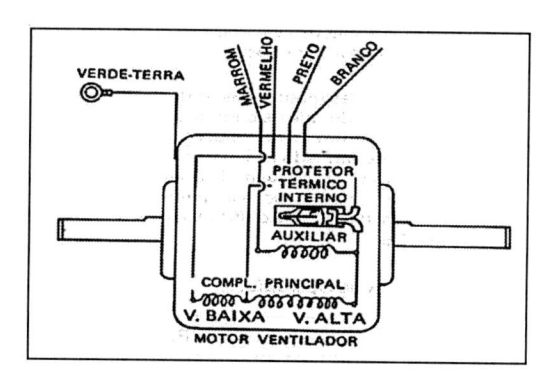

Figura 10.27 – Detalhe das bobinas internas do Motoventilador

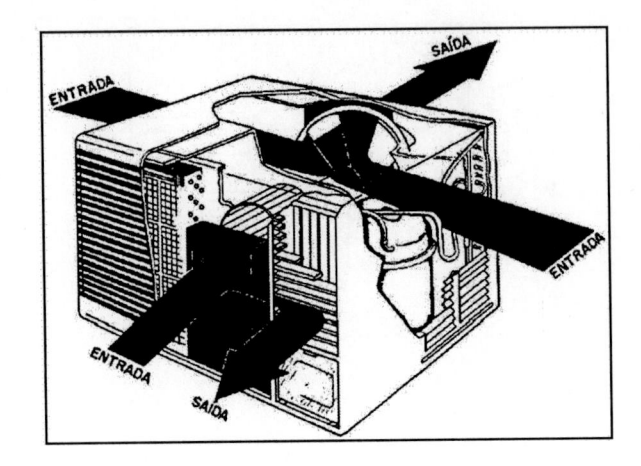

Figura 10.28 – Detalhe do fluxo de ar através das aletas do evaporador e condensador

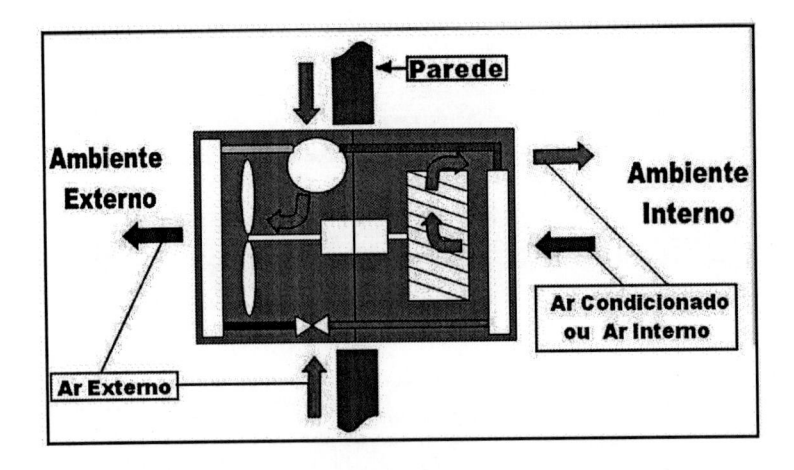

Figura 10.29 – Exemplo do fluxo do Ar Interno e Ar Externo

10.5 – EXEMPLOS DE DIAGRAMAS ELÉTRICOS

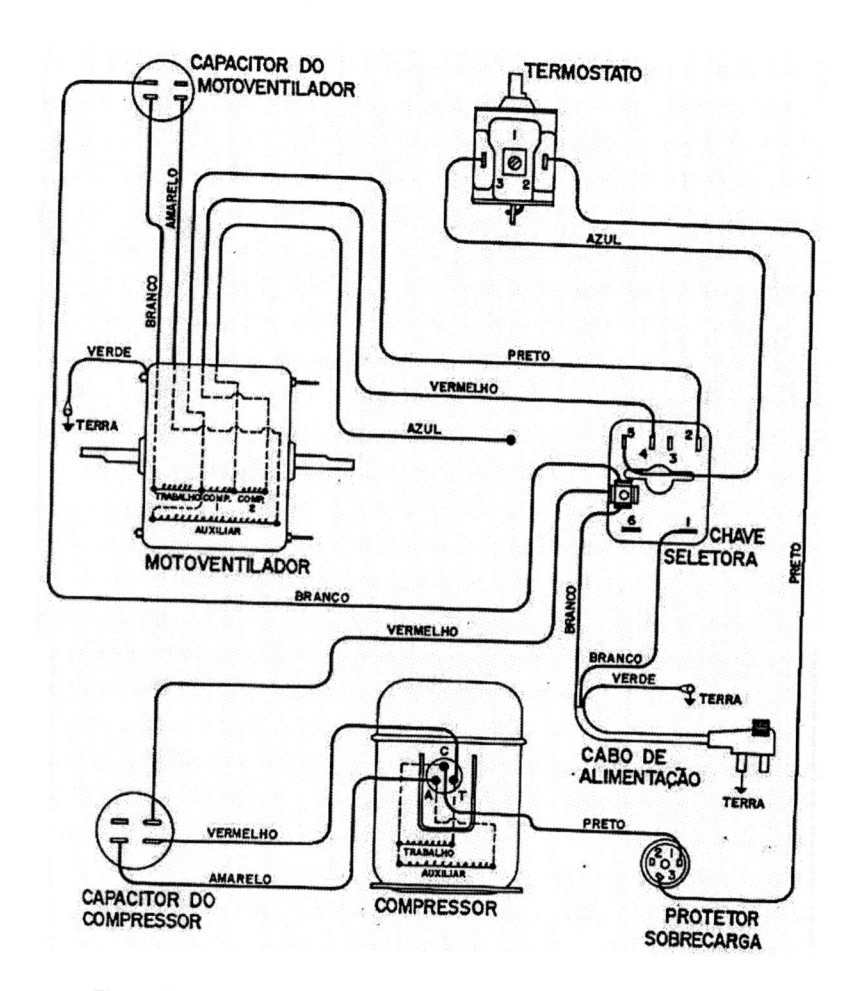

Figura 10.30 – Modelo de um Diagrama Pictórico Elétrico de um C.A.J.

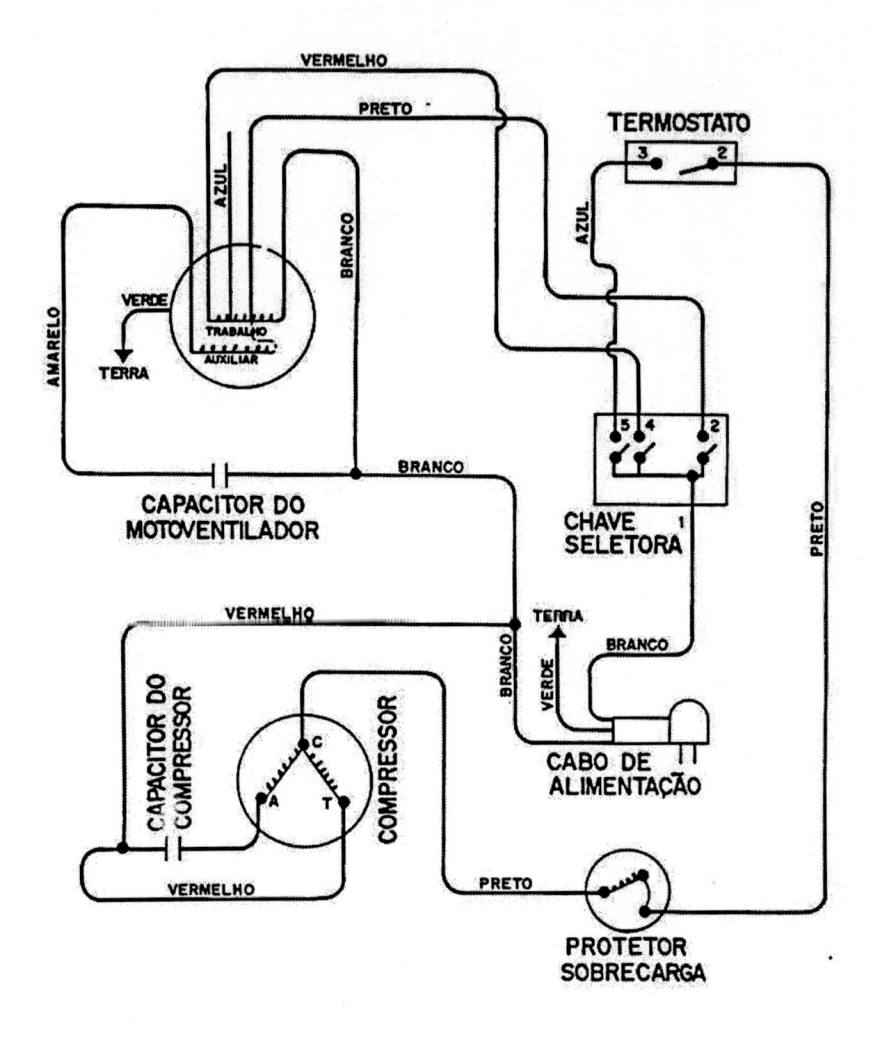

Figura 10.31 – Modelo de um Diagrama Elétrico de um C.A.J.

10.6 – EXEMPLO DOS COMPONENTES INTERNOS DE UM MOTOCOMPRESSOR HERMÉTICO

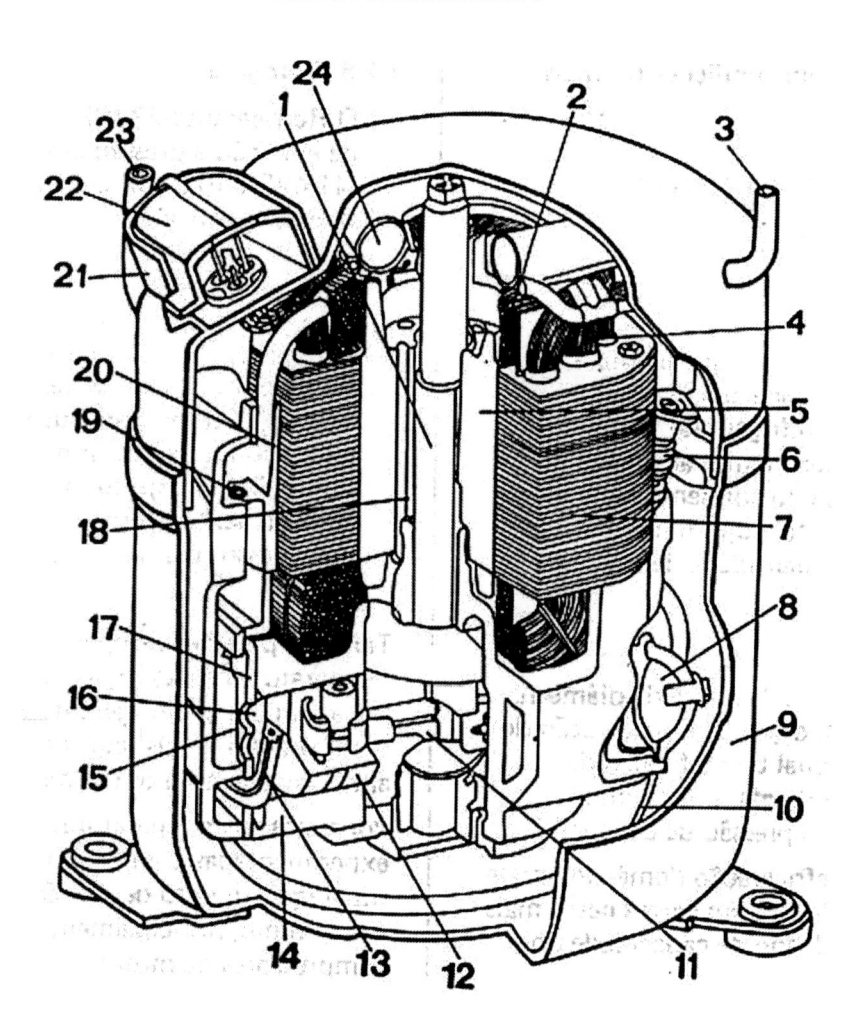

Figura 10.32 – Motocompressor Hermético em corte

Relação dos componentes da figura 10.32:

1. Eixo do Motor
2. Enrolamento auxiliar (arranque)
3. Tubo para Operação de Serviço
4. Enrolamento de Marcha
5. Rotor
6. Mola Interna de Suspensão
7. Estator
8. Silenciador de Descarga
9. Carcaça do Compressor
10. Tubo de Descarga
11. Diela
12. Pistão
13. Sede da Válvula de Descarga
14. Camisa do Cilindro
15. Câmara do Cilindro
16. Sede da Válvula de Aspiração
17. Prato das Válvulas
18. Saídas para a Circulação do Óleo
19. Silenciador da Aspiração
20. Separador da Aspiração
21. Guarnições de Proteção
22. Tampa de Proteção da Caixa
23. Tubo de Aspiração
24. Silenciador de Aspiração

Capítulo 11

Condicionador de Ar do Tipo Separado (SPLIT SYSTEM)

Split System significa "sistema separado", mas um Condicionador de Ar só é classificado de SPLIT pelos fabricantes, quando há uma Unidade Condensadora. O conceito "Unidade Condensadora" é um termo técnico para definir uma unidade que contém juntos o Compressor e o Condensador do circuito frigorígeno. Então um Condicionador de Ar, mesmo estando separados o Evaporador e o Condensador, só pode ser chamado de SPLIT se o equipamento possuir independente da capacidade térmica (BTU/h ou TR) uma Unidade Condensadora.

A figura 11.1 mostra um exemplo de instalação de um SPLIT, a unidade interna contém o evaporador e um motoventilador, e a unidade externa que é a unidade condensadora. O dispositivo de expansão pode está na unidade interna ou na unidade condensadora, isso depende do modelo do SPLIT, pois, a instalação do dispositivo de expansão ainda na unidade condensadora evita o barulho da expansão do fluido refrigerante líquido no evaporador da unidade interna, isso pode provocar reclamações dos usuários.

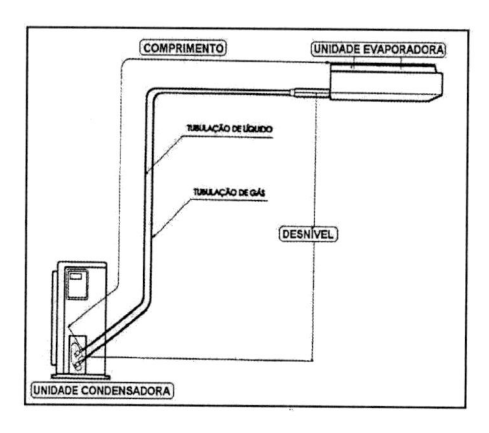

Figura 11.1 – Exemplo de instalação de um SPLIT

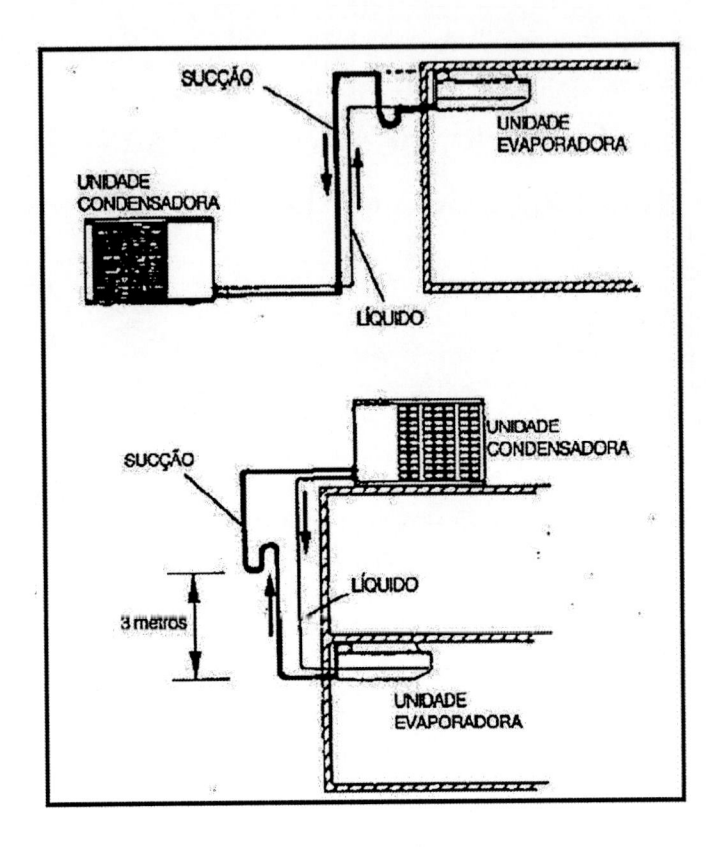

Figura 11.2 – Instalação das unidades Evaporadora e Condensadora

As figuras 11.2, 11.3 e 11.5 mostram os detalhes básicos para uma instalação de um Split quando a unidade condensadora está acima da unidade evaporadora e vice-versa.

Quando a unidade evaporadora está acima da unidade condensadora (figura 11.3), deve-se na linha de sucção colocar um sifão invertido (sifão bengala), pois quando o motocompressor parar, o fluido refrigerante líquido do evaporador não irá para a sucção do motocompressor evitando que o mesmo volte a funcionar inundado de líquido.

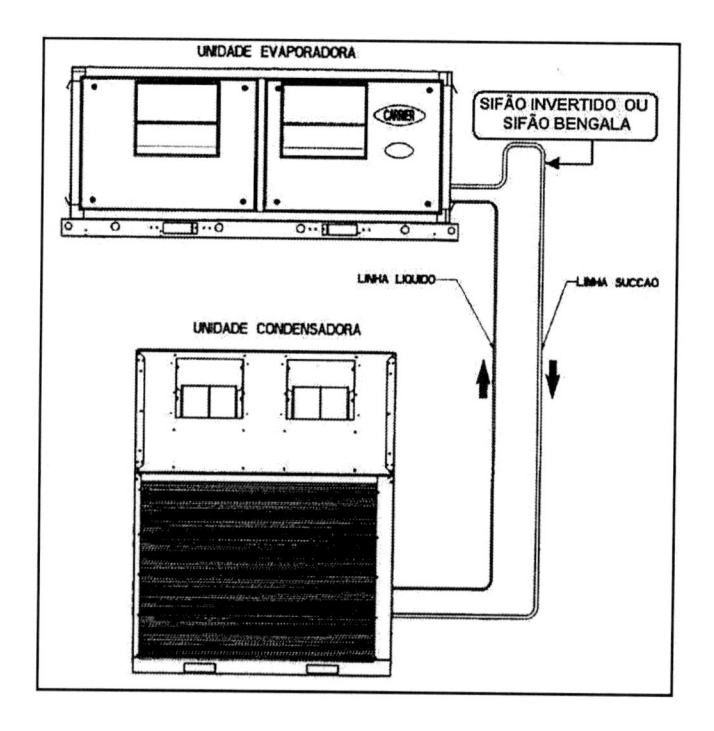

Capítulo 11 – Condicionador de Ar do Tipo Separado (SPLIT SYSTEM)

Figura 11.3 – Instalação do Sifão Invertido

É aconselhável a instalação do Sifão a cada 3m de desnível entre as unidades em instalações onde o motocompressor está instalado acima do evaporador (figura 11.5) é necessária a instalação do Sifão a cada 3 metros, com o objetivo de auxiliar o arraste do óleo de volta ao motocompressor, quem faz esse arraste de óleo é o próprio fluido refrigerante do circuito frigorígeno do SPLIT. Veja na figura 11.4 que o Sifão promove o arraste do óleo através da redução do diâmetro do tubo provocado pela presença do óleo, com isso a velocidade do fluido refrigerante no Sifão vai aumentar provocando o arraste do óleo.

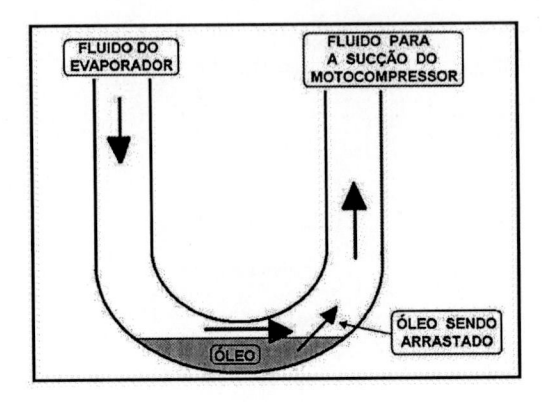

Figura 11.4 – Exemplo de um Sifão utilizado para o arraste de óleo

Figura 11.5 – Instalação do Sifão na Sucção

Capítulo 11 - Condicionador de Ar do Tipo Separado (SPLIT SYSTEM) 215

É indispensável a consulta aos fabricantes dos SPLITs para se saber qual a distância (comprimento) e desnível máximos para a instalação as unidades. Se o comprimento e/ou desnível forem ultrapassados, o SPLIT terá seu funcionamento e retorno de óleo para o motocompressor comprometidos.

Quanto aos dispositivos de expansão, a grande maioria dos SPLITs de até 24000BTU/h utilizam o tubo capilar. A partir de 30000BTU/h, a expansão nos SPLITs de médio porte é realizada através de um dispositivo chamado "piston" ou "pistão". Este sistema com pistão, conforme figura 11.6, contém uma pequena peça com orifício calibrado fixo de fácil remoção no interior de um nipple (união) para conexão porca-flange de 3/8" na linha de líquido.

Nos SPLITs de grande porte usa-se a VET (Válvula de Expansão Termostática), esse é o dispositivo de expansão mais preciso, os SPLITs de grande porte podem ser chamados de "Split's de Alta Capacidade" ou "Splitões", esses trabalham com rede de dutos.

Nas regiões onde a temperatura externa é muito baixa, os SPLITs são dotados de circuito frigorígeno reverso, há uma válvula reversora que inverte o sentido do fluxo do fluido refrigerante e o evaporador passa a ser o condensador e vice-versa, veja figura 11.7.

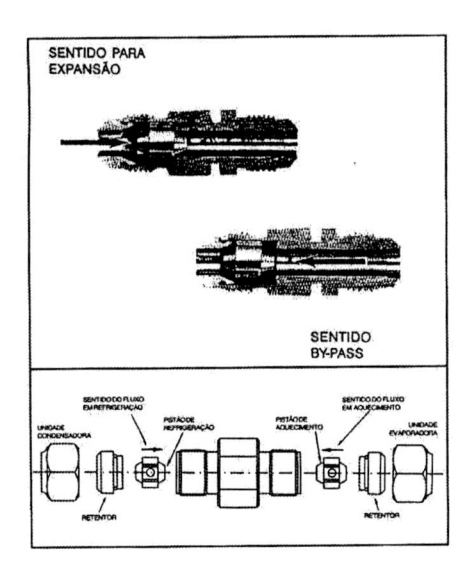

Figura 11.6 – Dispositivo de Expansão do tipo "Piston"

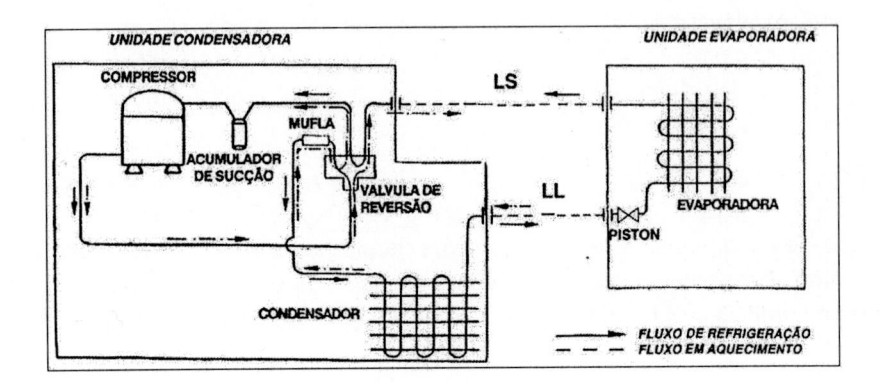

Figura 11.7 – Circuito de um Split com ciclo reverso

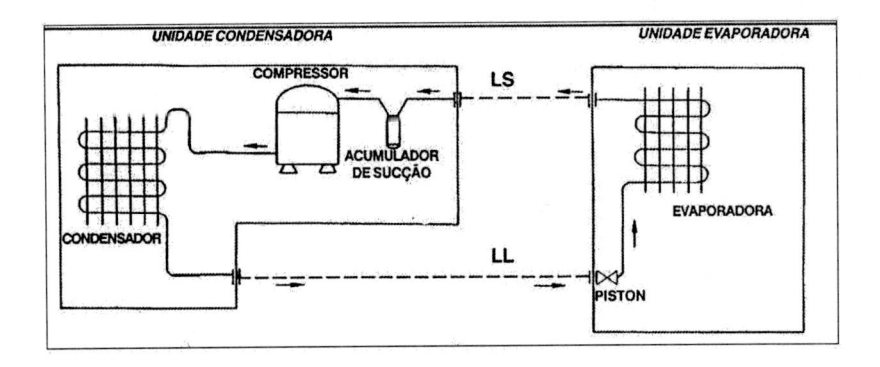

Figura 11.8 – Circuito de um Split com ciclo frio (sem válvula reversora)

Um bom mecânico ou técnico em refrigeração e climatização necessita de conhecimentos de eletricidade e eletrônica, esses conhecimentos devem ser aliados às orientações técnicas contidas nos manuais dos equipamentos, e havendo dúvida contactar as empresas credenciadas ou o departamento de engenharia dos fabricantes.

É impossível tratar nesse livro do universo de equipamentos de Climatização ou Refrigeração, mas é mostrada uma base mínima necessária para o profissional começar a pesquisar e saber o que deve fazer de forma tecnicamente correta, e não aumentar o número de profissionais irresponsáveis que colocam, por exemplo, para funcionar, SPLITs com as chamadas "gambiarras" em instalações de péssima qualidade.

Capítulo 11 - Condicionador de Ar do Tipo Separado (SPLIT SYSTEM) 217

11.1 – PRINCIPAIS MODELOS DE UNIDADES EVAPORADORAS DE SPLITS

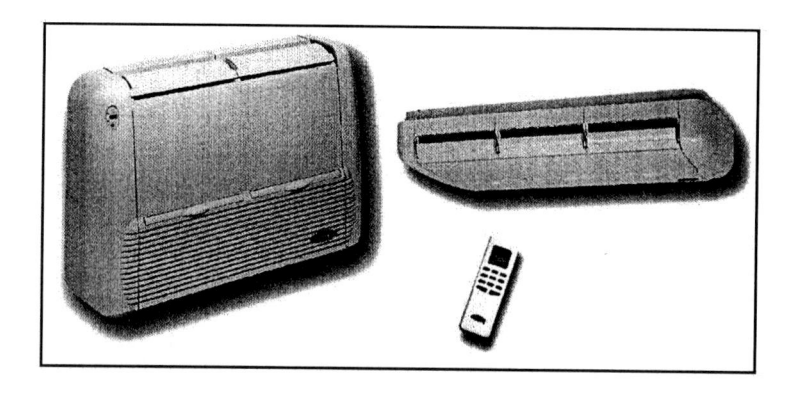

Figura 11.9 – Unidades Evaporadoras para Parede ou Teto com controle remoto sem fio

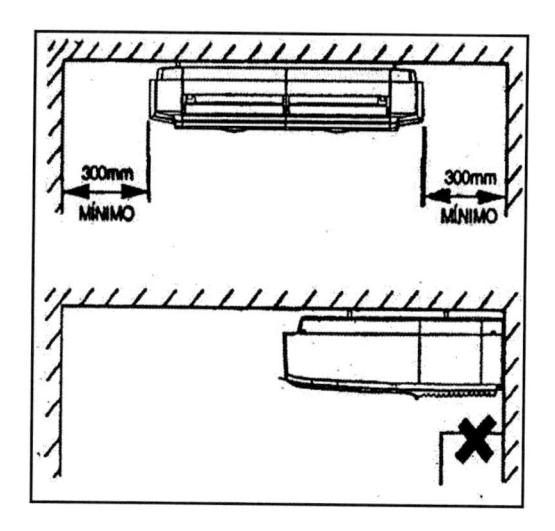

Figura 11.10 – Exemplo de instalação das Unidades Evaporadoras para Parede ou Teto

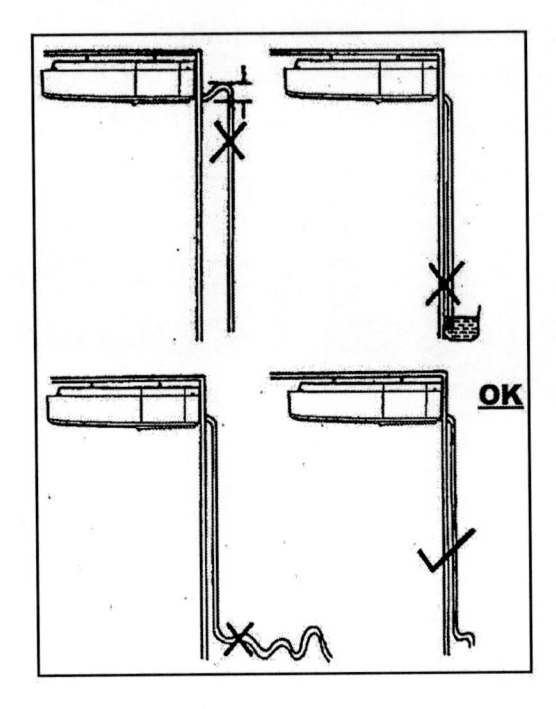

Figura 11.11 – Exemplo de instalações dos DRENOS em Unidades Evaporadoras

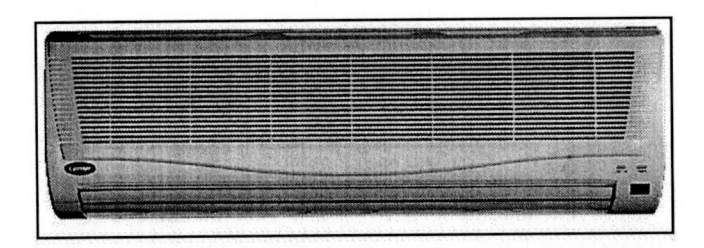

Figura 11.12 – Modelo de Unidade Evaporadora apenas para Parede

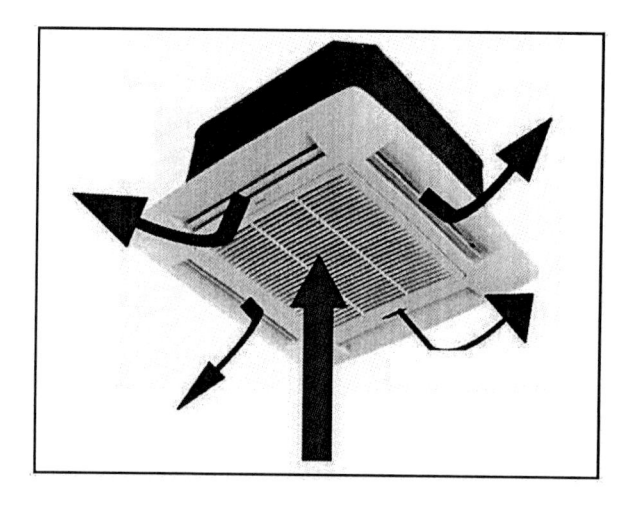

Capítulo 11 - Condicionador de Ar do Tipo Separado (SPLIT SYSTEM) 219

Figura 11.13 – Unidade Evaporadora (Miraggio) para embutir no forro

Figura 11.14 – Exemplo da instalação da Unidade Evaporadora (Miraggio) embutida no forro

Figura 11.15 – Unidade Evaporadora SLIM

11.2 – PRINCIPAIS MODELOS DE UNIDADES CONDENSADORAS DE SPLITS

Figura 11.16 – Unidade Condensadora de médio porte com saída de ar horizontal

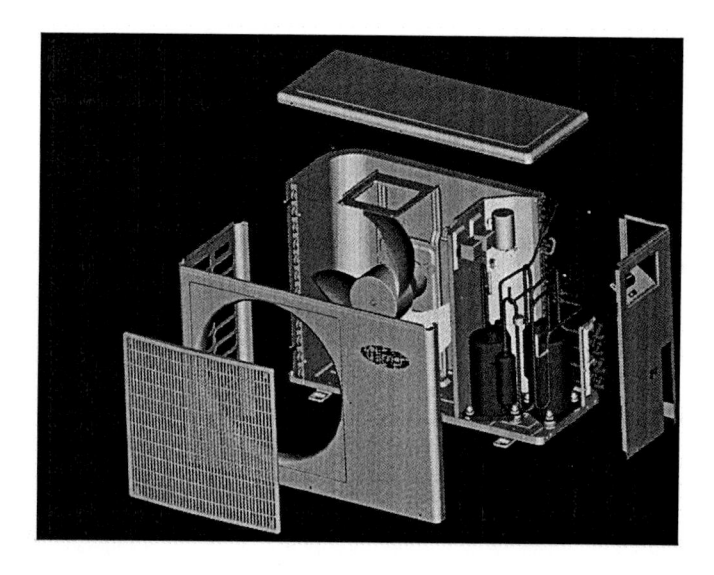

Capítulo 11 - Condicionador de Ar do Tipo Separado (SPLIT SYSTEM)

Figura 11.17 – Detalhe dos componentes internos de uma Unidade Condensadora

Figura 11.18 – Unidade Condensadora de pequeno porte com saída de ar horizontal

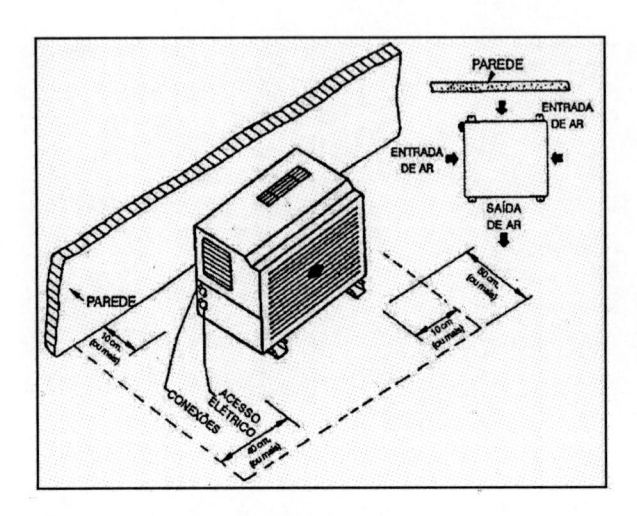

Figura 11.19 – Exemplo das distâncias recomendadas para a instalação de uma Unidade Condensadora de pequeno porte com saída de ar horizontal

Figura 11.20 – Unidade Condensadora com saída de ar vertical (por cima)

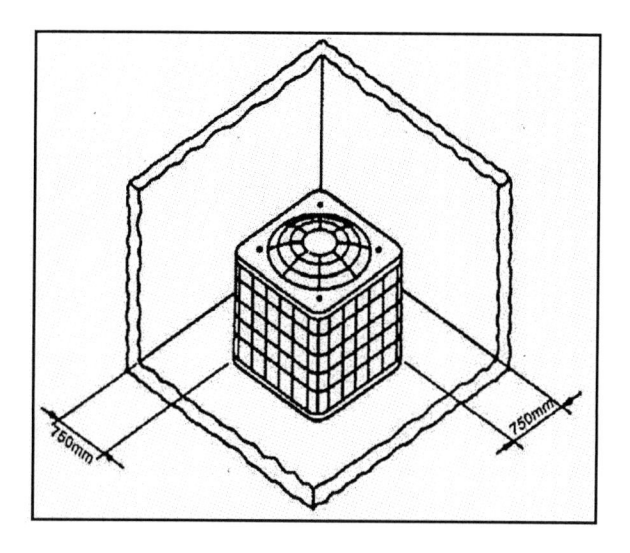

Capítulo 11 – Condicionador de Ar do Tipo Separado (SPLIT SYSTEM) 223

Figura 11.21 – Exemplo das distâncias recomendadas para a instalação de uma Unidade Condensadora com saída de ar vertical (por cima)

Figura 11.22 – Unidade Condensadora de grande porte com saída de ar horizontal

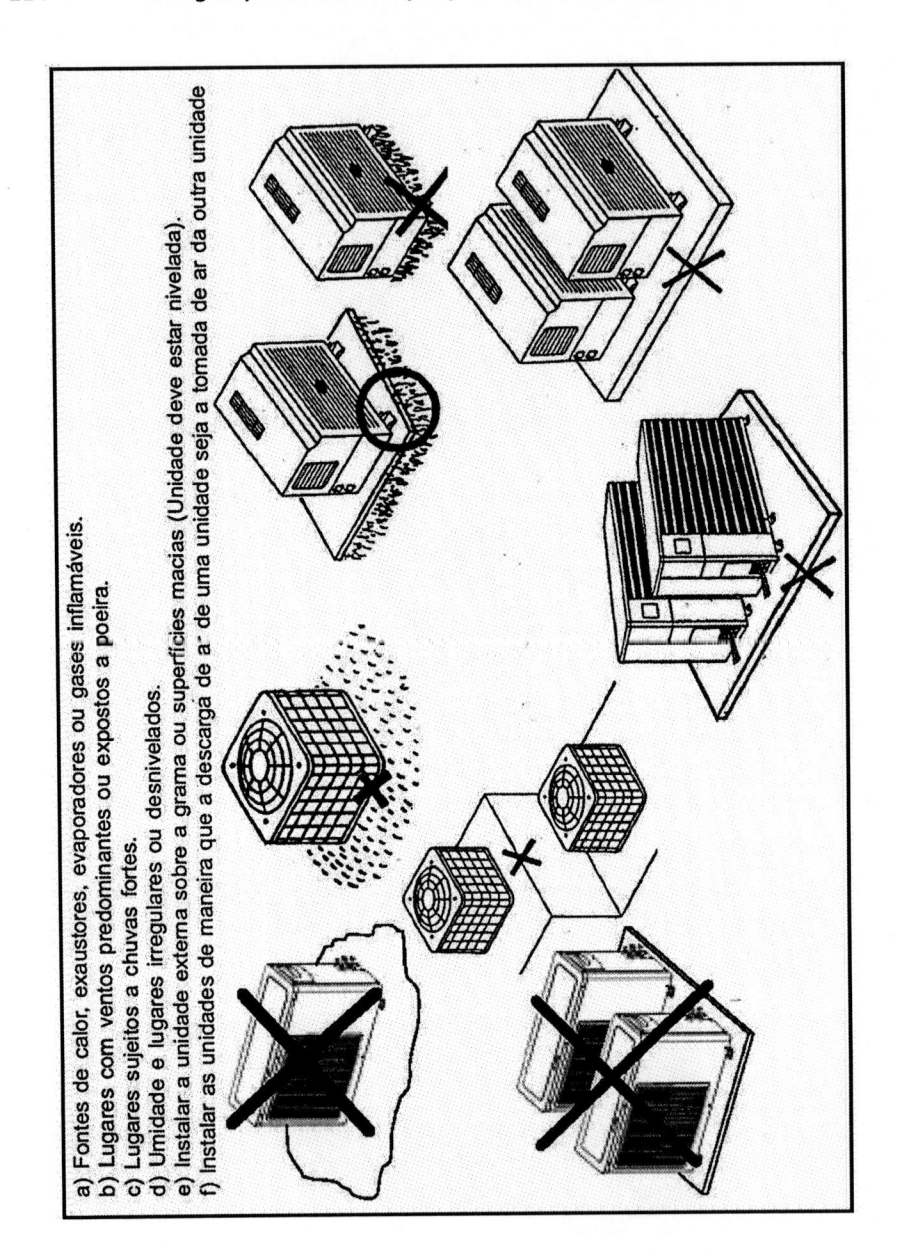

a) Fontes de calor, exaustores, evaporadores ou gases inflamáveis.
b) Lugares com ventos predominantes ou expostos a poeira.
c) Lugares sujeitos a chuvas fortes.
d) Umidade e lugares irregulares ou desnivelados.
e) Instalar a unidade externa sobre a grama ou superfícies macias (Unidade deve estar nivelada).
f) Instalar as unidades de maneira que a descarga de ar de uma unidade seja a tomada de ar da outra unidade

Figura 11.23 – Dicas do que se deve EVITAR nas instalações

1.3 – DISTÂNCIAS ENTRE AS UNIDADES EVAPORADORA E CONDENSADORA

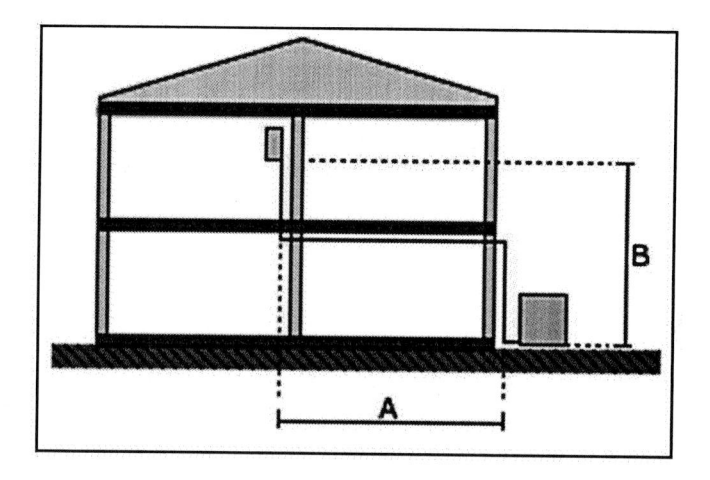

Figura 11.24

Capacidade (Btu/h)	A (m)	B (m)
12.000	10	5
18.000	20	10
24.000	20	10
30.000	30	10
36.000	30	15
42.000	30	15
48.000	30	15
60.000	30	15
80.000	30	15

Figura 11.25 – (A=comprimento máximo da tubulação de interligação / B=desnível máximo entre as unidades)

11.4 – FURO PARA PASSAGEM DOS TUBOS E CABOS

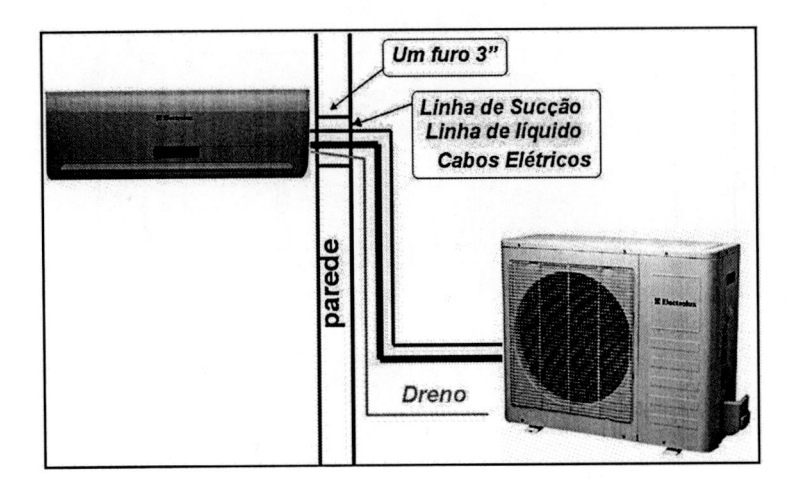

Figura 11.26

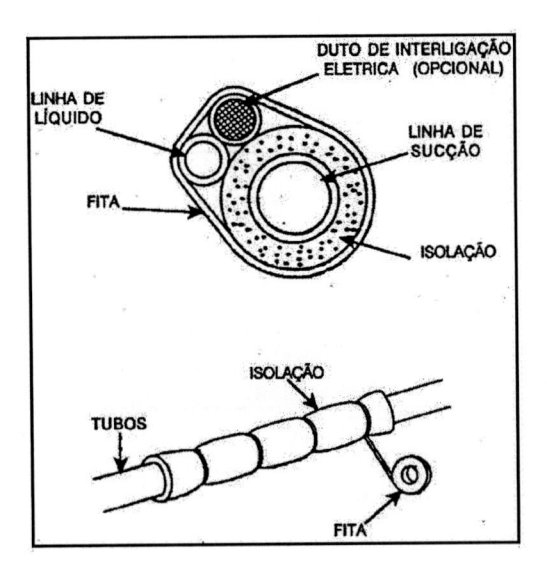

igura 11.27 – Detalhes do furo para passagem dos tubos e cabos

Capítulo 11 - Condicionador de Ar do Tipo Separado (SPLIT SYSTEM) 227

11.5 – PRESSÕES NORMAIS DE OPERAÇÃO

PRESSÕES NORMAIS DE OPERAÇÃO

UNIDADE \ LINHA	12KBtu/h	18KBtu/h 24KBtu/h 30KBtu/h	40KBtu/h	36KBtu/h 48KBtu/h 60KBtu/h
SUCÇÃO	de 60 a 80 psig	de 60 a 80 psig	de 65 a 80 psig	de 55 a 85 psig
LÍQUIDO	de 90 a 115 psig	de 220 a 310 psig	de 240 a 300 psig	de 220 a 310 psig

Figura 11.28

11.6 – EXEMPLO DE MANUTENÇÕES PREVENTIVAS

ITEM	DESCRIÇÃO DOS SERVIÇOS	FREQUÊNCIA A	B	C
1º	Inspeção geral na instalação do equipamento, curto circuito de ar, distribuição de insuflamento nas unidades, bloqueamento na entrada e saída de ar do condensador, unidade condensadora exposta à carga térmica.			•
2º	Verificar instalação elétrica.	•		•
3º	Lavar e secar o filtro de ar.	•		
4º	Medir tensão e corrente de funcionamento e comparar com a nominal.	•		
5º	Medir tensão com rotor travado e observar queda de tensão até que o protetor desligue.		•	
6º	Verificar aperto de todos os terminais elétricos das unidades, evitar possíveis maus contatos.	•		
7º	Verificar obstrução de sujeira e aletas amassadas.	•		
8º	Verificar possíveis entupimentos ou amassamentos na mangueira do dreno.	•		
9º	Fazer limpeza dos gabinetes.		•	
10º	Medir diferencial de temperatura.	•		
11º	Verificar folga do eixo dos motores elétricos.		•	
12º	Verificar posicionamento, fixação e balanceamento da hélice ou turbina.	•		
13º	Verificar operação do termostato.	•		
14º	Medir pressões de equilíbrio.		•	
15º	Medir pressões de funcionamento.		•	

Figura 11.29 – Tabela de Manutenções Preventivas

Capítulo 12

Condicionadores de Ar Centrais

Este Capítulo faz uma abordagem básica dos Condicionadores de Ar Centrais, é extremamente importante a consulta dos catálogos técnicos dos fabricantes desses Condicionadores de Ar. Esses catálogos mostram detalhes de instalação, dimensionamento de linhas de sucção, descarga e líquido, esquemas elétricos, montagem dos tubos, etc.

6.1 – CONDICIONADOR DE AR – SELF CONTAINED

Um modelo de Condicionador de Ar Central do Tipo Self Contained é mostrado na figura 12.1, o Self pode climatizar um ou mais ambientes, no caso do Self da figura 12.2, o mesmo possui uma Caixa Plenum que Insufla o Ar Condicionado diretamente no ambiente.

Figura 12.1 – Self Contained

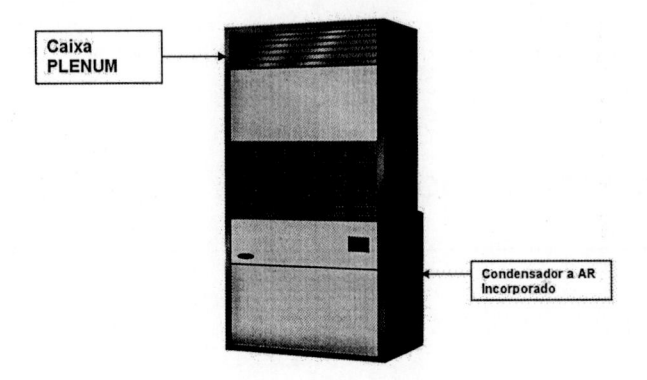

Figura 12.2 - Self com condensação a AR incorporado

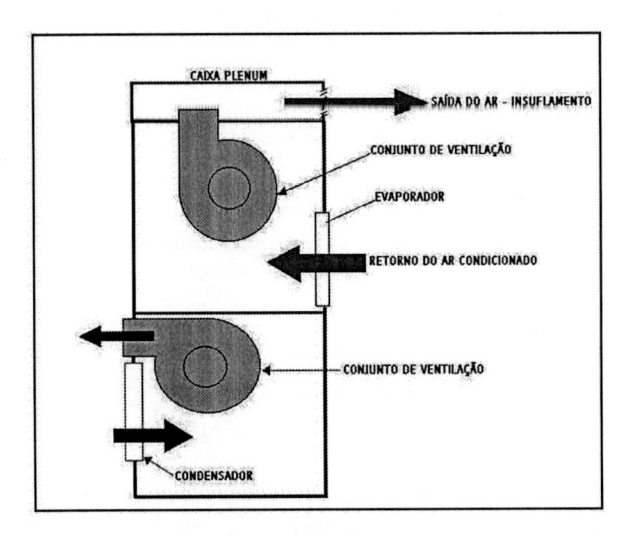

Figura 12.3 - Vista lateral de um Self com condensação a AR incorporado

Capítulo 12 - Condicionadores de Ar Centrais

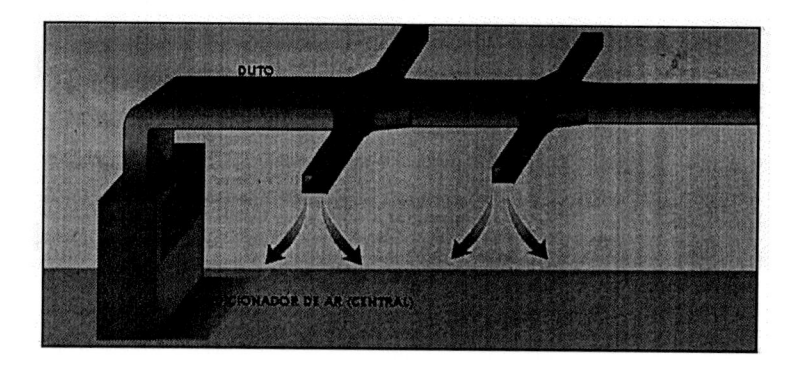

Figura 12.4 – Rede de Dutos de para
distribuição do Ar Condicionado nos ambientes

Self contained, como o nome já diz, auto-suficiente, é um aparelho compacto preparado para condicionar o ar. Isto é: filtrar, aquecer, refrigerar, umidificar ou desumidificar o ar.

Os condicionadores de ar tipo self contained podem ser fornecidos com condensadores resfriados a ar ou com condensação à água.

Os Selfs atendem a uma ampla faixa de possibilidades de aplicação: instalação em lojas, restaurante, centros de computação de dados, em edifícios industriais, em bancos e grandes residências etc. Podem também completar sistemas contrais de ar condicionado.

O condicionador de ar tipo self contained, com condensação de ar, utiliza ventilador centrífugo (figura 12.5) para movimentar o ar entre as aletas do condensador. O ar exterior do ambiente, ao passar entre as aletas do condensador, retira o calor do fluido refrigerante no estado de vapor. Este se condensa, passando do estado de vapor para o líquido.

Os condicionadores de ar do tipo self contained podem ser instalados diretamente no recinto a receber o ar condicionado. O insuflamento de ar pode ser feito mediante o uso da caixa plenum.

A caixa plenum (figuras 12.2, 12.3 e 12.6) é utilizada quando o aparelho é instalado no ambiente a ser condicionado, proporcionando insuflamento direto do ar.

Na caixa plenum encontra-se instalado o conjunto de aquecimento, porém só nos casos em que é preciso reduzir o índice de umidade relativa do ar ou simplesmente aquecer o ambiente.

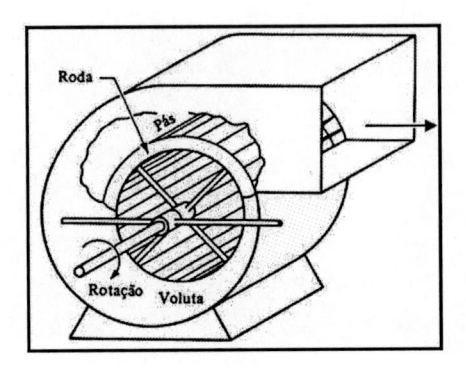

Figura 12.5 – Ventilador Centrífugo ou Conjunto de Ventilação

O condicionador de ar do tipo self contained, com condensação a água precisa de uma torre para o resfriamento da água. Essa água, ao passar pelo condensador, retira o calor do fluido refrigerante. O fluido refrigerante, perdendo o calor para água, vai se condensando e mudando o seu estado de vapor para o estado líquido.

A água que sai do condensador, aquecida, é movimentada (bombeada) até a torre de resfriamento por uma bomba, para liberar o calor retirado do fluido refrigerante para o ar atmosférico. Os condensadores à água podem ser do tipo: Shell na Tube (Carcaça e Tubo), Placas ou Tubo e Tubo.

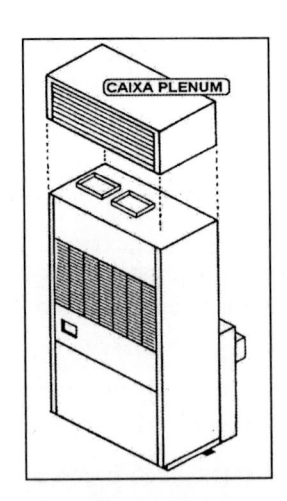

Figura 12.6 – Self Contained

Capítulo 12 – Condicionadores de Ar Centrais

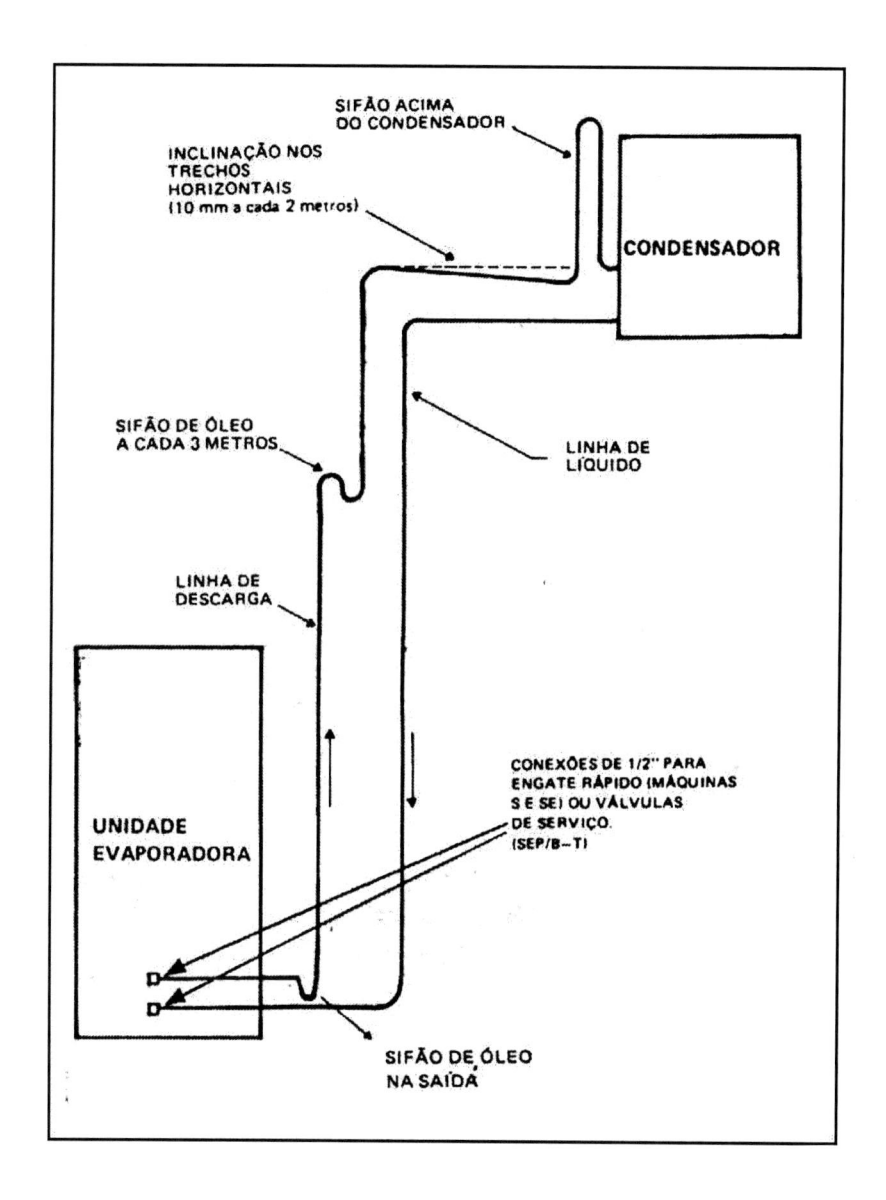

Figura 12.7 – Instalação de um Self Contained com Condensação a Ar Remota

A figura 12.7 anterior e a figura 12.8, mostram os cuidados e detalhes de uma instalação de um Self Contained com Condensação a Ar remota, é indispensável a consulta dos catálogos técnicos dos fabricantes para se saber distâncias máximas de instalação.

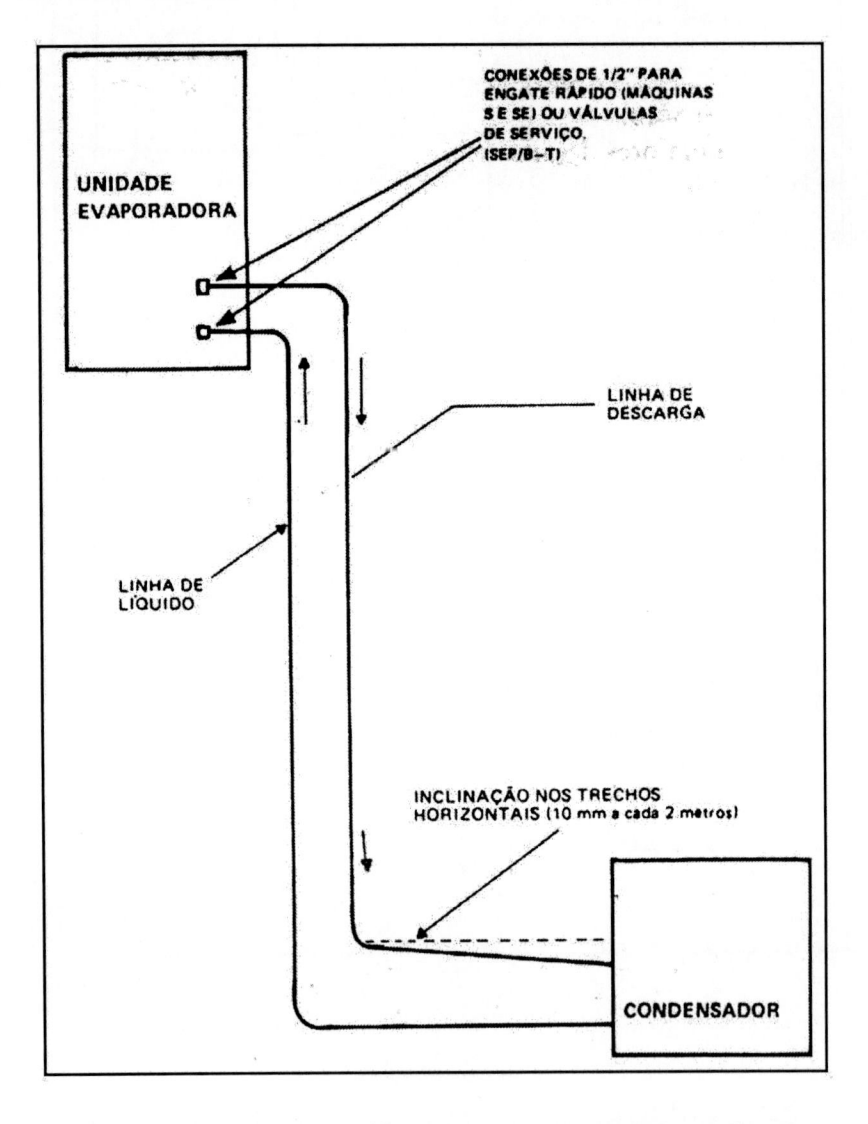

Figura 12.8 – Instalação de um Self Contained com Condensação a Ar Remota

Capítulo 12 – Condicionadores de Ar Centrais 235

ATENÇÃO: Nos Condicionadores de Ar tipo SELF CONTAINED, o motocompressor está junto do evaporador na Unidade Evaporadora. O Condicionador de Ar que possui o motocompressor na Unidade Condensadora é o "Split System".

Peso de R 22 nas tubulações de interligação		
Diâmetro externo	Líquido saturado 55°C	Descarga superaq. 86°C
Cobre	g/m	g/m
1/2"	100	-
5/8"	160	-
3/4"	-	16
7/8"	-	23

Figura 12.9 – Modelo de Tabela para a Carga
Adicional de Refrigerante em Condensadores Remotos

Figura 12.10 – Modelos de Condensadores a Ar Remotos

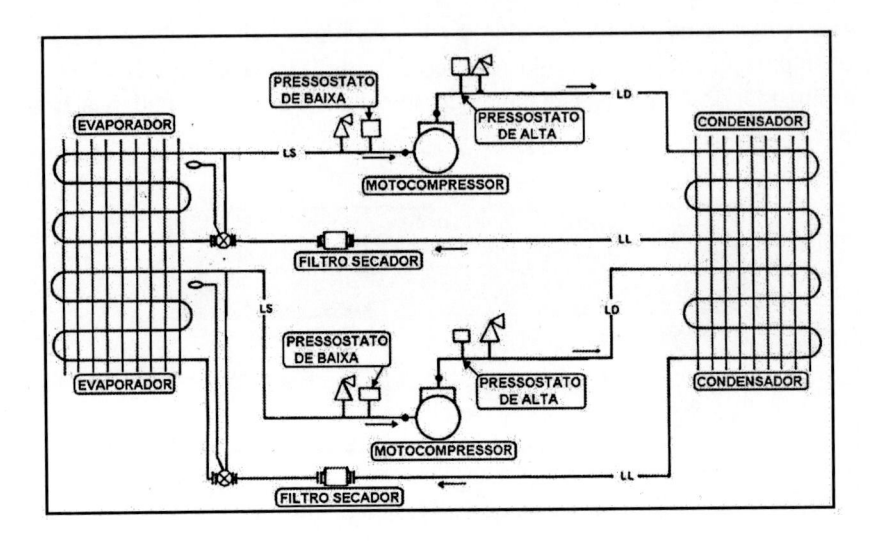

Figura 12.11 – 2 Circuitos Frigorígenos de um Self de 15TR

Na figura 12.11 estão representados dois circuitos frigorígenos independentes que ficam juntos dentro de um único gabinete do Self Contained. A figura 12.12 representa um Self com um único circuito frigorígeno internamente no gabinete.

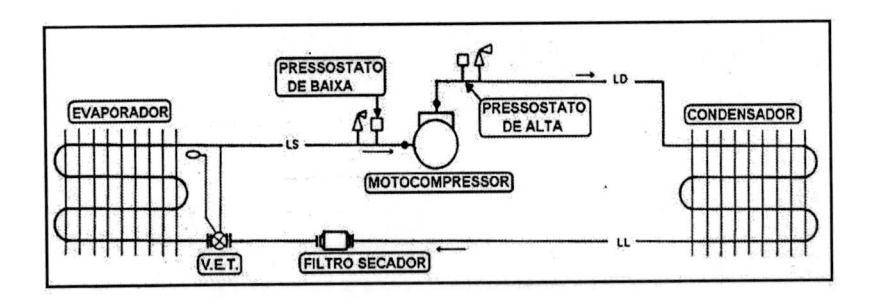

Figura 12.12 – Circuito Frigorígeno de um Self de 5TR

A seguir está uma tabela retirada de um manual da Carrier, a mesma sugere os serviços preventivos e suas freqüências (periodicidades).

Capítulo 12 – Condicionadores de Ar Centrais

CÓDIGOS DE FREQÜÊNCIAS: A - Semanal   B - Mensal   C - Trimestral   D - Semestral   E - Anual

ITEM	DESCRIÇÃO DOS SERVIÇOS	A	B	C	D	E
01	INSPEÇÃO GERAL Verificar fixações, ruídos, vazamentos, isolamentos		•			
02	COMPRESSOR (es)					
02a	Pressão sucção - Medição		•			
02b	Pressão descarga - Medição		•			
02c	Bornes - Conexões - Verificar aperto e contato			•		
02d	Verificar pressostatos - Atuação (todos)				•	
02e	Verificar dispositivos de proteção (sobrecarga/sobreaquecimento)				•	
02f	Correntes - Medição		•			
02g	Tensão - Medição		•			
02h	Verificar elasticidade dos coxins de borracha dos compressores		•			
03	CIRCUITO REFRIGERANTE					
03a	Visor de líquido - Controlar carga de gás (borbulhamento - sujeira - unidade) - disponível somente no padrão P		•			
03b	Vazamentos - verificar		•			
03c	Verificar filtro secador - Trocar se necessário				•	
03d	Válvulas expansão - Verificar funcionamento				•	
03e	Superaquecimento - Medir - Ajustar se necessário		•			
03f	Subresfriamento - Medir - Corrigir se necessário		•			
03g	Verificar isolamento das tubulações		•			
04	VENTILADORES DO EQUIPAMENTO					
04a	Verificar correias - Tensão		•			
	Verificar correias - Desgate			•		
04b	Verificar rolamento e mancais				•	
04c	Verificar fixação das polias			•		
04d	Verificar alinhamento das polias			•		
04e	Correntes dos motores - Medição		•			
04f	Limpeza dos rotores		•			
05	SERPENTINA - EVAPORADOR					
05a	Limpeza do aletado				•	
05b	Limpeza dreno		•			
05c	Limpeza bandeja		•			

Figura 12.13 – Tabela de Manutenções Preventivas

		FREQÜÊNCIA				
ITEM	DESCRIÇÃO DOS SERVIÇOS	A	B	C	D	E
06	SERPENTINA CONDENSADOR - AR					
06a	Limpeza do aletado		•			
06b	Limpeza bandeja		•			
06c	Limpeza dreno		•			
07	CONDENSADOR A ÁGUA					
07a	Limpeza				•	
07b	Medição - Temperatura de entrada e saída de água de condensação		•			
08	FILTROS DE AR					
08a	Inspeção e limpeza	•				
09	AQUECIMENTO (caso instalado em campo)					
09a	Verificar resistências				•	
09b	Verificar "Flow-Switch"				•	
09c	Verificar termostato de segurança				•	
09d	Verificar conexões - bornes			•		
10	UMIDIFICAÇÃO (caso instalado em campo)					
10a	Verificar resistências				•	
10b	Chave de bóia - "Flow Switch"				•	
10c	Bóia d'água				•	
10d	Nível d'água		•			
11	COMPONENTES ELÉTRICOS					
11a	Inspeção geral - Verificar aperto, contato e limpeza		•			
11b	Regulagem de relés de sobrecarga				•	
11c	Controles/Intertravamentos - Verificar funcionamento				•	
11d	Termostato - Verificar atuação e regulagem		•			
11e	Painel de comando - Verificar atuação e sinalização			•		
11f	Verificar tensão, corrente, desbalanceamento entre fases.		•			
11g	Verificar aquecimento dos motores		•			
12	GABINETE					
12a	Verificar e eliminar pontos de ferrugem			•		
12b	Examinar e corrigir tampas soltas e vedação do gabinete		•			
13c	Verificar isolamento térmico do gabinete		•			

Figura 12.14 – Continuação da Tabela de Manutenções Preventivas

6.2 – CONDICIONADOR DE AR – ROOFTOP

Exemplos de instalações de Condicionador de Ar Central do Tipo ROOFTOP são mostrados na figuras 12.15 e 12.16. O Rooftop (Sobre-Teto) pode também climatizar um ou mais ambientes.

Capítulo 12 - Condicionadores de Ar Centrais   239

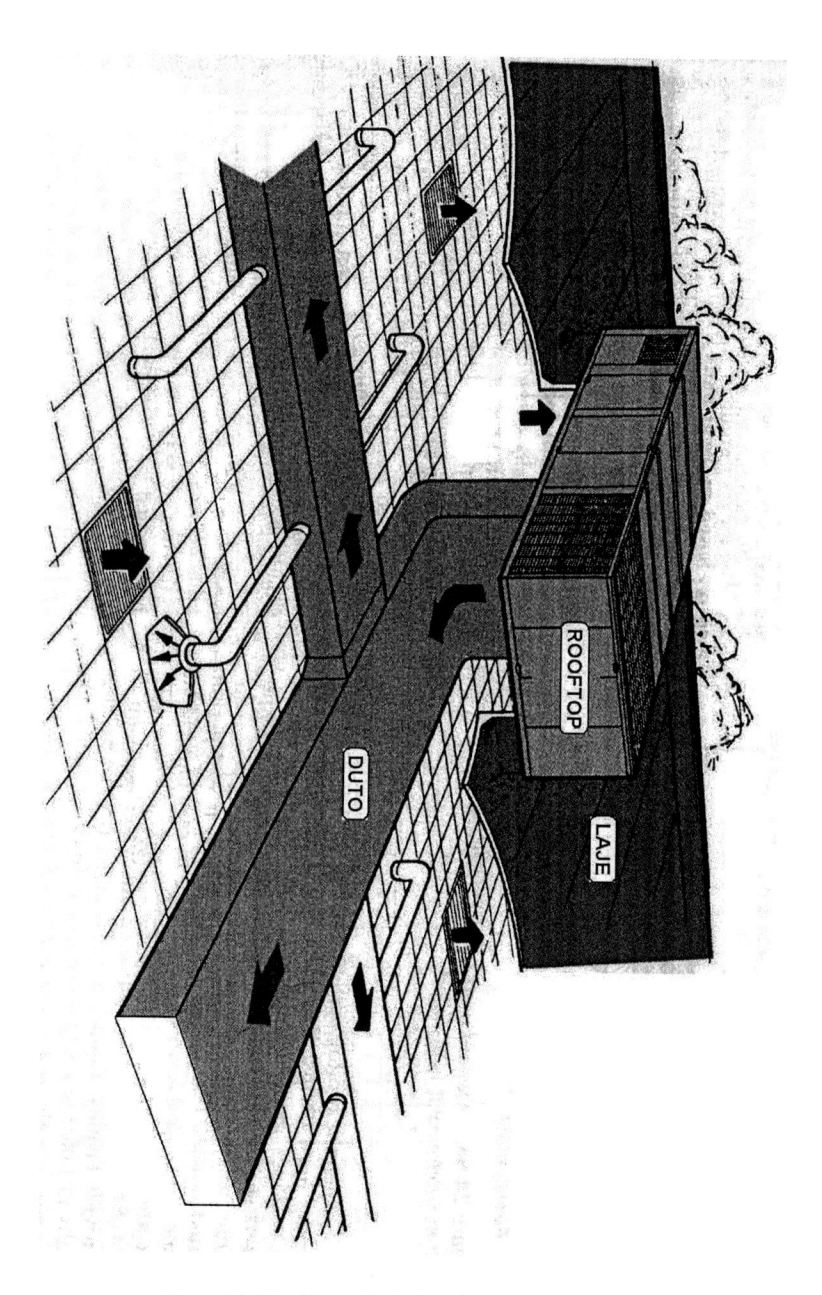

Figura 12.15 – Exemplo da instalação de um Rooftop

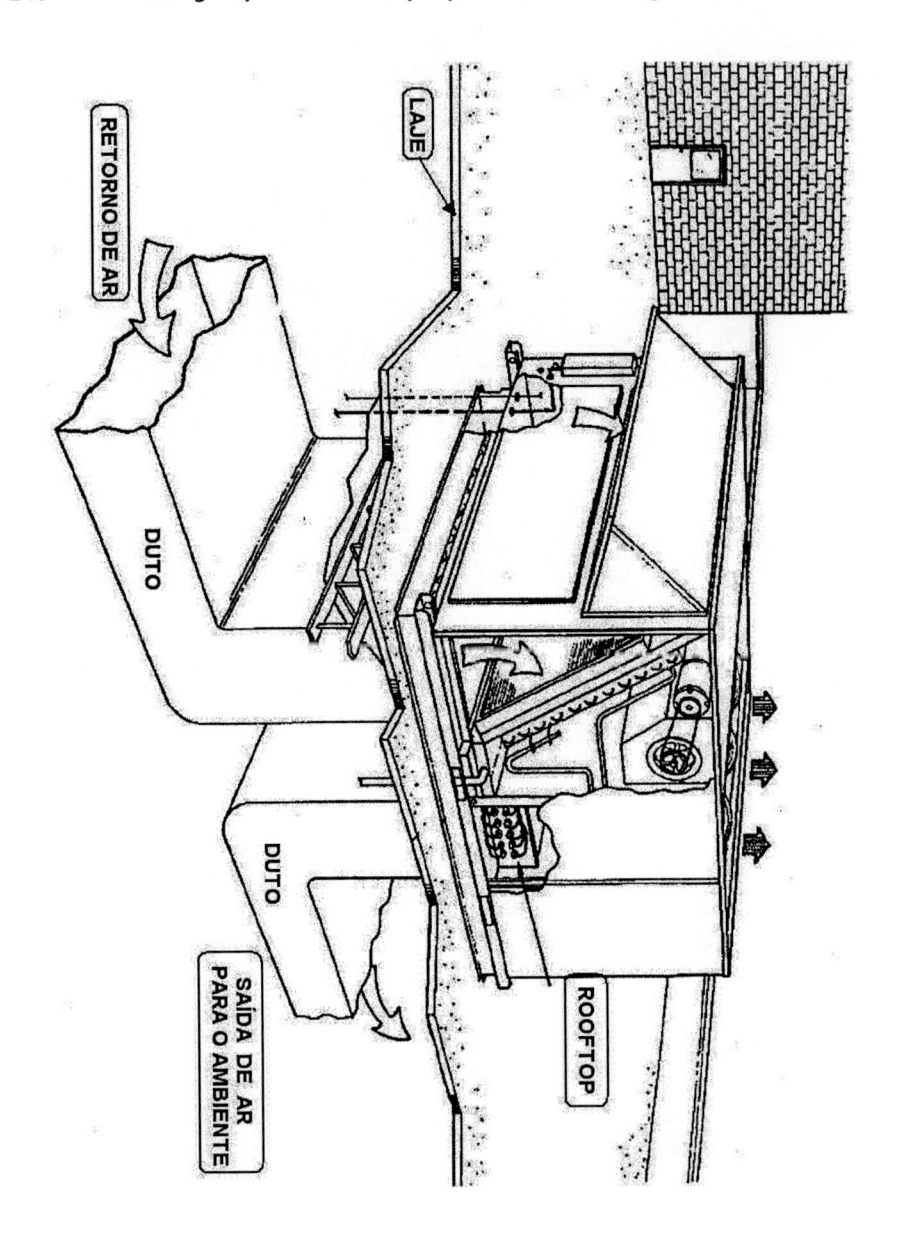

Figura 12.16 – Exemplo da instalação de um Rooftop

Capítulo 12 – Condicionadores de Ar Centrais 241

6.3 – CONDICIONADOR DE AR – Wall-Mount

O Wall-Mount é um modelo de Condicionador de Ar Central específico para climatizar ambientes que abrigam equipamentos de telecomunicações, um modelo de um Wall-Mount é mostrado na figura 12.17.

Figura 12.17 – Condicionador de Ar tipo Wall-Mount

Figura 12.18 – Condicionadores de Ar tipo
Wall-Mount mostrando os componentes internos

6.4 – DIAGRAMAS ELÉTRICOS

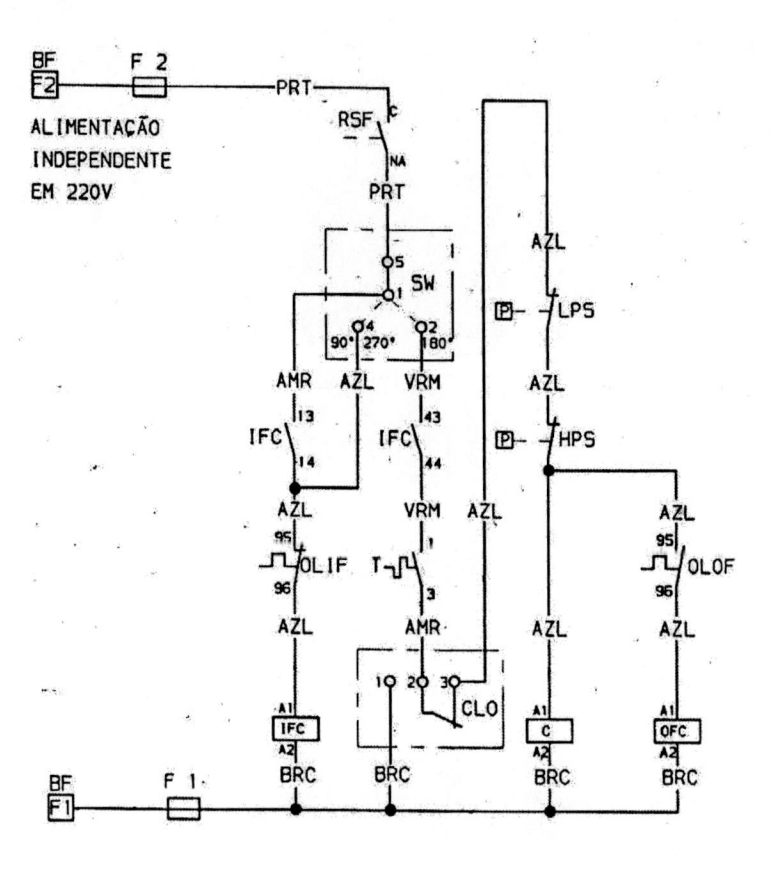

Figura 12.19 - Exemplo de um Comando Elétrico de um
SELF CONTAINED CARRIER 5TR com condensação a Ar

LEGENDA:

BF – Borneira de Força

CLO – Relé de proteção do Motocompressor

OFM – Motoventilador do Condensador

C – Contator do Motocompressor

IFM – Motoventilador do Evaporador

OFC – Contator do Mot. do Condensador

Capítulo 12 - Condicionadores de Ar Centrais

OLOF – Relé de sobrecarga do Vent. Cond.

T – Termostato

LPS – Pressostato de baixa

IFC – Contator do Mot. do Evaporador

OLIF – Relé de sobrecarga do Vent. Evap.

SW – Chace 4 posições

HPS – Pressostato de alta

RSF – Relé seqüência de fase

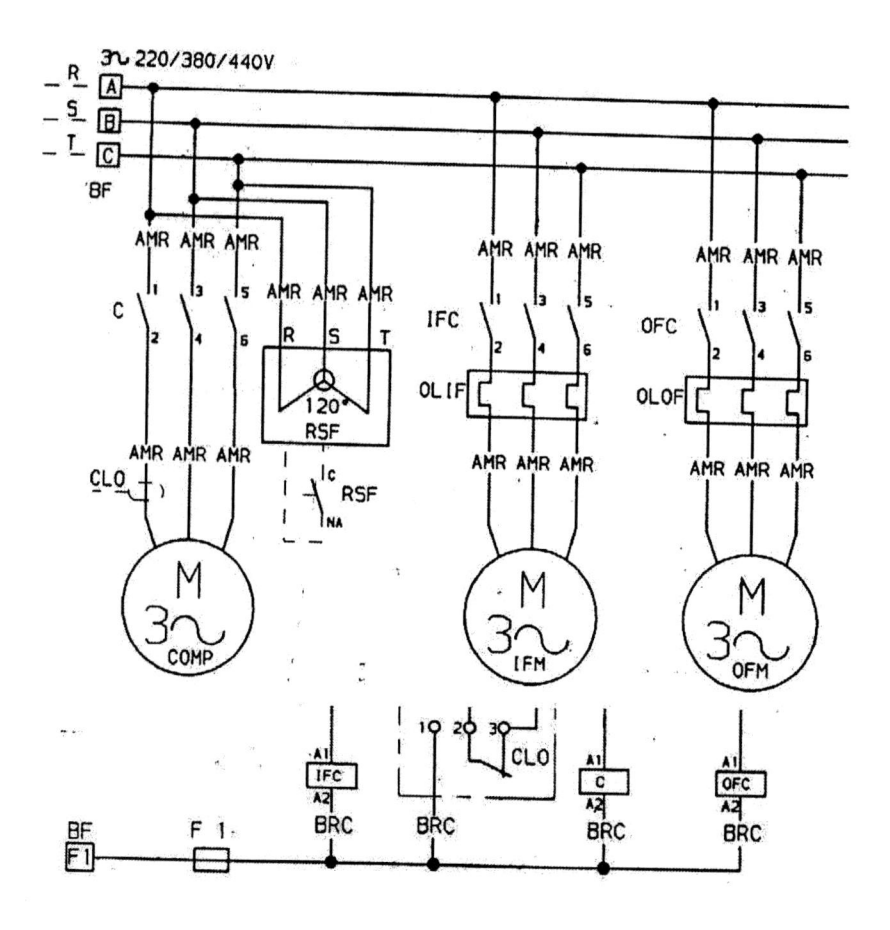

Figura 12.20 - Exemplo de um Diagrama Elétrico de Força de um SELF CONTAINED CARRIER 5TR com condensação a Ar

Capítulo 13

Sistema de Água Gelada
(WATER CHILLER)

Figura 13.1 – Chiller com condensação a AR e Motocompressor Parafuso

Figura 13.2 – Chiller com condensação à ÁGUA e Motocompressor Parafuso

O **Water Chiller** é um equipamento em que seu **evaporador** tem a função de resfriar um fluido, esse fluido pode ser somente a **água** ou uma **mistura** (água, e etilenoglicol, salmoura, etc.).

Nos sistemas de climatização (condicionamento de ar) de médio e grande porte, em um *shopping center e aeroportos,* por exemplo, o Chiller faz o resfriamento da água. Já em sistemas de refrigeração, o Chiller faz o resfriamento de uma mistura.

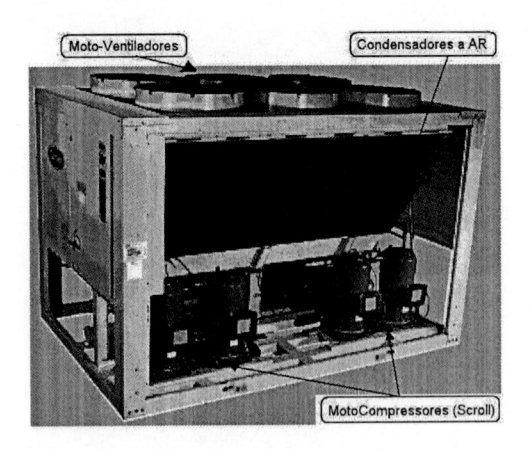

Figura 13.3 – Indicação dos principais componentes
de Chiller com condensação a AR e Motocompressor Scroll

Capítulo 13 - Sistema de Água Gelada (Water Chiller) 247

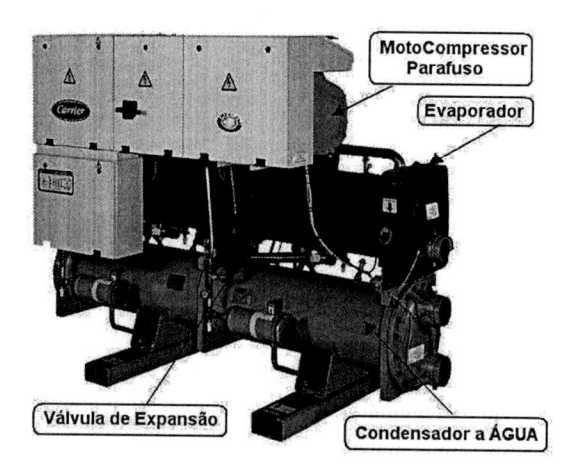

Figura 13.4 – Indicação dos principais componentes de
um Chiller com condensação a AR e Motocompressor Parafuso

13.1 – CONDICIONADOR DE AR CENTRAL DO TIPO "FAN & COIL"

O **Fan-Coil** é um condicionador de ar que recebe a água gelada produzida no evaporador do Chiller. A palavra "Fan" está relacionada a "ventilação" e a palavra "Coil" está relacionada a "serpentina", então, a **serpentina** e o **ventilador** são os dois componentes básicos que formam um Fan-Coil.

As figuras 13.8 e 13.9 mostram um circuito básico que ilustram a circulação da água gelada entre o evaporador, fan-coil e a B.A.G. (Bomba de água gelada).

Figura 13.5 – Fan-coil do tipo vertical

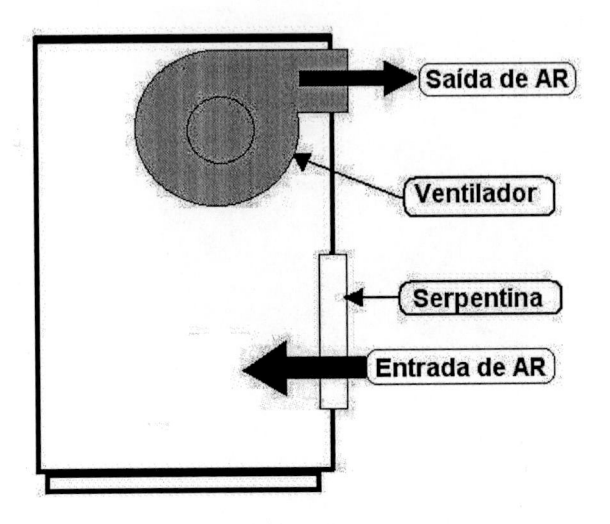

Figura 13.6 – Detalhe do ventilador e serpentina do Fan-coil do tipo vertical

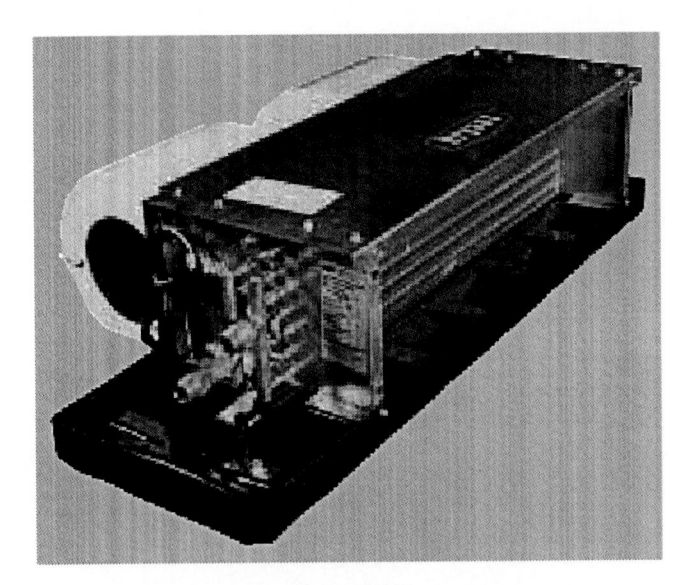

Figura 13.7 – Fan-coil de pequeno porte ou Fancolete

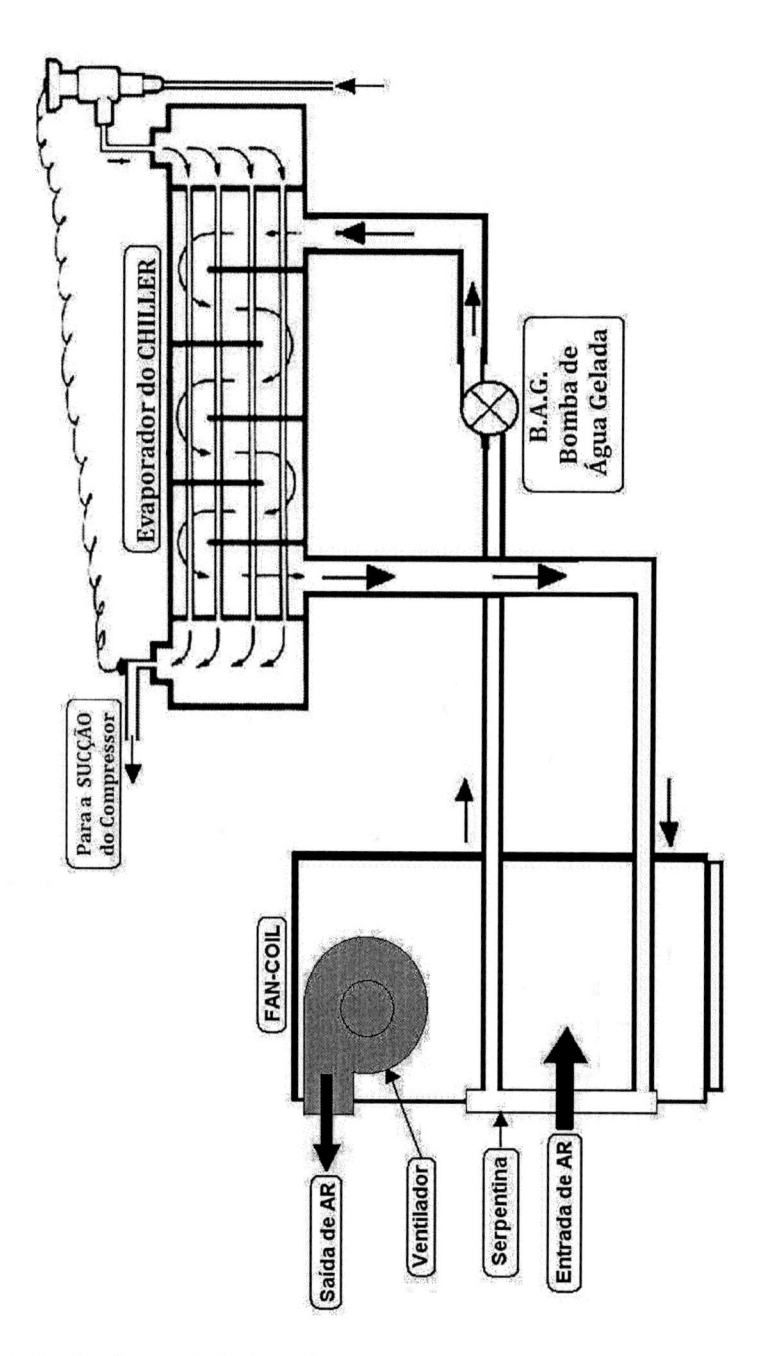

Capítulo 13 – Sistema de Água Gelada (Water Chiller)

Figura 13.8 – Detalhe da circulação da água gelada no Fan-Coil e no Evaporador do Chiller

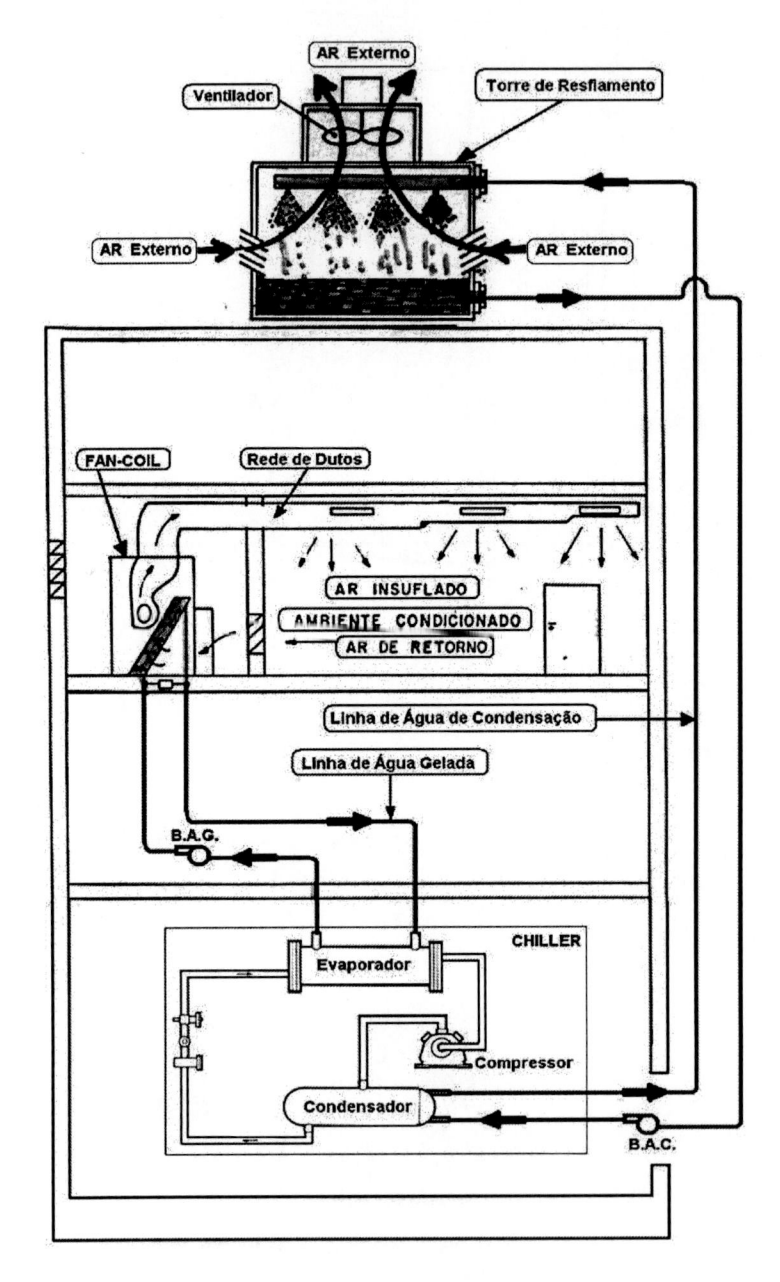

Figura 13.9 – Detalhe da circulação da água gelada em um Chiller com condensação à ÁGUA

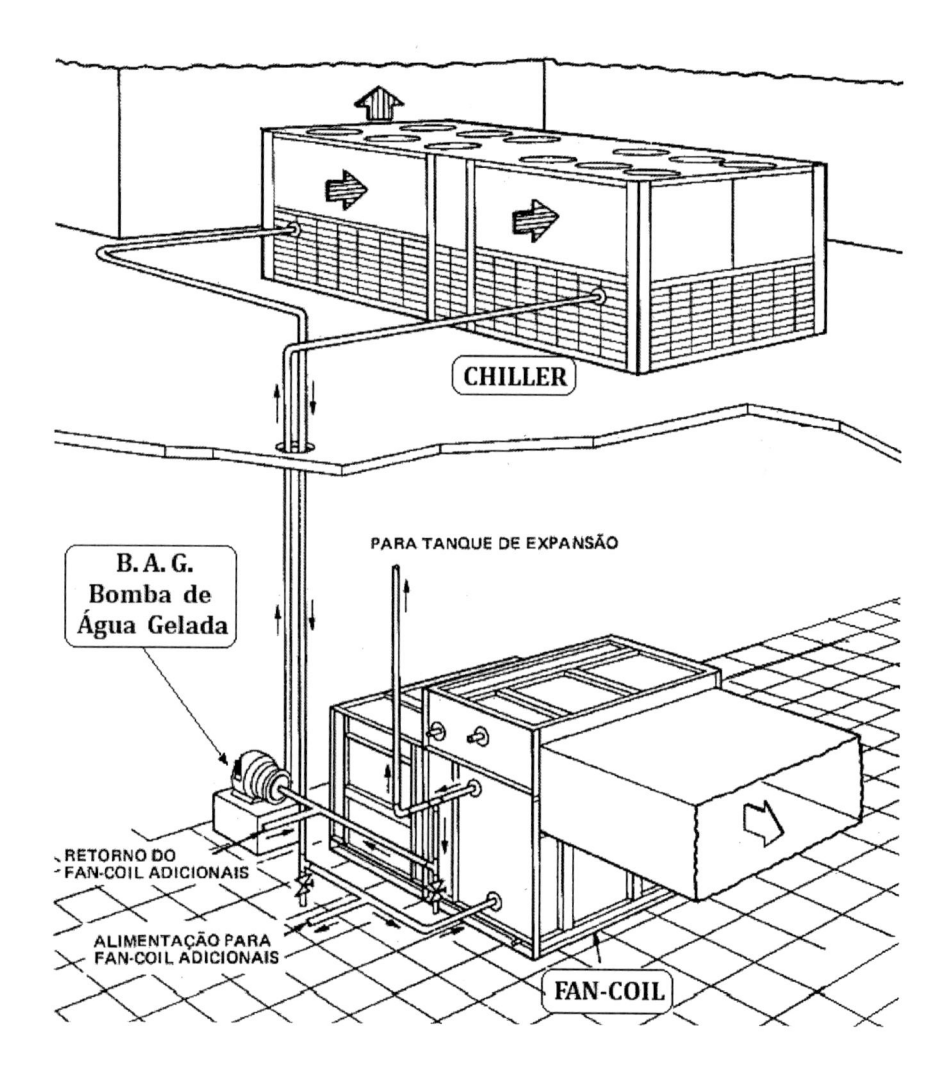

Capítulo 13 - Sistema de Água Gelada (Water Chiller) 251

Figura 13.10 – Detalhe da circulação da água gelada em um Chiller com condensação a AR

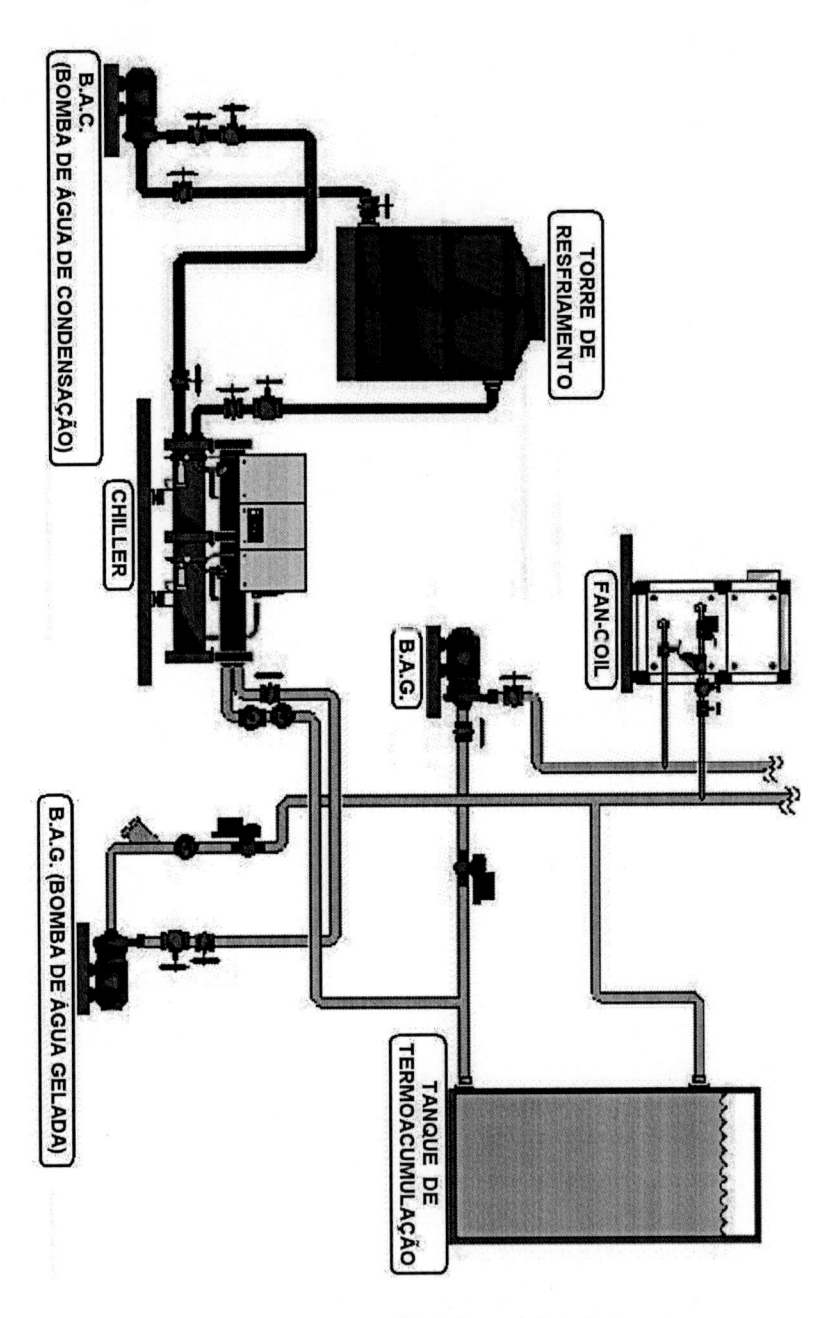

Figura 13.11 – Detalhe da circulação da água gelada em um
Chiller com condensação a ÁGUA com tanque de termoacumulação

Capítulo 13 – Sistema de Água Gelada (Water Chiller) 253

13.2 – CONTROLES ELETRÔNICOS

Atualmente os Chillers já estão com a eletrônica incorporada e são chamados de **CHILLERS MICROPROCESSADOS**, os comandos são efetuados por uma placa eletrônica que substitui os termostatos, pressostatos, termômetros e etc.

A temperatura é lida através de **sensores (termistores)** e as pressões através de **transdutores**, essas informações são enviadas para a placa eletrônica que efetua os comandos nos compressores, válvula de expansão eletrônica e ventiladores dos condensadores. A seguir está uma figura de um painel de controle (Interface do operador do PRO-DIALOG Plus).

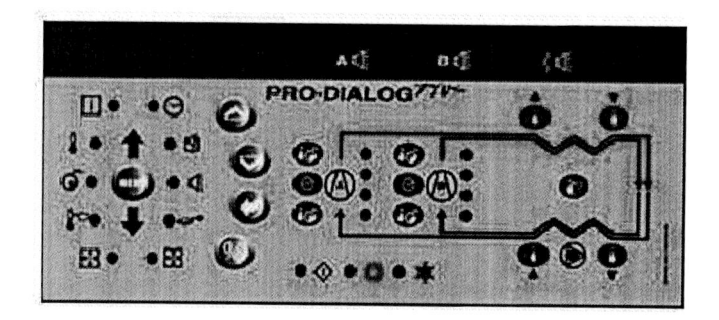

Figura 13.12

Os sensores (termistores) são todos idênticos quanto ao funcionamento, a temperatura sobre os sensores faz alterar sua resistência ôhmica ( ), essa variação de resistência provoca uma queda de tensão (voltagem), a placa eletrônica do chiller recebe essa informação de variação de tensão (voltagem) e através de seu programa conclui qual é o valor de temperatura no sensor. Com isso a placa eletrônica tomará suas decisões. A figura 13.13 mostra um modelo de um sensor (termistor).

A figura 13.14 mostra um modelo de evaporador com as posições dos sensores:

Sensor de saída de água gelada do evaporador - localizado no bocal de saída da água, a sonda é imersa diretamente na água.

Sensor de entrada de água gelada no evaporador - localizado na carcaça do evaporador próximo da 1ª chicana ou defletora.

Sensor de temperatura do ar externo – localizado na parte inferior do aletado dos condensadores a ar.

Sensor do motocompressor – cada motocompressor possui no seu interior um sensor que serve para a placa eletrônica monitorar sua temperatura de trabalho.

Figura 13.13 – Sensor de temperatura (Termistor)

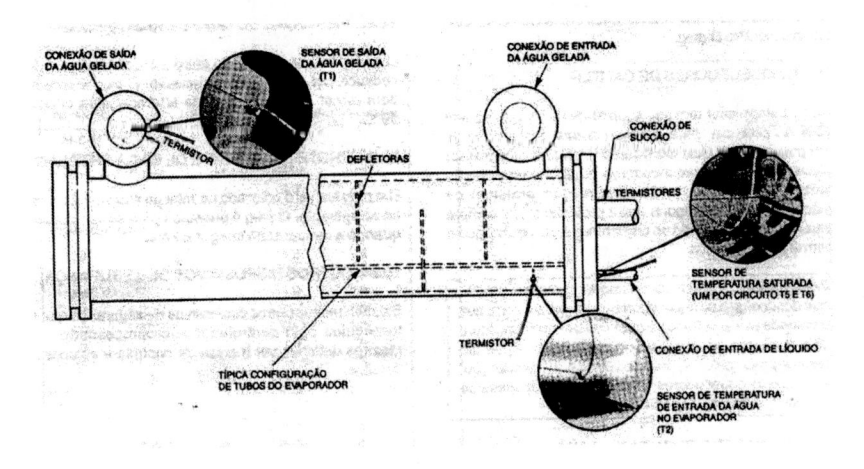

Figura 13.14

Os transdutores de pressão são todos idênticos quanto ao funcionamento, a pressão sobre os transdutores faz alterar sua resistência ôhmica ( ), essa variação de resistência provoca uma queda de tensão (voltagem), a placa eletrônica do chiller recebe essa informação de variação de tensão (voltagem) e através de seu programa conclui qual é o valor da pressão no local onde o transdutor está instalado, cada transdutor é alimentado com 5 volts DC. Com isso a placa eletrônica tomará suas decisões de desligar o chiller por altas ou baixas pressões. A figura 13.15 mostra um modelo de transdutor, o que estiver identificado com um ponto vermelho é o de alta e o que tiver o ponto branco é o de baixa pressão.

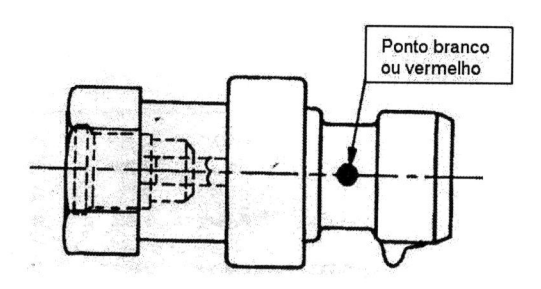

Capítulo 13 - Sistema de Água Gelada (Water Chiller)

Figura 13.15 – Modelo de transdutor de pressão

Figura 13.16 – Exemplo da Localização dos Sensores de temperatura (Termistores) em um Chiller com condensação à ÁGUA e Motocompressores Scroll.

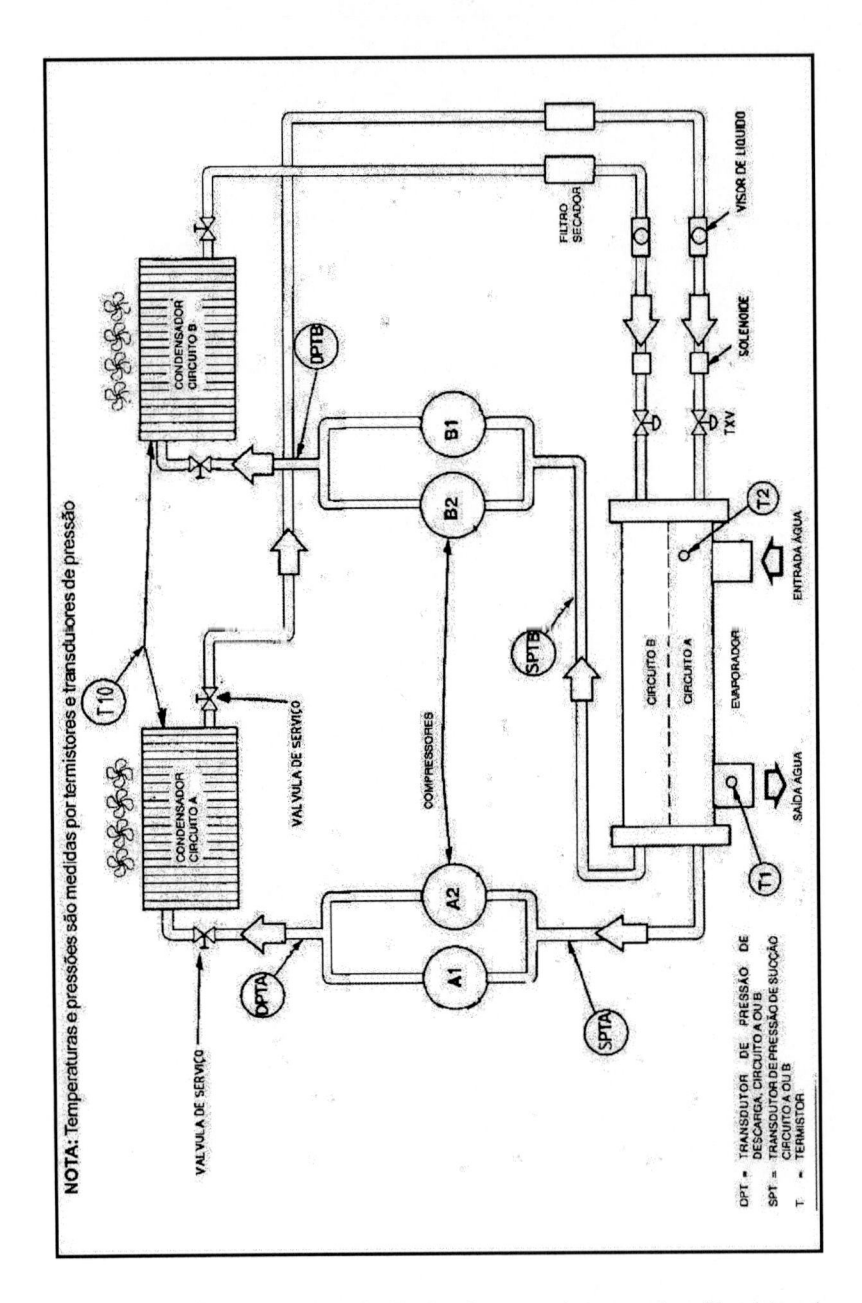

Figura 13.17 – Exemplo da Localização dos Sensores de temperatura (Termistores) e Sensores de Pressão (Transdutores) em um Chiller com condensação a AR.

13.2.1 – O Controle PRO-DIALOG Plus Utilizado nos Chillers Carrier

O PRO-DIALOG Plus é um sistema de controle numérico avançado, que combina uma inteligência complexa com uma grande simplicidade operacional. O PRO-DIALOG Plus monitora constantemente todos os parâmetros e dispositivos de segurança da máquina, e maneja com precisão o funcionamento dos compressores e ventiladores para uma eficiência de energia ideal. Ele também controla a operação da bomba de água gelada.

Um Eficiente Sistema de Controle

O algoritmo de controle PID (Proporcional Integral Derivativo) com uma compensação permanente da diferença entre a temperatura da água gelada de entrada e saída, e a antecipação das variações de carga regulam o funcionamento do compressor para um controle inteligente da temperatura da água de saída.

Para otimizar o consumo de energia, o PRO-DIALOG Plus automaticamente restaura o set-point da temperatura de água gelada de acordo com a temperatura do ar exterior, ou a temperatura da água de retorno ou, ainda, utiliza dois set-points (exemplo: ocupado/não ocupado). e para os modelos de Bomba de Calor assegura a comutação automática entre aquecimento/refrigeração.

O controle PRO-DIALOG Plus é auto-adaptável para proteger completamente o compressor. O sistema permanentemente otimiza o tempo de execução do compressor, de acordo com as características da aplicação, prevenindo contra a ciclagem excessiva.

Um Sistema de Controle Claro e Fácil de Usar

A interface do operador é clara e de fácil manejo para o usuário: dois displays numéricos e LEDs asseguram a verificação imediata de todos os dados de funcionamento da unidade.

Com um simples toque no painel, convenientemente posicionado no diagrama sinótico do chiller, todos os parâmetros usuais podem ser visualizados: temperaturas, pressões, set-point, tempo de funcionamento do compressor, etc.

10 menus oferecem acesso direto a todos os controles da máquina, inclusive um histórico de possíveis falhas, para um diagnóstico rápido e completo de defeitos no chiller.

Capacidades de Comunicações Estendidas

O PRO-DIALOG Plus permite controlar e monitorar remotamente o chiller através de uma conexão em campo: start/stop, seleção do modo refrigeração/aquecimento, limite da demanda de energia, duplo set-point e contato de segurança para o usuário. O sistema permite a sinalização remota de qualquer anomalia geral para cada circuito refrigerante.

A placa de programação horária com CCN oferece outras possibilidades de controle: três programações de tempo independentes que permitem definir:

– o start/stop do chiller;

– o funcionamento no segundo set-point (por exemplo, modo não ocupado);

– o funcionamento do ventilador em baixa velocidade (durante à noite, por exemplo). Esta opção também permite a operação paralela de duas unidades e o controle remoto através do bus de comunicação (porta serial RS 485).

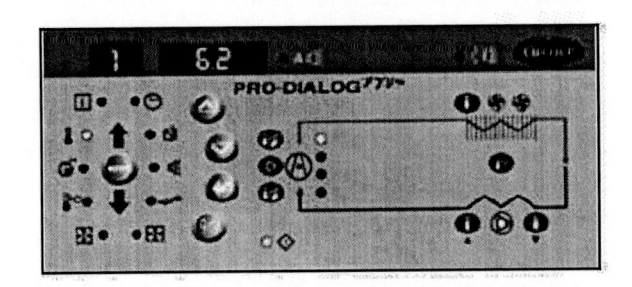

Figura 13.18 – Interface do operador do PRO-DIALOG Plus Refrigeração

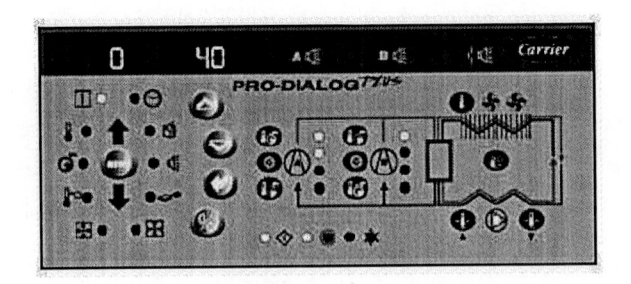

Figura 13.19 – Interface do operador do PRO-DIALOG Plus Refrigeração/Aquecimento

13.3 - CHILLERS COM SISTEMA A ABSORÇÃO

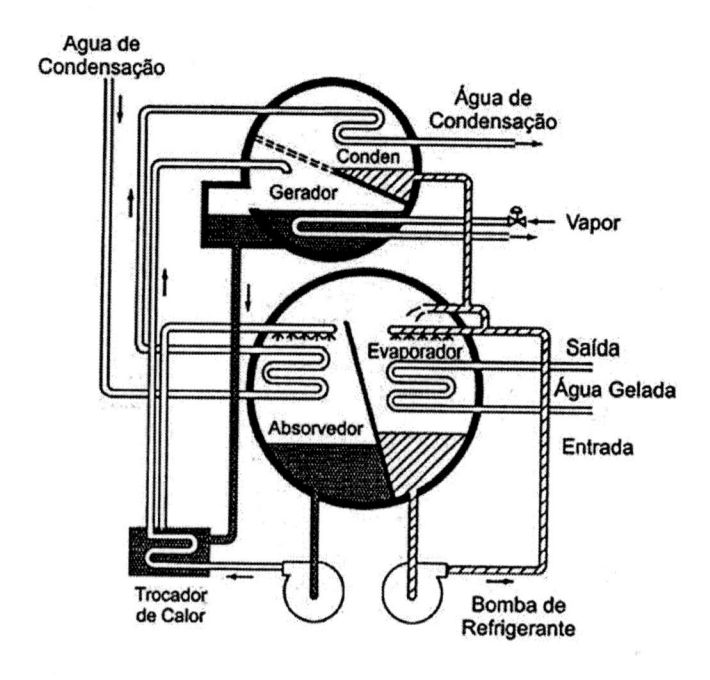

Figura 13.20 – Circuito de um Chiller a Absorção

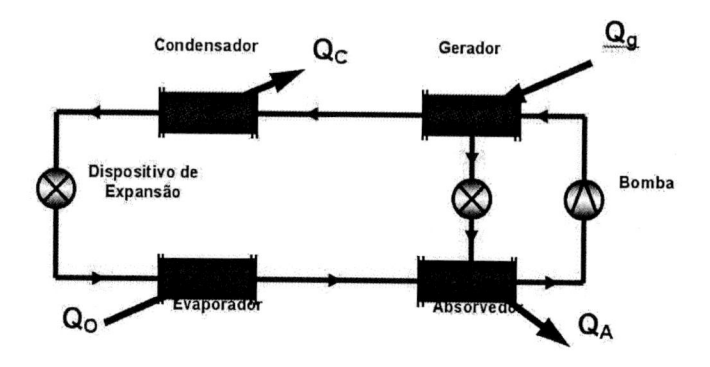

Figura 13.21 – Circuito básico de um Chiller a Absorção

13.3.1 - Características que Permitem a Existência de um Sistema de Absorção

Os vapores de alguns fluidos frigoríficos são absorvidos a frio em grandes quantidades por certos líquidos, quando a solução binária é aquecida, o fluido mais volátil se evapora absorvendo calor.

Soluções mais utilizadas:

- Amônia + Água;
- Água + Brometo de lítio.

Vantagens e desvantagens dos sistemas de absorção

Vantagens:

- Uso de energia térmica no lugar de energia elétrica;
- Recuperação de calor rejeitado em instalações com turbinas;
- Apresenta poucas partes internas móveis, o que lhe garante funcionamento silencioso e sem vibração;

Desvantagens:

- Alto consumo de energia térmica no gerador (a energia gasta é superior à capacidade Frigorífica);
- Alto custo;
- Exige perfeito estancamento (trabalham em alto vácuo);
- Brometo de lítio: cristalização.

13.4 - SISTEMA DE TERMOACUMULAÇÃO

Termoacumulação é a armazenagem do frio para utilização posterior visando:

- Transferência do consumo de energia do horário de ponta de carga para o horário fora de ponta;
- Nivelamento de carga diminuindo a demanda.

13.4.1 – Tipos de Sistemas

Termoacumulação com Gelo:

• Maior densidade de energia armazenada resulta em um tanque menor e mais leve (6 a 7 vezes menor).

• Produção de água gelada à temperaturas muito mais baixas.

• Vazão de água gelada menor

• Menores serpentinas nos fan-coils

• Menor vazão de ar

• O chiller trabalha a uma temperatura de evaporação mais baixa implicando numa menor eficiência

Termoacumulação com Água Gelada:

• Pode ser interligada com sistema de combate a incêndio

• O chiller trabalha a uma temperatura de evaporação mais alta implicando numa maior eficiência

13.4.2 - Estratégias para a Utilização do Sistema de Termoacumulação

Sistema de Armazenagem Total:

• Transferência do consumo de energia do horário de ponta de carga para o horário fora de ponta;

• Sistema de Armazenagem Parcial;

• Nivelamento de carga diminuindo a demanda.

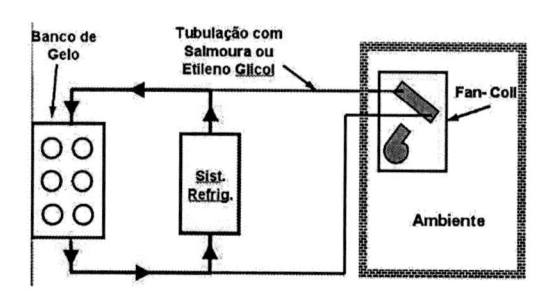

Figura 13.22 – Esquema básico de um Sistema a Absorção

Capítulo 14

Sistemas de Expansão

Sobre os dois tipos sistemas de expansão, inicialmente é importante observar que o termo "expansão" não tem relação com os "dispositivos de expansão".

14.1 – EXPANSÃO DIRETA

Quando o evaporador de um circuito frigorígeno absorve calor diretamente do ambiente, esse sistema possui expansão direta, os exemplos são os circuitos frigorígenos dos Condicionadores de Ar tipo Janela, Split e Câmaras Frigoríficas.

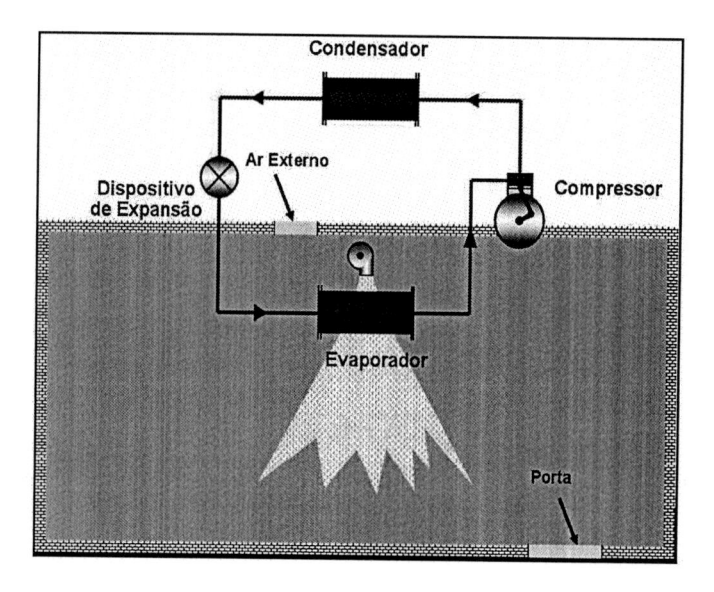

Figura 14.1 – Exemplo de um Sistema com Expansão Direta

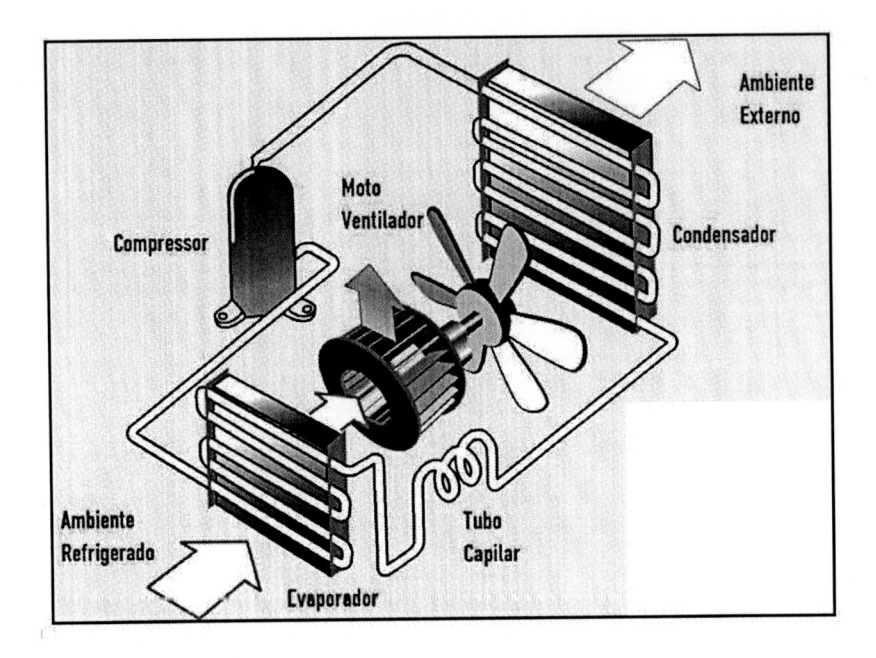

Figura 14.2 – Condicionadores de Ar tipo Janela (Sistema com Expansão Direta)

14.2 – EXPANSÃO INDIRETA

De acordo com a figura 14.3, quando o evaporador de um circuito frigorígeno absorve calor indiretamente do ambiente através de um fluido secundário (a água, por exemplo), esse sistema possui expansão indireta, os exemplos são os circuitos frigorígenos dos Chillers. Como foi visto no capítulo 13, no Fan-Coil a água retira calor do ambiente e transfere o calor ao fluido refrigerante no evaporador.

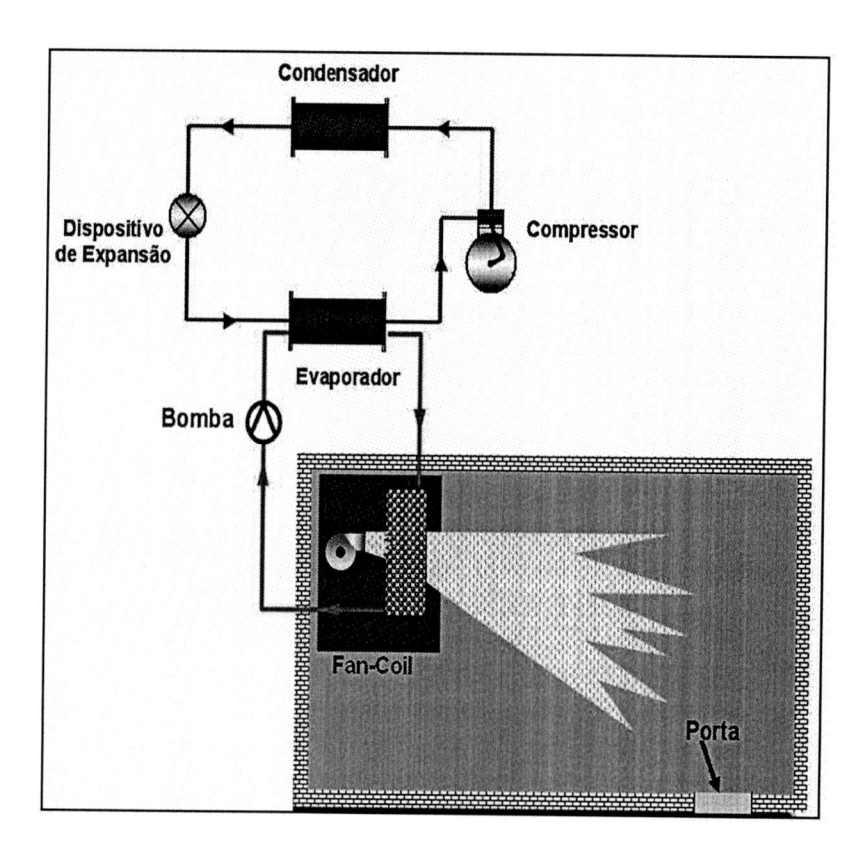

Figura 14.3 – Exemplo de um Sistema com Expansão Indireta

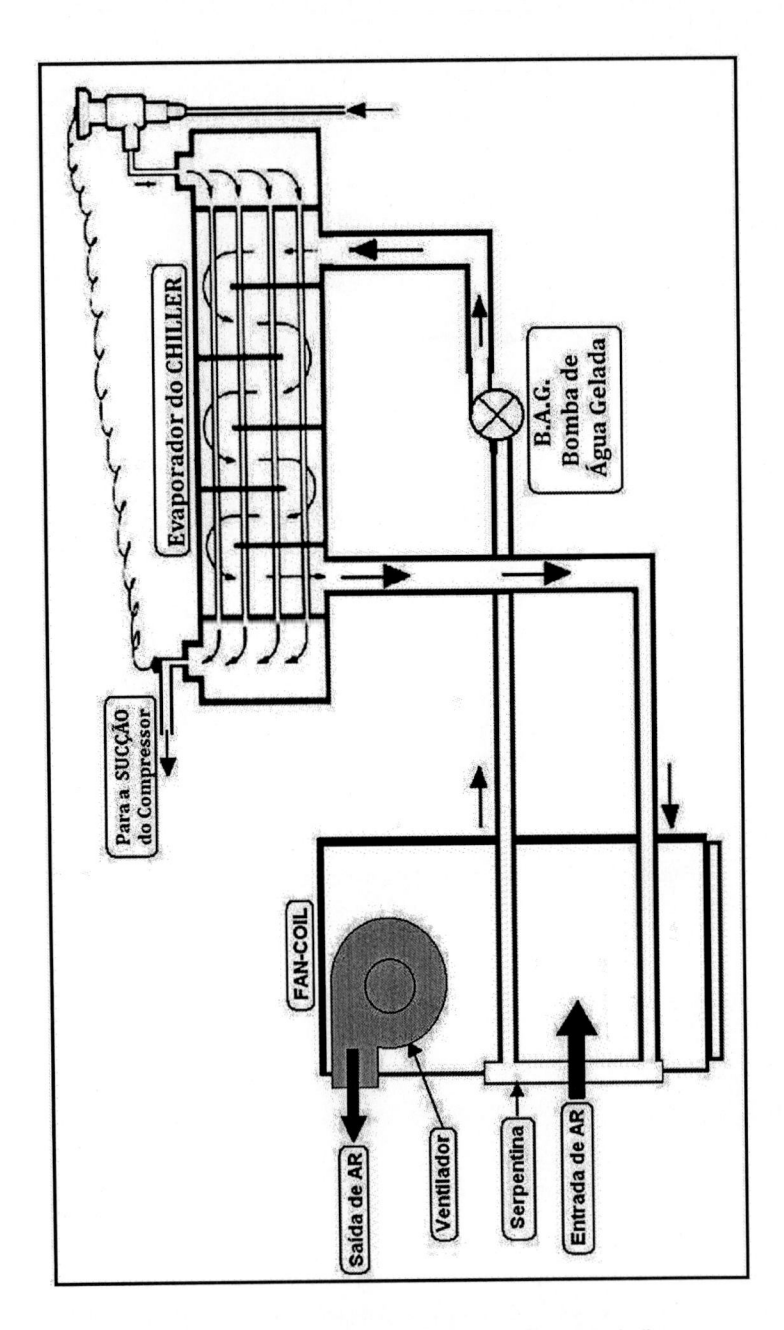

Figura 14.4 – Exemplo de um Sistema com Expansão Indireta

Capítulo 15

Psicrometria e Processos

Psicrometria significa literalmente a medição do "frio", do grego psychros, frio. É o nome especial que foi dado à moderna ciência que trabalha com misturas de vapor d'água e ar. A quantidade de vapor d'água no ar tem uma grande influência no conforto humano. Tal mistura na atmosfera é chamada umidade e a expressão comum "não é o calor, é a umidade", é uma indicação do conhecimento popular do desconforto, produto dos efeitos do ar carregado de umidade em tempo quente (temperatura alta).

O que realmente significa umidade relativa? Como uma serpentina de resfriamento (evaporador aletado) remove o vapor d'água? O que faz os dutos que conduzem o ar condicionado "suarem"? As respostas para questões como estas dependem das propriedades do ar e do vapor d'água e de como agem em conjunto. Um Técnico em Refrigeração e Ar Condicionado ou Engenheiro Refrigerista capazes de analisar os sistemas e equipamentos que condicionam o ar com conhecimento destas propriedades, irão proporcionar uma melhor performance nos equipamentos e sistemas por eles mantidos.

15.1 – PROPRIEDADES DO AR

A figura 15.1 exemplifica a composição do Ar, é uma mistura de dois gases básicos: nitrogênio e oxigênio. O nitrogênio entra com 77% do peso do ar por volume, e o oxigênio entra com 23% remanescentes.

Existem traços de outros gases na atmosfera, porém os mesmos não têm volumes significativos. Um elemento remanescente nesta mistura de gases chamada "ar seco", é o vapor d'água. O vapor d'água não está presente em grandes quantidades na atmosfera, entretanto é um fator significante no que se refere ao campo da psicrometria e condicionamento do ar.

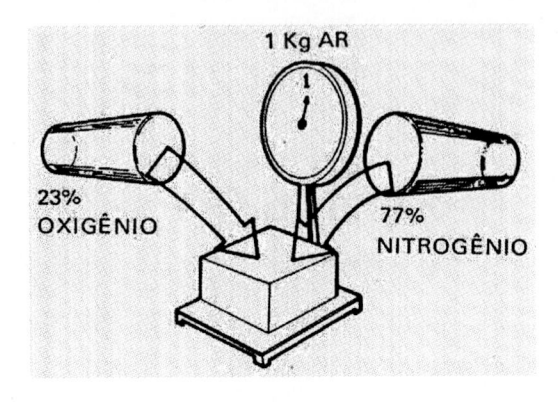

Figura 15.1

15.2 – A UMIDADE E SUAS FONTES

A quantidade real de vapor d'água presente em uma quantidade de ar, é tão pequena que a mesma é medida em gramas. Uma vez que 1000 gramas são necessárias para constituírem um Kilograma, este vapor d'água – comumente chamado de umidade – não tem peso significativo em relação ao peso total do ar. Assim, o peso final de um volume de ar será a soma do peso do ar seco com o peso do vapor d'água contido neste mesmo ar.

A umidade tem muitas fontes. A evaporação dos oceanos, lagos e rios coloca vapor d'água no ar e nas nuvens. Dentro das edificações, o vapor d'água pode ser acrescentado pelo cozimento de alimentos, por chuveiros, pessoas e outras fontes.

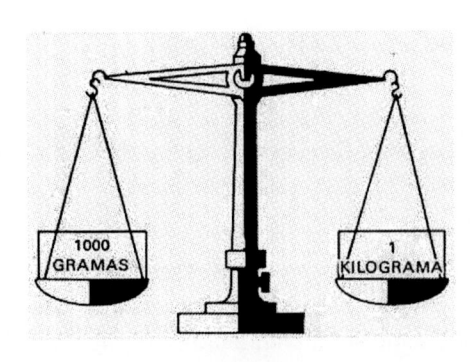

Figura 15.2

Capítulo 15 - Psicometria e Processos

15.3 - CONSTRUINDO A CARTA PSICROMÉTRICA

Escala de Temperatura de Bulbo Seco

Uma vez que o comportamento da temperatura e da umidade é previsível a diferentes pressões, estes efeitos podem ser marcados em um gráfico e usados para determinar as propriedades das misturas ar-vapor e para selecionar processos psicrométricos. Para fazer este gráfico, uma escala comum de temperatura, chamada temperatura de bulbo seco, é colocada horizontalmente e linhas verticais estendidas conforme visto na figura 15.3.

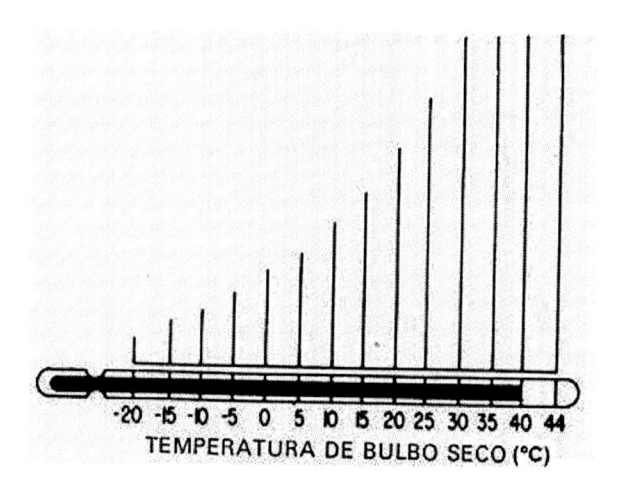

Figura 15.3

Escala da Umidade Específica

A escala vertical na direita da carta é chamada escala de umidade especifica. Os valores lidos na escala indicam a quantidade de vapor d'água misturado com cada Kilograma de ar seco. A unidade desta escala, como mostrado na figura 15.4, são gramas de umidade por Kilograma de ar seco.

Agora fica fácil localizar diversas misturas de ar e vapor d'água pelo uso da carta. Por exemplo, ar em uma temperatura de 24ºC de Bulbo Seco está em algum lugar na linha vertical oposta a 24ºC. Ar com 10 gramas de vapor d'água por Kilograma de ar seco está na linha horizontal em 10. O ar a 24ºC com 10 gramas de umidade é o ponto onde estas duas linhas se encontram.

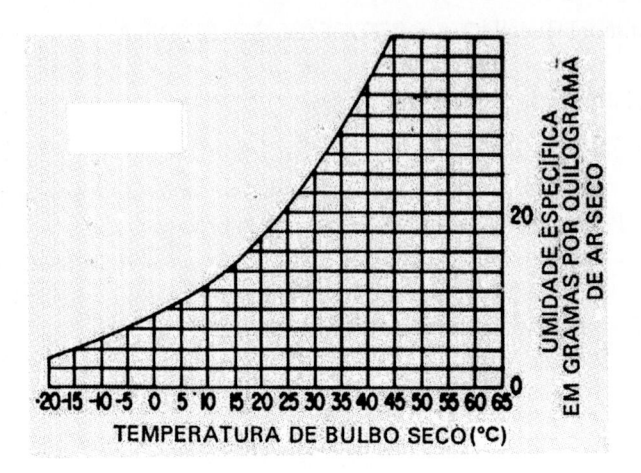

Figura 15.4

Ponto de Orvalho e Linha de Saturação

Suponhamos que este ar seja então resfriado – o que acontece? Primeiramente apenas a temperatura é reduzida, nenhum vapor d'água é removido até que o ar alcance seu ponto de umidade máxima. Neste exemplo particular, a temperatura é de 14ºC. Qualquer resfriamento posterior causará a condensação de algum vapor d'água, porque a 14ºC o ar pode manter somente 10 gramas de vapor por Kilograma de ar seco.

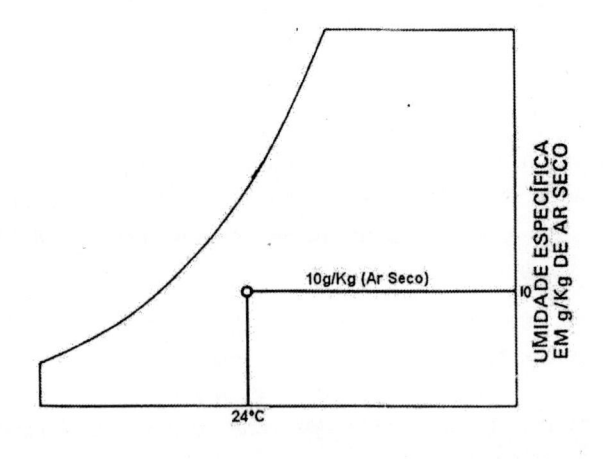

Figura 15.5

Capítulo 15 - Psicometria e Processos

A temperatura na qual a umidade relativa chega a 100% é chamada de **temperatura de ponto de orvalho (TPO)**. Caso a temperatura caia abaixo da temperatura do ponto de orvalho, digamos a 8°C, apenas 6,6 gramas de vapor d'água podem permanecer no ar. Assim 3,4 gramas de vapor d'água condensam.

Caso a temperatura continue caindo mais, até cerca de 4°C, outros 1,6 gramas são condensados porque somente 5 gramas podem permanecer no ar nesta temperatura. O vapor d'água no ar, na temperatura do ponto de orvalho, possui uma umidade relativa de 100% e é dito saturado. A linha que liga estes e outros pontos de 100% de saturação é conhecida como **linha de saturação,** sendo a mesma que a linha de 100% de umidade relativa. Esta linha dá as temperaturas de ponto de orvalho e é comumente chamada curva de saturação.

A temperatura do ponto de orvalho para o ar depende da quantidade de vapor d'água presente, e é determinada no gráfico movendo-se horizontalmente até a curva de saturação, lendo-se aí a temperatura.

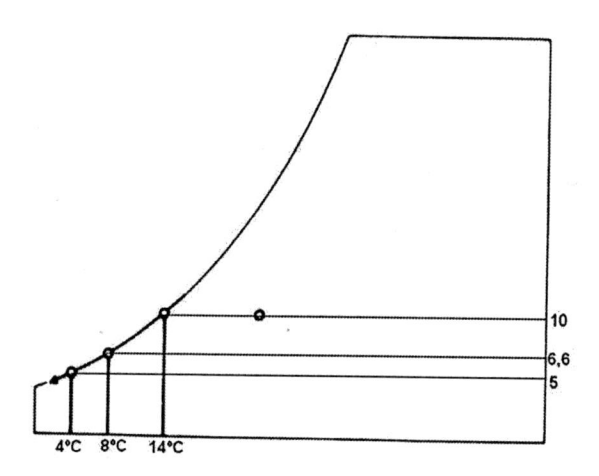

Figura 15.6

Para ilustrar o uso do ponto de orvalho, verifique a figura 15.7, vamos verificar se um duto de insuflamento de ar a 14°C que passa através de um espaço não condicionado, "sua". Com um bulbo seco de 34°C e 15 gramas de vapor d'água, o ponto de orvalho e de 20,2°C. Isto significa que o duto a 14°C irá resfriar o ar circundante não condicionado abaixo do ponto de orvalho de 20,2°C, e, portanto, o vapor d'água condensa. A umidade condensa não só sobre o duto, mas também em qualquer superfície com uma temperatura abaixo do ponto de orvalho do ar. Caso o pingamento da água não venha a prejudicar, pode-se ignorar o fato.

Entretanto, se o pingamento causar danos, envolva o duto com isolamento e após com um selo de vapor. Deve ser usado isolamento suficiente para evitar que a temperatura da superfície externa venha a cair abaixo do ponto de orvalho do ar.

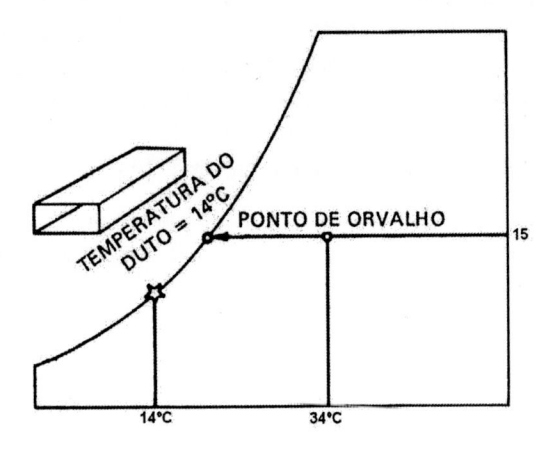

Figura 15.7

Linhas de Umidade Relativa (UR)

Analisando a figura 15.8, as linhas de umidade relativa, para o ar parcialmente saturado, se assemelham em muito à linha de saturação na carta. Estas linhas aparecem em incrementos de 10% e indicam o grau de saturação. Umidade relativa é definida como a relação entre a quantidade de umidade contida no ar e a máxima quantidade que este mesmo ar pode conter a uma determinada temperatura. Por exemplo, ar a 24ºC de bulbo seco (TBS) com 8,5 gramas mostra uma umidade relativa de aproximadamente 45% na carta. Isto poderia ser verificado, aproximadamente, pelo acompanhamento da linha de 24ºC de bulbo seco, para cima até a linha de saturação. Neste ponto, o ar possui 19,0 gramas de vapor d'água. A umidade relativa (UR) é aproximadamente igual a 8,5 dividida por 19, ou seja, 45%.

Capítulo 15 - Psicometria e Processos 273

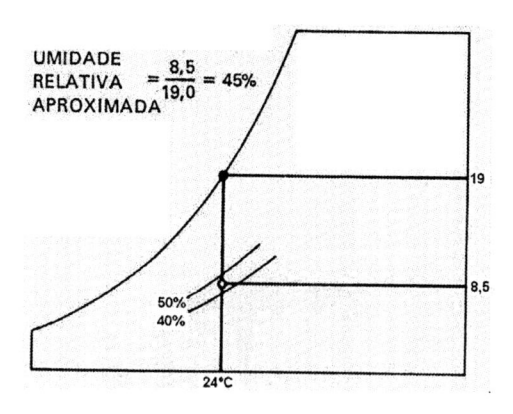

$$\text{UMIDADE RELATIVA APROXIMADA} = \frac{8,5}{19,0} = 45\%$$

Figura 15.8

Um dos empregos das linhas de umidade relativa está na determinação da umidade relativa máxima permitida dentro de uma casa, no inverno, sem que exista condensação de umidade nas janelas. Caso a temperatura na superfície interna da janela seja de 2ºC e a temperatura do ambiente deva ser de 24ºC (TBS), a umidade relativa (UR) pode ser encontrada partindo-se de 2ºC na linha de saturação (TPO) e movendo-se transversalmente até que a linha de temperatura de 24ºC de bulbo seco (TBS) seja interceptada. Este ponto cai entre 20 e 30%, e pode ser estimado em 25% de umidade relativa. Portanto, a umidade relativa máxima no inverno é de 25% e controles devem ser usados para manter esse nível.

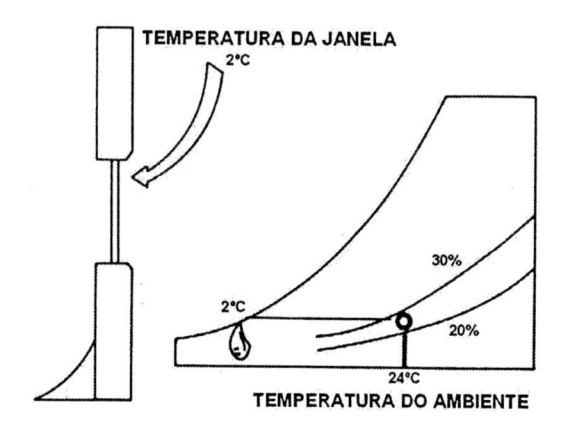

Figura 15.9

Temperatura de Bumbo Úmido

Outro termo que é muito empregado em condicionamento de ar é a temperatura de bulbo úmido. Para vermos como é obtida, partiremos do mesmo Kilograma de ar a 24ºC de bulbo seco e 8,5 gramas de vapor d'água. Passe este ar repetidamente através de pulverizadores de água.

À medida que o ar passa através da água pulverizada, sua temperatura cai porque libera calor, o qual evapora a água atomizada. Se os pulverizadores são bem projetados, a temperatura do ar cai até cerca de 16,4ºC. Nesta temperatura, o ar está saturado com quase 11,7 gramas de vapor d'água. A temperatura do ar saturado, após passar através dos pulverizadores, é chamada temperatura de bulbo úmido. Neste caso, 16,4ºC é a **Temperatura do bulbo úmido (TBU)** do ar, a 24ºC de temperatura de bulbo seco e 8,5 gramas de vapor d'água.

Este experimento seria difícil de ser executado cada vez que fosse necessário determinar a temperatura de bulbo úmido. Para substituir este ensaio, um dispositivo chamado "psicrômetro" pode ser usado de maneira mais conveniente e dará resultados com a mesma precisão.

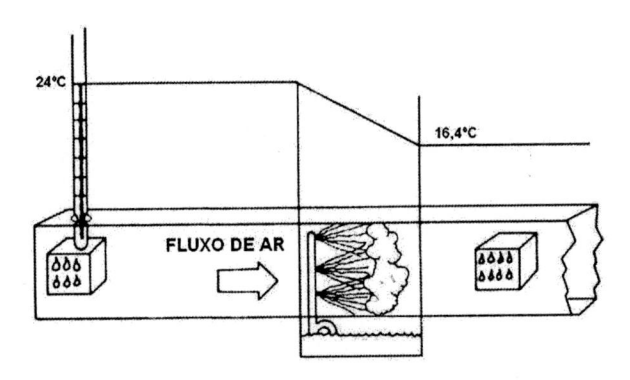

Figura 15.10

O Psicrômetro consiste basicamente de dois termômetros montados numa estrutura presa a um punho, por meio de uma haste giratória. Um dos termômetros possui uma mecha de algodão umedecida em torno do bulbo de mercúrio. Quando o Psicrômetro é girado manualmente, a velocidade a que é submetida a mecha faz parte de água evaporar, registrando assim a temperatura de bulbo

Capítulo 15 - Psicometria e Processos

úmido. Usualmente, no psicrômetro existe ainda o termômetro de bulbo seco o que permite uma comparação imediata entre as temperaturas de bulbo úmido e de bulbo seco. Este instrumento é uma forma conveniente de determinar as condições de umidade no ar, uma vez que a medida da umidade específica, ou do ponto de orvalho, é difícil de ser feita diretamente.

A temperatura do bulbo úmido também é mostrada na carta psicrométrica. O ar inicial não está a 24ºC com 8,5 gramas e termina saturado a 16,4ºC com 11,7 gramas. Se estes dois pontos são ligados formarão a linha de temperatura de 16,4ºC de bulbo úmido. Portanto, as linhas de bulbo úmido caminham diagonalmente a partir do lado inferior da direita, para cima, até a curva de saturação. Todas as temperaturas de bulbo úmido são lidas na linha de saturação.

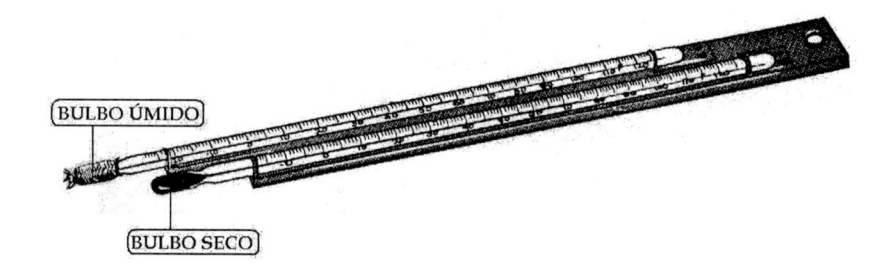

Figura 15.11 – Psicrômetro manual

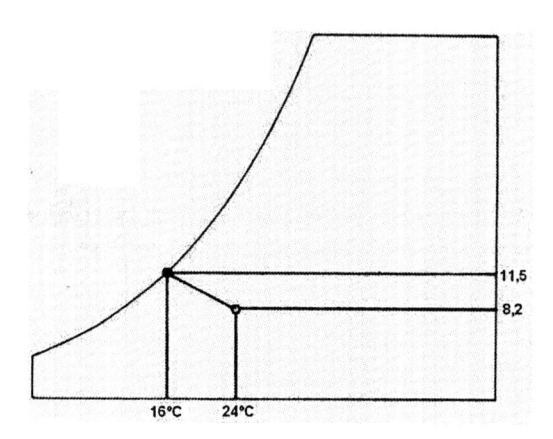

Figura 15.12

Se todas as linhas que foram discutidas forem combinadas num gráfico, este se apresentará como o diagrama da figura 15.13. O gráfico mostra agora a temperatura de bulbo seco, umidade específica, temperatura do ponto de orvalho, umidade relativa e temperatura de bulbo úmido. Quando dois destes valores forem conhecidos, a condição exata do ar pode ser localizada no gráfico e todas as outras propriedades podem ser encontradas a partir desse ponto.

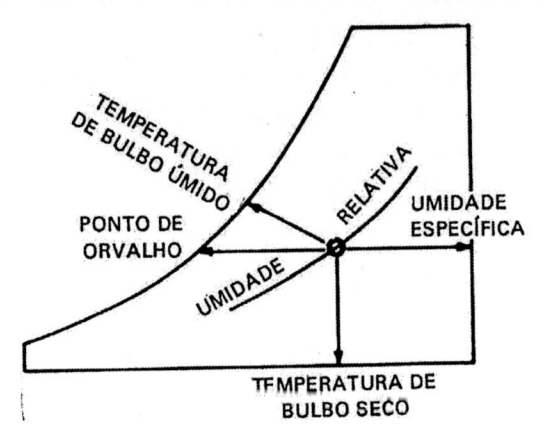

Figura 15.13

15.4 – O PROCESSO DE CONDICIONAMENTO DO AR

Calor sensível e Calor Latente

O gráfico psicrométrico pode ser usado para outros processos de condicionamento do ar. Primeiramente vejamos as mudanças de calor latente e calor sensível.

Uma mudança de **calor latente** ocorre quando a água é evaporada ou condensada e a temperatura de bulbo seco não muda. Isto está apresentado como uma linha vertical no gráfico, conforme visto na figura 15.14.

O calor sensível resulta numa mudança na temperatura e é indicado por uma linha horizontal no gráfico psicrométrico. Para ilustrar um processo de calor sensível, sigamos este exemplo da figura 15.15.

O ar é aquecido passando sobre uma serpentina de aquecimento. Caso o ar inicie a 17ºC de bulbo seco e 13ºC de bulbo úmido, seu ponto de orvalho é 10ºC conforme obtido a partir do gráfico. Após o aquecimento sensível atingir 28ºC

Capítulo 15 - Psicometria e Processos

de bulbo seco, o ponto de orvalho permanece o mesmo porque nenhum vapor d'água foi adicionado ou condensado. A temperatura de bulbo úmido, entretanto, foi aumentada para 17ºC. Observe também que a umidade relativa diminuiu. Isto explica porque a umidade relativa é alta durante as primeiras horas da manhã, porém, decresce a medida que o dia vai "ficando quente". Caso o processo seja invertido e o ar com 28ºC de bulbo seco e o ponto de orvalho de 10ºC seja resfriado novamente a 17ºC, temos um processo de resfriamento sensível. A temperatura de bulbo úmido cai e o ponto de orvalho permanece o mesmo.

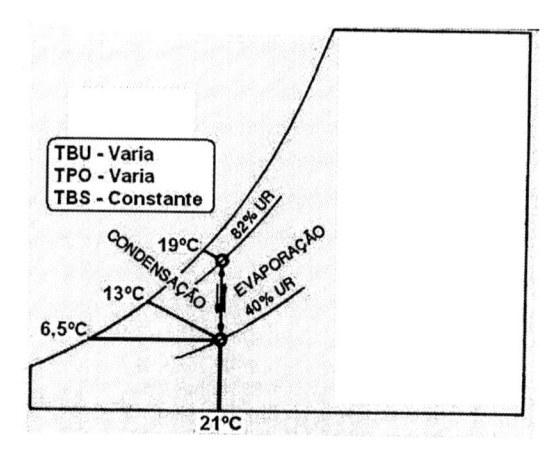

Figura 15.14

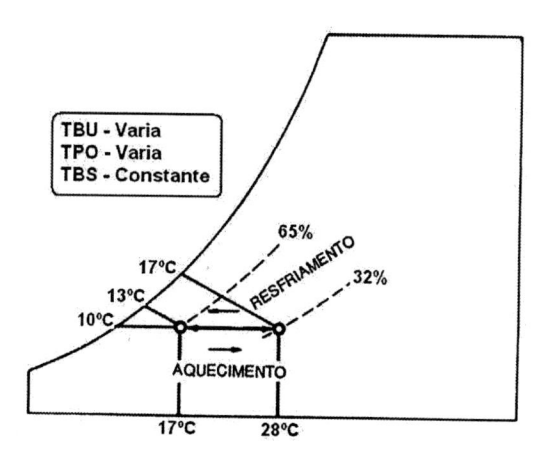

Figura 15.15

Resfriamento e Desumidificação

Se o resfriamento é combinado com desumidificação e uma linha é traçada mostrando este processo, o ar segue a linha inclinada marcada CALOR TOTAL na figura 15.16. A quantidade de calor sensível e a quantidade de calor latente envolvidos determinam se a linha obedece a uma inclinação suave, ou a uma inclinação brusca. Esta combinação de resfriamento latente e resfriamento sensível ocorre bastante frequentemente em ar condicionado, tanto que a inclinação desta linha foi chamada "**o fator de calor sensível**".

Fator de Calor Sensível

A definição aritmética de Fator de Calor Sensível é o calor sensível dividido pela soma do calor sensível com o calor latente. Caso não exista carga de calor latente, então o fator de calor sensível é igual a 1,0 e a linha é horizontal – um processo de calor sensível puro. Se o fator de calor sensível é 0,8, a linha começa a inclinar-se. Isto significa que 80% da mudança do calor total é sensível e 20% é latente. Isto é, aproximadamente, a condição que existe em um sistema de condicionamento de ar de uma loja de departamentos. Se o valor sensível é 0,7, a linha é ainda mais inclinada. Isto indica um pouco mais de calor latente – mais mudança de vapor d'água comparada com a mudança de temperatura ou de calor sensível. Um sistema com este fator de calor sensível seria o empregado para um teatro, uma igreja, ou um restaurante.

Se o processo acima for invertido, passaria a ser um processo de aquecimento e umidificação. Isto seria conseguido por uma serpentina de aquecimento para adicionar calor sensível, e um pulverizador de água para adicionar umidade e calor latente.

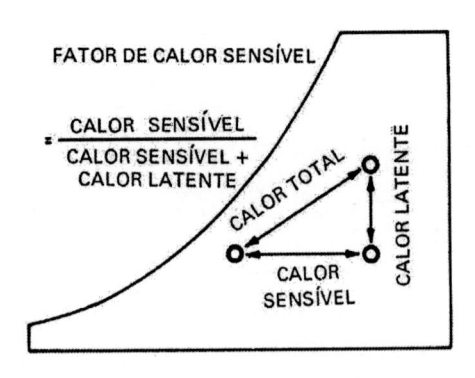

Figura 15.16 – Fator de calor sensível

Resfriamento Evaporativo

Outro processo que é usado no campo do condicionamento do ar é o resfriamento evaporativo. Este é essencialmente o mesmo que o processo de bulbo úmido. Quando o ar passa através do pulverizador, perde calor sensível e recebe calor latente. Observe neste exemplo que a temperatura de bulbo seco cai de 38,8ºC para 21,1ºC enquanto que o ponto de orvalho sobe. A temperatura de bulbo úmido, entretanto, permanece fixa em 18,3ºC. Um fator limitante da queda de temperatura mínima disponível é a temperatura de bulbo úmido do ar que está entrando. A saturação completa, entretanto, é raramente conseguida com equipamento comercial.

Em algumas aplicações onde são desejáveis resfriamento e umidades altas, o resfriamento evaporativo pode ser usado eficientemente. Um exemplo é a área de produção num processamento de têxteis. O resfriamento evaporativo tem sido usado para conforto, em muitas áreas onde temperaturas externas baixas de bulbo úmido prevaleçam, porém com sucesso limitado.

Quando usado em residências, a umidade alta resultante é prejudicial à casa, aos móveis, etc.Esta umidade tem tendência de criar odores desagradáveis.

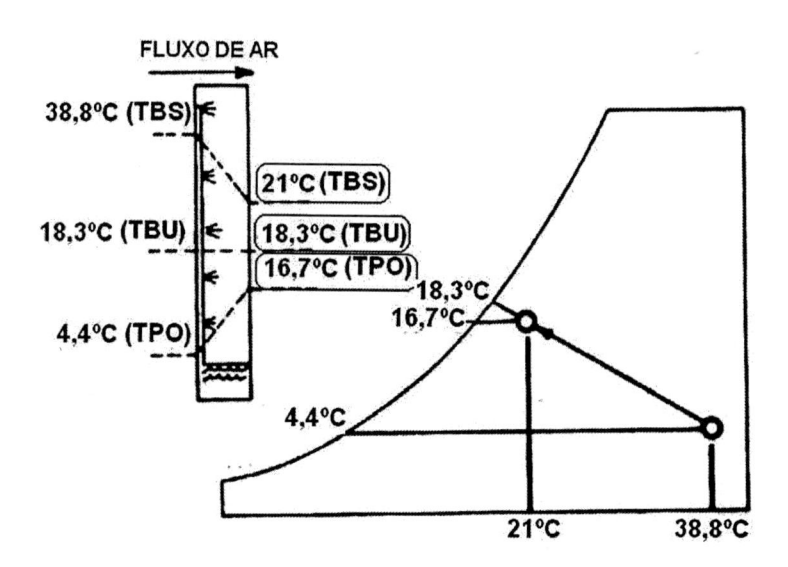

Figura 15.17

Mistura do Ar

O que acontece quando o ar sob duas condições é misturado? Quando o ar recirculado de um aposento é misturado com o ar exterior, a condição da mistura depende das condições do ar ao iniciar e da quantidade de cada uma na mistura. As coordenadas psicrométricas da mistura caem numa linha reta traçada para ligar os pontos das coordenadas dos gases que estão sendo misturados. Se 1000 litros por segundo (l/s) de ar de retorno são misturados com 1000 l/s de ar exterior, a mistura estará num ponto médio entre os dois. Se a temperatura do bulbo seco do ar exterior é de 35ºC, e a temperatura de ar recirculado é de 25ºC, a temperatura da mistura será de 30ºC. Suponha a seguinte situação: 3000 l/s deste ar recirculado são misturados com 1000 l/s de ar exterior. O ponto de mistura tende a aproximar-se do ponto de ar recirculado em virtude da grande quantidade deste último. Assim, para fins práticos, o ar exterior representa ¼ da massa total do ar e a mistura finaliza a ¼ da distância linear a partir do ponto do ar recirculado até o ponto do ar exterior. A temperatura final resultante é de 27,5ºC. A umidade relativa, temperatura de bulbo úmido, gramas de vapor d'água, e o ponto de orvalho da mistura, podem ser encontrados no ponto onde 31,25ºC encontra a linha que liga o ar de retorno e o ar exterior.

Para calcular a temperatura de uma mistura podemos utilizar a seguinte fórmula:

$$\text{Temp. Mistura} = \frac{tr \times mr + te \times me}{mr \times me}$$

Onde:

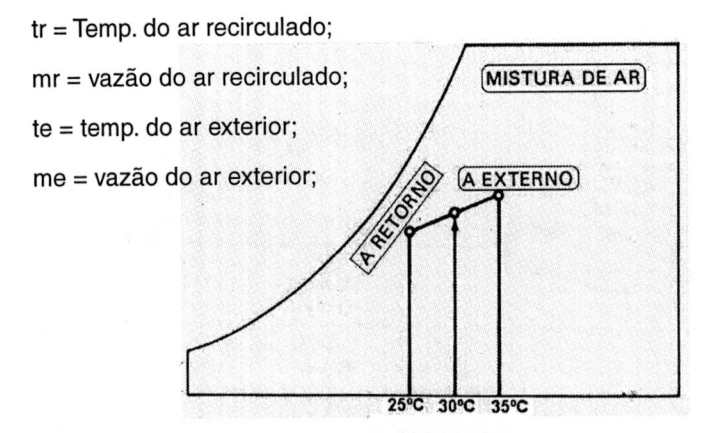

tr = Temp. do ar recirculado;

mr = vazão do ar recirculado;

te = temp. do ar exterior;

me = vazão do ar exterior;

Figura 15.18

15.5 – SERPENTINA DE RESFRIAMENTO E O FATOR DE "BYPASS"

A idéia de mistura pode ser usada para mostrar como uma serpentina de resfriamento trabalha. A figura 18.19 é uma ilustração de um tipo de serpentina usada para resfriamento e desumidificação. A maior parte do ar faz contato com os tubos e aletas sem fazer contato. A parte que passa livremente é referida como o ar de "bypass", o restante constitui o ar de contato. Vamos supor que o ar entra na serpentina a 27ºC de bulbo seco, e 19ºC de bulbo úmido e que a temperatura na superfície da serpentina seja 10ºC. O ar que contacta com a superfície da serpentina sai saturado a uma temperatura de 10ºC. O ar que passou em "bypass" tem uma temperatura igual a inicial. Após passar através da primeira fila, a corrente de ar é uma mistura das condições saturadas e em "bypass". Se o fator de "bypass" é 0,666 para esta serpentina de uma só fila, então a mistura está a 21,33ºC que é 2/3 da distância a partir do ponto de 10ºC para o ponto de 27ºC. Se uma fila a mais de serpentina de resfriamento for adicionada, então menor quantidade de ar passa em "bypass" pelos tubos da serpentina. O fator de "bypass" para uma serpentina de duas filas pode ser próximo de ½ (0,5). O ar de saída desta serpentina será próximo de 18,5ºC.

Conhecido o Fator de "bypass" pode-se calcular a temperatura de saída do ar utilizando a fórmula.

$ts = t0 + fbp \, (tr - t0)$

Onde:

ts = temp. de saída do ar;

t0 = temp. da superfície da serpentina;

fbp = fator de "bypass"

tr = temperatura do ar recirculado.

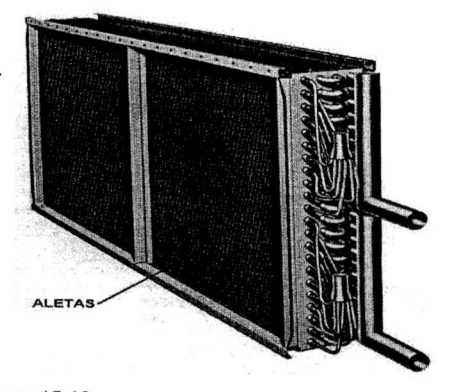

Figura 15.19

Caso seja necessária uma condição mais próxima a de saturação, podem ser adicionadas mais filas de serpentina. O nome usado para a temperatura média final da superfície da serpentina é o "ponto de orvalho da serpentina". No caso acima, o ponto de orvalho da serpentina é de 10ºC.

O fator "bypass" geral para a serpentina de resfriamento completa, pode ser determinado a partir das condições do ar de entrada e da temperatura média da superfície. No exemplo visto na figura 18.20, o ar que sai tem uma temperatura de bulbo seco de 13,3ºC. O fator geral de "bypass" passa a ser 0,20. O fator de "bypass" para qualquer serpentina depende da construção da serpentina, isto é, da dimensão do tubo, dimensão e tipo de aleta, e do espaçamento do tubo e aleta.

Um tipo particular de serpentina de resfriamento mostra valores de "bypass" relacionados na figura 18.21. Note que cada fila adicionada provoca uma mudança menor no Fator de "bypass", a qual vai se tornando progressivamente menor. Economicamente isto significa que a sexta fila de tubos não é tão valiosa como a segunda, terceira, ou mesmo a quinta fila.

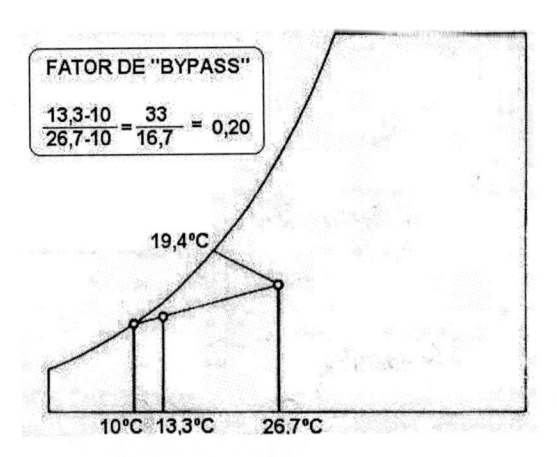

$$\text{FATOR DE "BYPASS"}$$
$$\frac{13,3-10}{26,7-10} = \frac{33}{16,7} = 0,20$$

Figura 15.20 – Exemplo de cálculo do Fator de Bypass

Capítulo 15 - Psicometria e Processos

Nº DE FILAS	FATOR DE BYPASS
2	0,31
3	0,18
4	0,10
5	0,06
6	0,03

Figura 15.21 – Tabela Nº de Filas x Fator de Bypass

Outro fator que afeta o "bypass" é a velocidade do ar através da serpentina. Isto pode ser visto na figura 18.22 através de alguns fatores de "bypass" típicos para diversas velocidades. Pode-se observar que caso sejam empregadas pequenas quantidades de ar em uma serpentina, a velocidade e consequentemente o fator de "bypass" são reduzidos.

Pode-se perguntar:

"Qual a importância do fator de "bypass"?".

"Deve ser alto ou baixo?"

Não é fácil responder que um fator de "bypass" baixo significa uma temperatura baixa no ar que sai da serpentina.

VELOCIDADE DO AR (m/s)	FATOR DE BYPASS
1,5	0,11
2	0,14
2,5	0,18
3,1	0,20

Figura 15.22 – Tabela Velocidade do Ar x Fator de Bypass

A figura 15.23 mostra um suprimento de ar indo para o aposento absorvendo calor e vapor d'água, de maneira similar ao que seria feito por uma transportadora. Para uma temperatura do ambiente climatizado de 24ºC, compare a capacidade de resfriamento do ar de entrada a 12,8ºC com o ar a 10ºC. A retirada de calor sensível depende da diferença de temperatura, de tal forma que o ar a 10ºC com uma diferença e 14ºC, pode fazer um maior trabalho do que o ar a 12,8ºC, com uma diferença de apenas 11,2ºC. Isto é realmente 25% maior, o que significa que para fazer o mesmo trabalho seriam tomados cerca de 25% menos de ar a 10ºC. Naturalmente, esta menor temperatura obtida com um menor fator de "bypass" seria desejável, porque significaria a possibilidade do uso de dutos menores para transportar o ar, bem como o uso de ventilador, e respectivo motor de tamanho também menor.

Em cada um dos casos haveria redução do custo. Entretanto, existem também algumas desvantagens. Para obter temperaturas mais baixas de insuflamento (Insuflação), pode haver necessidade do uso de uma serpentina de resfriamento maior, o que poderia aumentar o custo inicial. Também, pode não ser prático insuflar ar a 10ºC dentro de um aposento pequeno, ou escritório, sem causar desconforto. O limite das condições de insuflamento (Insuflação) depende de como o ar é introduzido e da proximidade das pessoas em relação às saídas. Para as aplicações mais comuns de condicionamento do ar para conforto, as serpentinas de resfriamento são de três ou quatro filas com fatores de "bypass" de 0,15 ou 0,10.

Os princípios de psicrometria podem ser aplicados de outra maneira. As diferenças de temperatura podem ser usadas ao decidir se devemos usar dutos isolados termicamente, ou então se devemos usar maior insuflamento (Insuflação) de ar. Se 500 l/s a uma temperatura de 13ºC de bulbo seco são necessários para manter um aposento a 23ºC, quanto ar é necessário se a temperatura do ar de insuflamento (Insuflação) subir para 14ºC em um duto não isolado, antes de atingir o ambiente climatizado?

O ar perdeu 1ºC da diferença original de temperatura de 10ºC, necessária para remover o calor sensível.

Isto indicaria a necessidade de mais 10% de ar e a decisão a ser tomada seria, ou usar 550 l/s ou então isolar o duto.

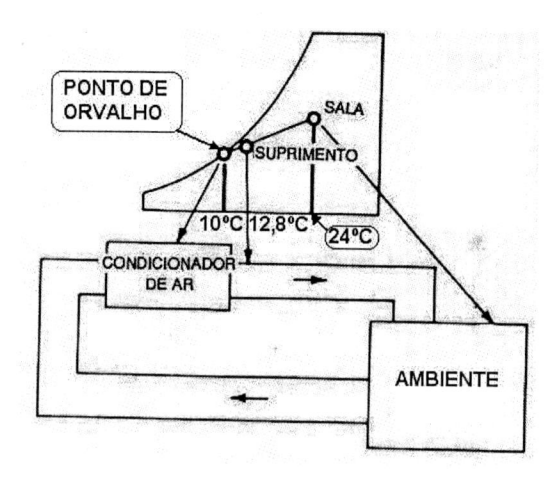

Figura 15.23

15.6 - PROPRIEDADES E PROCESSOS AVANÇADOS

Os princípios e processos discutidos nas duas seções precedentes assegurarão uma base na qual novas funções psicrométricas podem ser construídas. Estas funções são importantes para completar um conhecimento básico daquilo que está envolvido no projeto de sistemas de condicionamento de ar.

Escala do Fator de Calor Sensível

A primeira propriedade a ser discutida é o volume específico. O volume especifico é definido como o número de metros cúbicos ocupados por um kilograma de ar em quaisquer pressões e temperaturas dadas. Por exemplo, um kilograma de ar a 27ºC de bulbo seco ocupa um volume de 0,850 metros cúbicos ao nível do mar. Se o ar é aquecido a 36ºC, ele se expande e ocupa 0,875 metros cúbicos. O ar sendo um gás, diminuirá de densidade à medida que a sua temperatura sobe. Se o ar é resfriado a 18ºC, ele ocupará apenas 0,825 metros cúbicos porque é mais denso em temperaturas mais baixas. As linhas para estes volumes específicos são mostradas no gráfico psicrométrico.

O volume específico é um dado importante na verificação do desempenho do ventilador e determinação de tamanho dos motores de ventiladores, em aplicações a alta e baixa temperaturas.

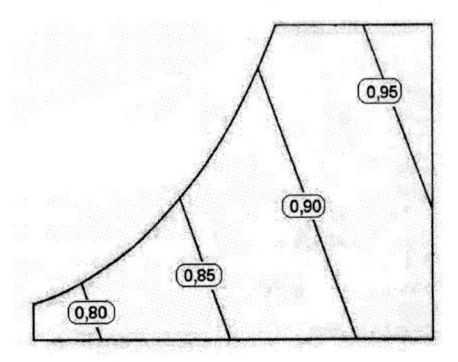

Figura 15.24 – Exemplo das Linhas de Volume Específico em m³/Kg

Entalpia e o Conceito de Calor Total

Outra propriedade importante no campo do condicionamento do ar é a Entalpia ou, conteúdo de calor total da mistura do ar e vapor d'água. A entalpia é muito útil na determinação da quantidade de calor que é adicionada ou retirada do ar em um dado processo. A entalpia pode ser encontrada no gráfico psicrométrico, seguindo ao longo das linhas de temperatura de bulbo úmido, até chegar na escala de entalpia. Por exemplo: ar a uma temperatura de 24°C de bulbo seco e 8,5 gramas de vapor d'água possui uma entalpia de 46 Kilojoules por Kilograma de ar. A escala de entalpia é mostrada na extensão das linhas de temperatura de bulbo úmido e é lida diretamente onde a linha estendida da temperatura de bulbo úmido intercepta a escala.

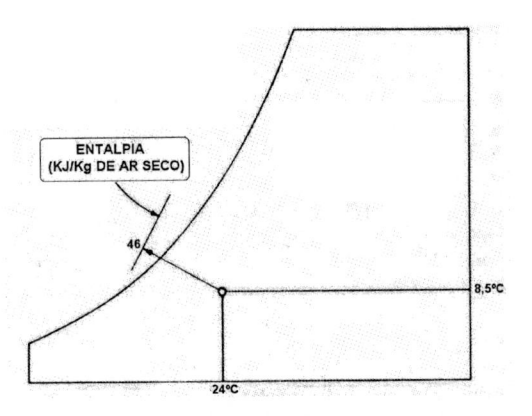

Figura 15.25

Capítulo 15 - Psicometria e Processos

A entalpia pode ser usada para determinar o calor total removido de um volume de ar. Isso é feito pela leitura da escala entre as duas linhas de temperatura de bulbo úmido. Por exemplo: ar a uma temperatura de 24°C de bulbo seco e de 16,4°C de bulbo úmido tem uma entalpia de 46 kilojoules por kilograma.

Se este ar é resfriado e desumidificado para 12,8°C de bulbo seco e 10,6°C de bulbo úmido, a entalpia na saída da serpentina de resfriamento é determinada como sendo 30,6 kilojoules por kilograma.

Portanto, um total de 15,4 Kilojoules por Kilograma é removido. Se for traçado um triângulo conforme visto na figura 18.27, a distância vertical representa a quantidade de umidade removida.

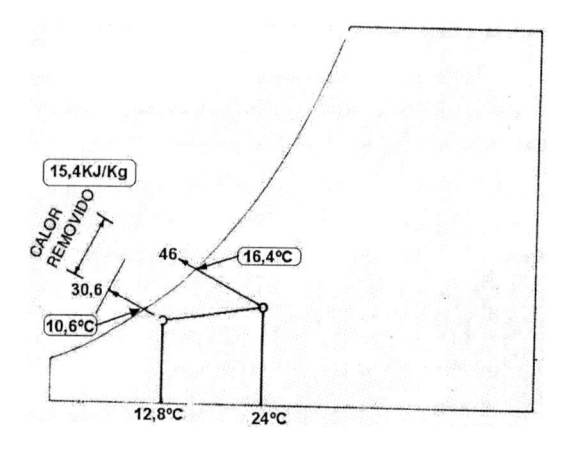

Figura 15.26

A distância horizontal representa o resfriamento sensível do ar. A entalpia na intersecção das linhas vertical e horizontal é de 42 Kilojoules por Kilograma. Portanto, a quantidade de calor latente removido é igual a diferença entre 46 e 42, ou seja, 4 Kilojoules por Kilograma. O calor sensível removido é igual a diferença entre 42 e 30,6, ou seja, 11,4 Kilojoules por Kilograma. A partir desta informação, podemos determinar o fator de calor sensível. O calor sensível dividido pela mudança de calor total é igual a 11,4 dividido por 15,4, ou seja: 0,74.

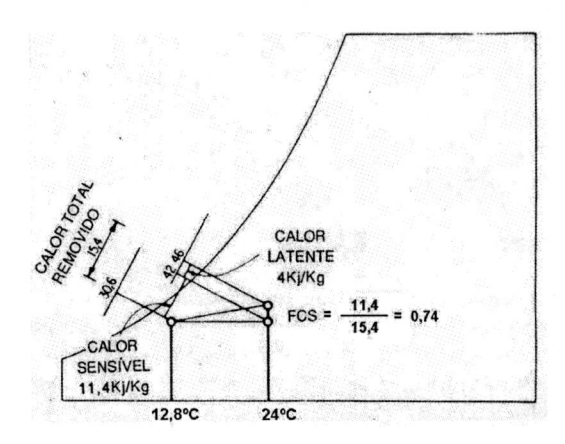

![Figura 15.27 - diagrama com CALOR TOTAL REMOVIDO 15,4; CALOR LATENTE 4Kj/Kg; CALOR SENSÍVEL 11,4Kj/Kg; FCS = 11,4/15,4 = 0,74; temperaturas 12,8°C e 24°C]

Figura 15.27

Escala do Fator de Calor Sensível

Um Método conveniente para determinar o calor sensível pode ser encontrado na carta psicrométrica. É chamado "escala do fator sensível". O ponto chave da escala está identificado por um círculo branco nas linhas de 24ºC de bulbo seco e 50% de umidade relativa. Para indicar uma linha do fator de calor sensível igual a 0,9 para ar a 20ºC de bulbo seco e 6,5 gramas de vapor d'água, observe as seguintes etapas: primeiro, obtenha a inclinação da linha de 0,90; ligando para isso 0,90 na escala com o círculo branco. Trace então uma linha paralela a esta passando através do ar a 20ºC e 6,5 gramas. Quando o ar tem que ser resfriado e desumidificado, o ponto de orvalho do aparelho é determinado pela intersecção da linha do fator de calor sensível e a curva de saturação. Neste caso o ponto de orvalho do aparelho é de 6ºC. Caso o fator de calor sensível seja 0,80 o ponto de orvalho do aparelho, determinado pelo mesmo processo, é 4ºC.

O fator de calor sensível é uma "ferramenta" muito útil durante a escolha de equipamentos e em combinação com o gráfico psicrométrico, dá a temperatura na qual a serpentina de resfriamento deve operar.

RESFRIAMENTO EVAPORATIVO

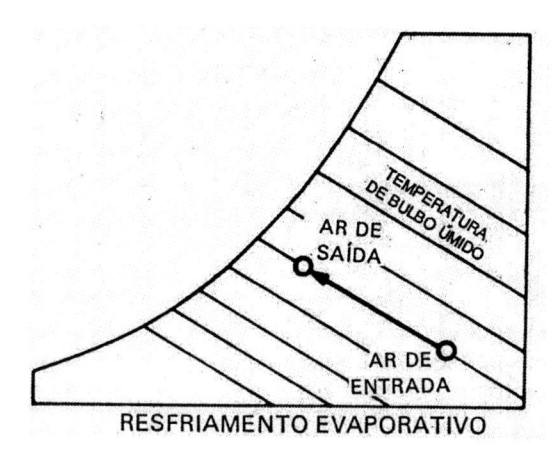

Figura 15.28

Resfriamento Evaporativo e Controle de Umidade

O resfriamento evaporativo, conforme discutido anteriormente, usa pulverizadores de água recirculada, a fim de saturar o ar.

Suponha que a temperatura da água pulverizada e do ar de saída seja a mesma que a temperatura de bulbo úmido do ar de entrada. O ar é resfriado e umedecido e começa a ficar saturado numa temperatura igual a temperatura de bulbo úmido na entrada. A figura 15.28 mostra o modo pelo qual o resfriamento evaporativo aparece no gráfico psicrométrico. O processo tem lugar ao longo da linha de bulbo úmido do ar de entrada e aproxima-se da linha de saturação. O calor sensível cedido é exatamente igual ao calor latente necessário para saturar o ar com umidade. Este processo pode ser invertido no inverno quando for desejável aquecer e umidificar o ar. Neste caso, calor é adicionado à água pulverizada para manter a temperatura do bulbo úmido do ar de saída acima daquela do ar de entrada. A água pulverizada aquecida é resfriada, cedendo calor e umedecendo simultaneamente.

O resfriamento evaporativo é usado eficientemente nos condensadores evaporativos. O condensador evaporativo emprega a evaporação para resfriar o condensador. À medida que a água é pulverizada sobre as serpentinas do condensador, evapora retirando calor das serpentinas à medida que muda dê estado.

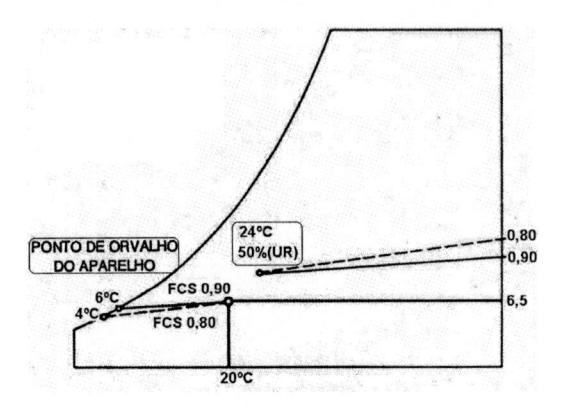

Figura 15.29

15.7 – RENDIMENTO TÉRMICO DE CONDICIONADORES DE AR

Através do uso da carta psicrométrica, este cálculo serve para avaliar se o Condicionador de Ar está tendo o rendimento térmico projetado. Exemplo, um FAN-COIL ou SELF CONTAINED tem 10TR de capacidade, mas será que o mesmo está rendendo esses 10TR?

15.7.1 – RENDIMENTO TÉRMICO ou CAPACIDADE TÉRMICA

FÓRMULA BÁSICA:

A – Massa de Ar Recirculado (No Evaporador com convecção Forçada)

É uma multiplicação feita entre a **Vazão (m³/h)**, pela **Massa Específica (Kg/m³)**.

Vazão: Obtêm-se através do cálculo da vazão de Ar que passa no evaporador. A vazão é a multiplicação entre a velocidade do Ar (m/h) obtida com um Anemômetro (Figura 15.30) e a Área da face do aletado do evaporador (m²).

Q = V x A

Q = Vazão (m³/h)

V = Velocidade do Ar (m/s vezes 3600 = m/h)

A = Área da face do aletado do evaporador (m²)

Capítulo 15 – Psicometria e Processos

Figura 15.30 – Anemômetro

Massa Específica: Para obtê-la é necessário verificar a **temperatura do ar de saída** do evaporador, com um Psicrômetro (Termômetro de **Bulbo Seco e outro de Bulbo Úmido**) (Figura 15.31), que deve ser posicionado na saída de ar do evaporador (Self) ou na saída de ar do Fan-Coil.

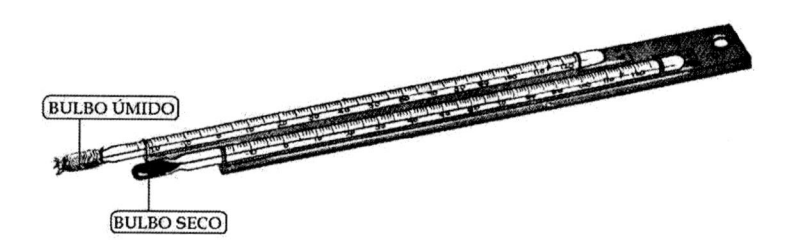

Figura 15.31 – Psicrômetro manual

De posse desses valores **de temperaturas de bulbo seco e úmido**, transfira-os para o Gráfico Psicrométrico e os relacione; no ponto de interseção, trace uma paralela às "Linhas da Massa Específica", encontrando o valor.

B – Variação de Entalpia

Tendo medido com um termômetro de Bulbo Úmido a temperatura do ar que entra no evaporador e do ar que sai do mesmo, coloque estes valores no Gráfico e determine respectivamente os valores de entalpia, veja que os valores estão em

Kcal/Kg. São dois valores de entalpia, um valor para cada valor de temperatura de bulbo úmido.

A seguir, subtraia o valor da Entalpia do ar de saída do evaporador (aletado), do valor da Entalpia do ar de entrada. O resultado desta diferença é a variação de Entalpia.

FÓRMULA:

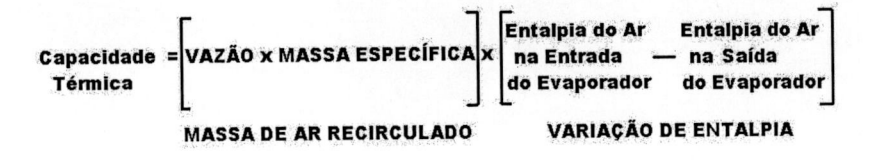

$$\text{Capacidade Térmica} = \underbrace{[\text{VAZÃO} \times \text{MASSA ESPECÍFICA}]}_{\text{MASSA DE AR RECIRCULADO}} \times \underbrace{\begin{bmatrix} \text{Entalpia do Ar} & \text{Entalpia do Ar} \\ \text{na Entrada} & - & \text{na Saída} \\ \text{do Evaporador} & \text{do Evaporador} \end{bmatrix}}_{\text{VARIAÇÃO DE ENTALPIA}}$$

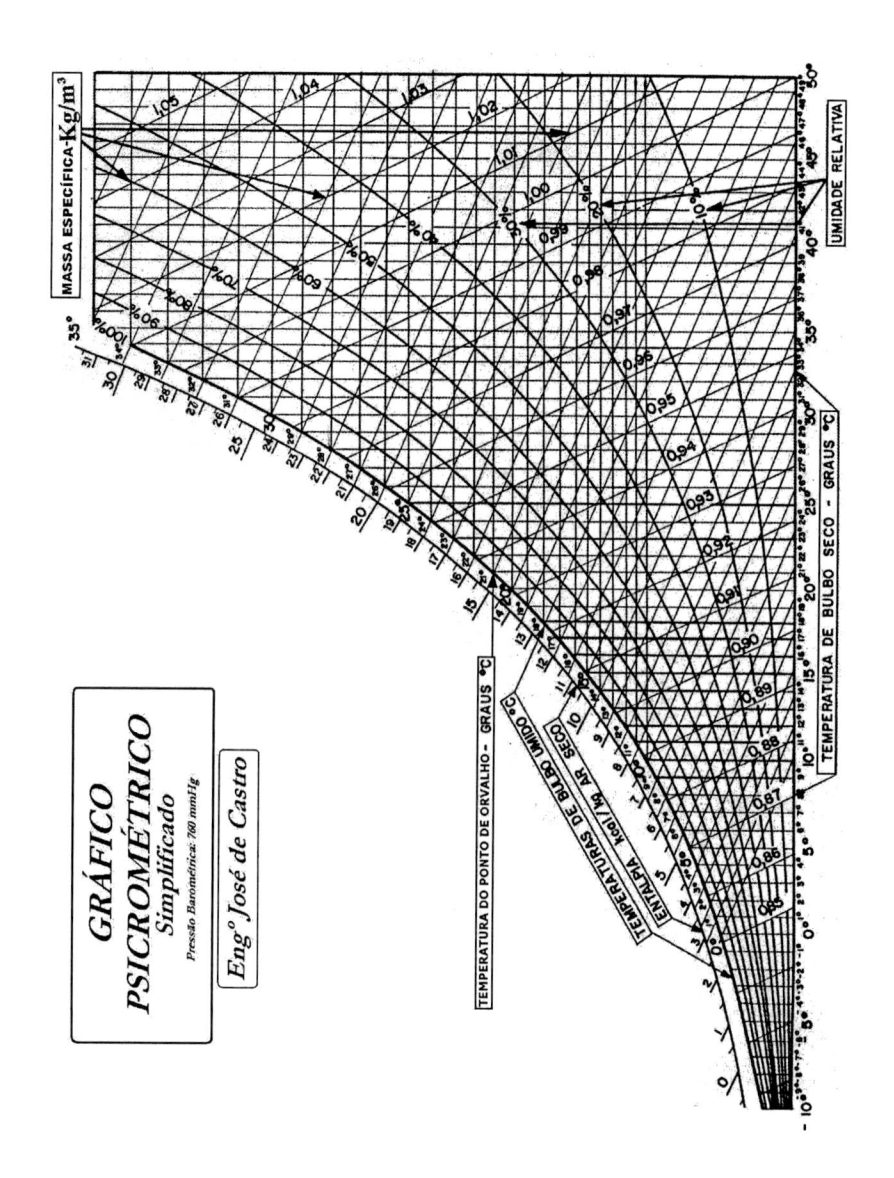

Figura 15.32 – Carta Psicrométrica ou Gráfico Psicrométrico com linhas de Massa específica (Kg/m³)

Exemplo de procedimento e uso do Gráfico Psicrométrico para verificar a Capacidade Térmica de um Condicionador de Ar tipo SELF CONTAINED de 15TR. Utilizado o gráfico da figura 15.32.

Dados:

>Vazão de Ar no evaporador = 8200m³ /h

>Temperatura do Termômetro de Bulbo úmido do ar na entrada do evaporador = 20ºC.

>Temperatura do Termômetro de Bulbo úmido do ar na saída do evaporador = 11,7ºC.

>Temperatura do Termômetro de Bulbo seco do ar na saída do evaporador = 12,5ºC.

Cálculo da Massa Específica (Densidade):

Transfira as temperaturas do Termômetro de Bulbo úmido e do Termômetro de Bulbo seco (na saída do ar do evaporador) para o Gráfico Psicrométrico e as relacione, tendo por resultado a "Massa Específica". No caso, será de 0,896Kg/m³ (isto é, 1m³ de ar nestas temperaturas, possui uma massa de 0,896Kg).

Massa de Ar Recirculado

É a multiplicação entre a Vazão = 8200m³/h pela Massa Específica = 0,896Kg/m³.

Daí vem:

8200m³/h x 0,896 Kg/m³ = **7347,2 Kg/h** (isto é, 7347,2 Kg de Ar Recirculado no intervalo de 1 hora)

Variação de Entalpia

>Temperaturas de Bulbo úmido:

a) Do ar na entrada do Evaporador = 20ºC.

b) Do ar na saída do Evaporador = 11,7ºC.

Capítulo 15 - Psicometria e Processos

Fazendo a correspondência desses valores, no Gráfico Psicrométrico, obtendo:

a) 14,3 Kcal/Kg (na temperatura de 20ºC, 1Kg de Ar Recirculado corresponde a 14,3 Kcal).

b) 8,3 Kcal/Kg (na temperatura de 11,7ºC, 1Kg de Ar Recirculado corresponde a 8,3 Kcal).

Subtraindo o valor de Entalpia de entrada do valor de Entalpia de saída, temos:

14,3 Kcal/Kg – 8,3 Kcal/Kg = **6 Kcal/Kg**

Cálculo da Capacidade Térmica do Condicionador de Ar

Multiplicando o resultado da **Massa de Ar Recirculado (7347,2 Kg/h)** pela **Variação de Entalpia (6 Kcal/Kg),** obtemos:

Capacidade Térmica = 7347,2 Kg/h x 6 Kcal/Kg = **44083,2 Kcal/h**

Como 1TR = 12000 BTU/h = 3024 **Kcal/h**

Dividindo 44083,2 por 3024, teremos um resultado que será de **14,57 TR.**

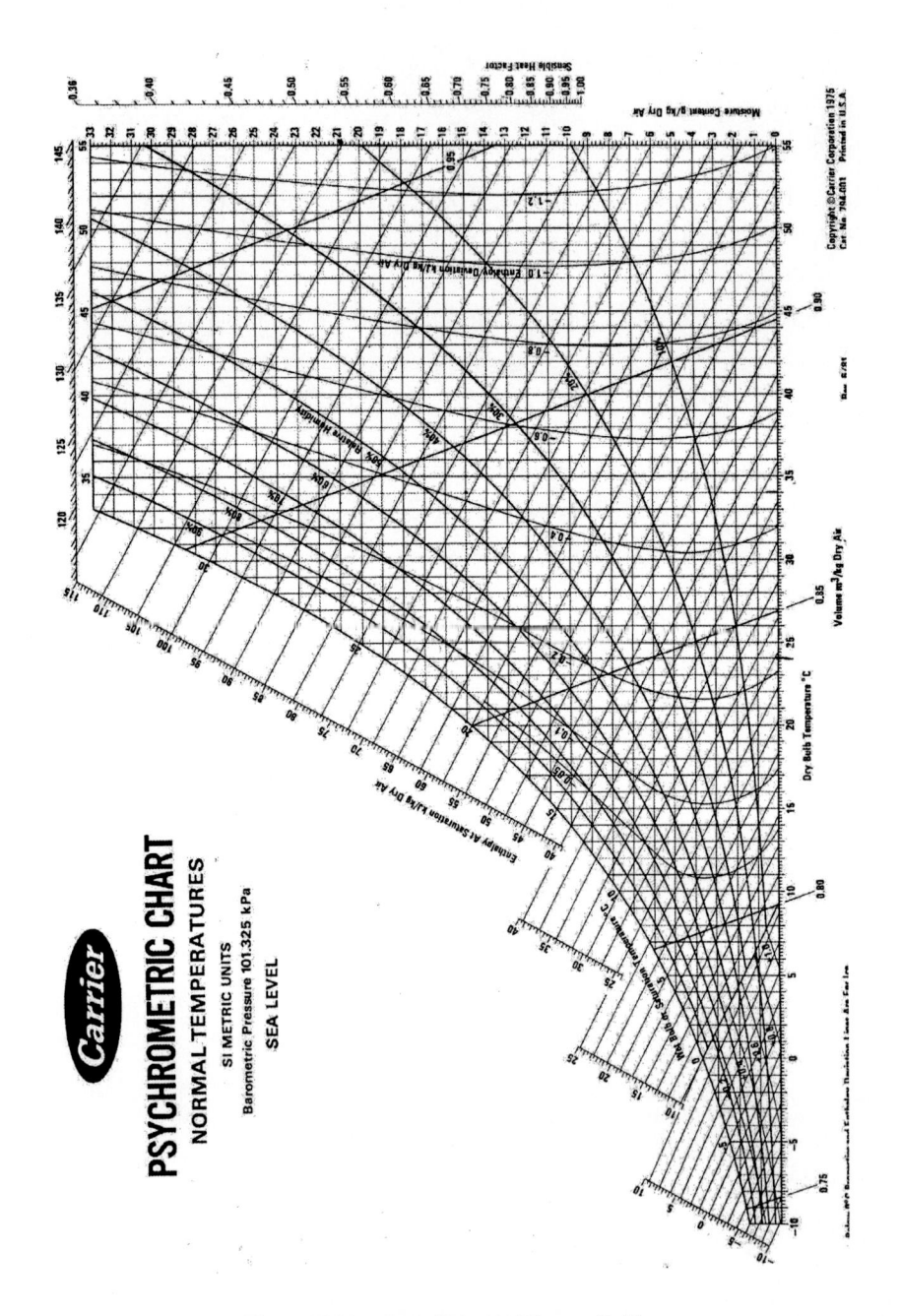

Figura 15.33 – Carta Psicrométrica ou Gráfico Psicrométrico com linhas de Volume específico (m³/Kg)

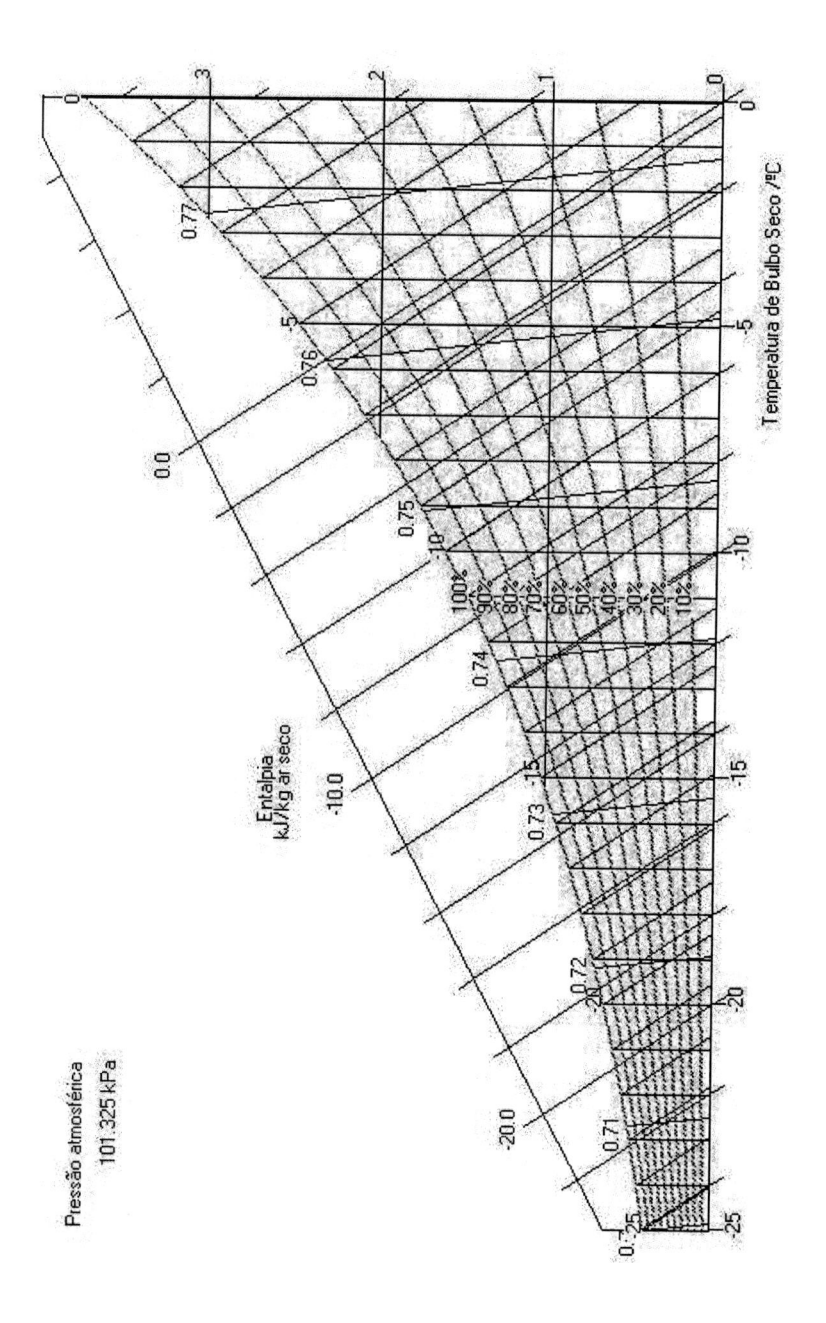

Figura 15.34 – Carta Psicrométrica ou Gráfico Psicrométrico com linhas de temperaturas (TBS) abaixo de 0ºC

Capítulo 16

Ferramentas e Instrumentos

A seguir estão as principais ferramentas e os principais instrumentos utilizados na manutenção de sistemas e equipamentos de refrigeração e climatização.

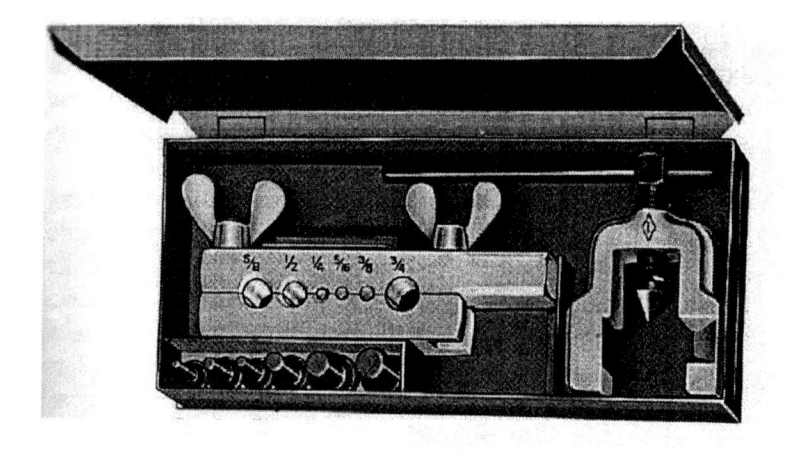

Figura 16.1 – Conjunto Flangeador

Figura 16.2 – Conjunto Flangeador

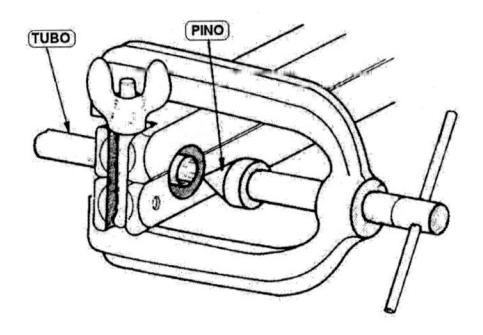

Figura 16.3 – Tubo instalado no Conjunto Flangeador

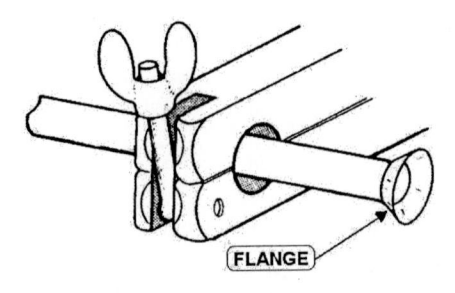

Figura 16.4 – Detalhe do FLANGE feito no Conjunto Flangeador

Capítulo 16 – Ferramentas e Instrumentos 301

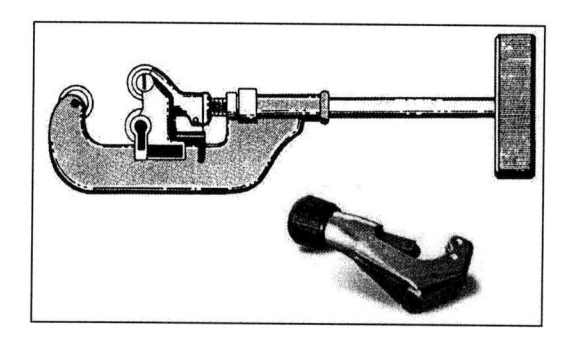

Figura 16.5 – Cortadores de Tubos

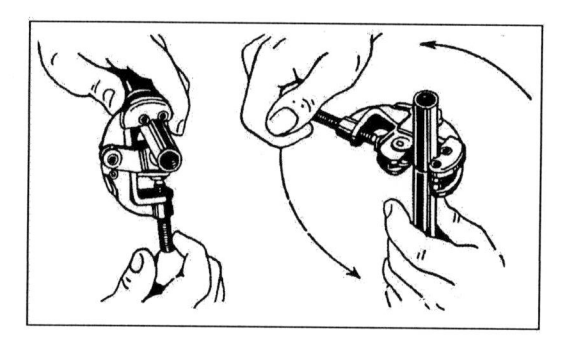

Figura 16.6 – Exemplo do uso do Cortador de Tubo

Figura 16.7 – Curvador de Tubos

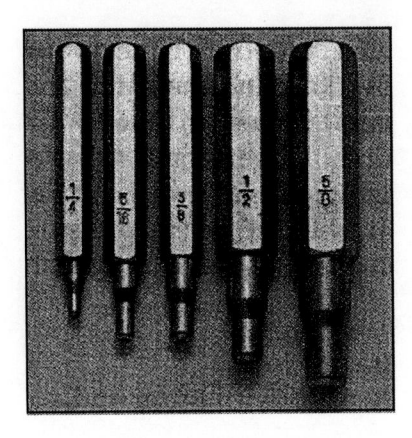

Figura 16.8 – Alargadores de Tubos

Figura 16.9 – Chave Catraca para Abrir e Fechar Válvulas de Serviços

Figura 16.10 – Conjunto Manifold e 4 modelos de Bombas de Vácuo (Dosivac) com capacidades de vazão em CFM (pé cúbico por minuto)

Capítulo 16 - Ferramentas e Instrumentos 303

Figura 16.11 – Termômetro Digital 5 Sensores

Figura 16.12 – Termômetro Digital Lazer

Figura 16.13 – Vacuômetro Digital

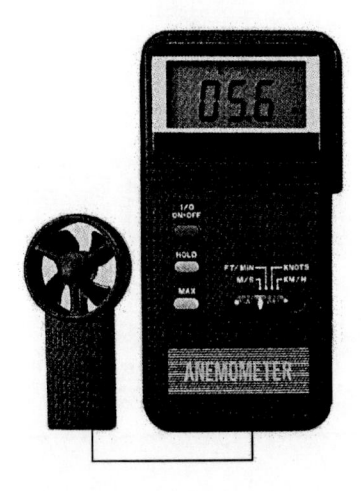

Figura 16.14 – Anemômetro Digital

Capítulo 16 - Ferramentas e Instrumentos 305

Figura 16.15 – Alicates com Amperímetros, Voltímetros e Ohmímetros

Figura 16.16 – Detector Digital de Vazamentos de Fluidos Refrigerantes

Figura 16.17 – Conjunto de Solda Oxiacetilênico (Oxigênio + Acetileno)

Capítulo 17

Soldagem com Maçaricos

17.1. – SOLDAGEM OXIACETILÊNICA

A fonte de calor neste processo é de origem química, composta por oxigênio e acetileno, gases comburente e combustível, respectivamente. Daí o nome: Processo de Soldagem Oxiacetilência. A chama oxiacetilênica é obtida quando os dois gases (acetileno e oxigênio) chegam a um maçarico onde se dá a mistura proporcional do volume dos gases, que provocam uma chama neutra.

A temperatura máxima de uma chama oxiacetilênica é de aproximadamente 3100ºC, situando-se nas proximidades da extremidade do dardo.

O **Acetileno** é o **PENACHO** e o **Oxigênio** o **DARDO**, veja na figura abaixo.

O acendimento deve ser feito abrindo **primeiro o registro do acetileno** e acendendo o mesmo, depois se abre o registro do oxigênio para se efetuar a regulagem da chama. Para apagar a chama, pode-se fazer o processo inverso.

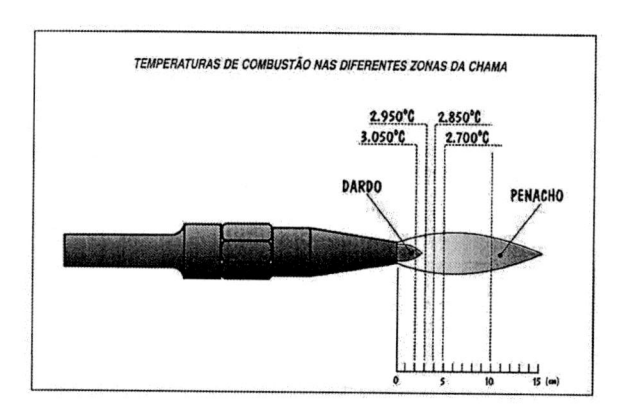

Figura 17.1

17.1.1 - REGULAGEM DE CHAMA

Neste processo de soldagem existem três tipos de chamas:

- Neutra
- Oxidante
- Carburante

CHAMA NEUTRA

Alimentação em volumes iguais de oxigênio e acetileno. Esta chama é destruidora dos óxidos metálicos que podem se formar no decorrer da soldagem. Deve ser usada exclusivamente em soldas de tubos de cobre, com tubos de cobre.

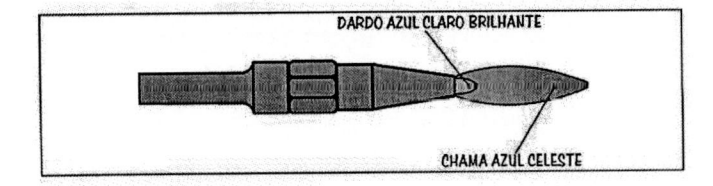

Figura 17.2

CHAMA OXIDANTE

Chama com excesso de oxigênio, mais quente que a neutra. Conveniente para cortes.

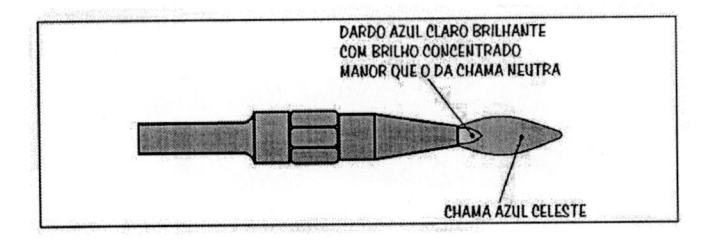

Figura 17.3

CHAMA REDUTORA OU CARBURANTE

Chama com excesso de acetileno, menos quente que a chama neutra. Usada principalmente para a soldagem de alumínio e suas ligas e ainda para a soldagem de Tubos de Cobre com Tubos de Aço.

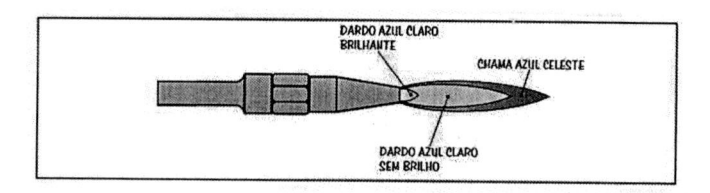

Figura 17.4

17.1.2 - AÇÃO DA CAPACIDADE

Este é o fenômeno pelo qual o material de solda é introduzido na junção a ser soldada.

O material de solda liquefeito tende sempre a fluir para o ponto mais quente da Junta aquecida. A capilaridade é causada pela atração entre as moléculas do material de base que se está soldando. Porém, isso ocorre somente quando:

A superfície a ser soldada está limpa;

A folga entre as partes a serem soldadas é correta;

A área das partes a serem soldadas está suficientemente aquecida para derreter o material de solda.

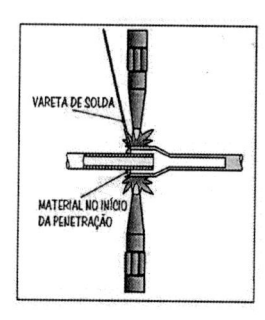

Figura 17.5 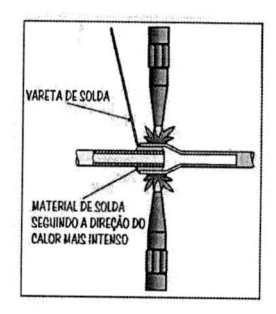   Figura 17.6

17.1.3 - FALHAS DE SOLDAGEM

A falta de um pré - aquecido dos Tubos, isto é, a aplicação da chama e do material de solda no mesmo instante, impede a capilaridade da solda, que liquefaz somente na área em que o maçarico foi usado.

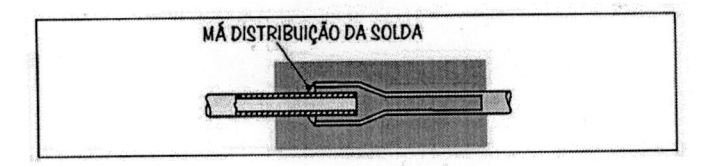

Figura 17.7

A folga excessiva entre as peças soldadas geralmente causa entupimentos.

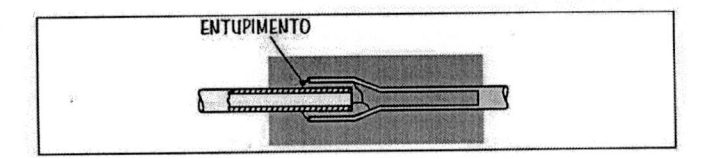

Figura 17.8

O aquecimento excessivo pode tornar frágil e até mesmo romper os Tubos.

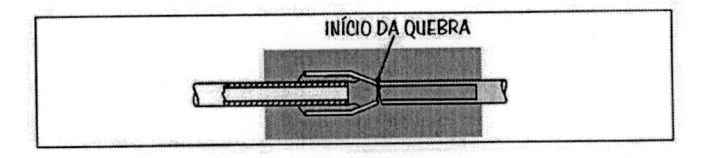

Figura 17.9

Capítulo 17 - Soldagem com Maçaricos 311

Aquecimento excessivo do material de solda causa porosidade na soldagem.

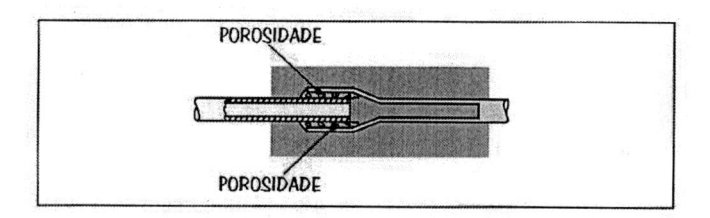

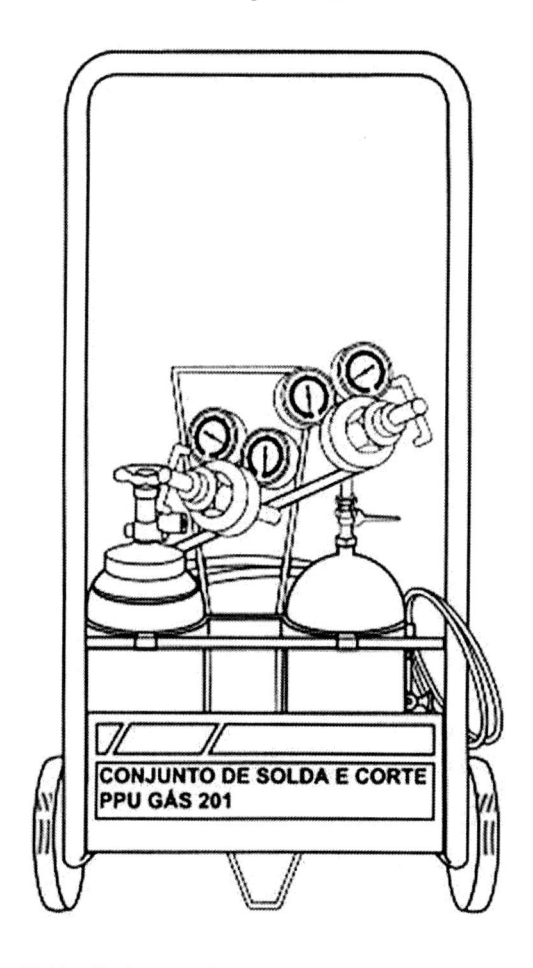

Figura 17.10

Figura 17.11 – Conjunto de Solda Oxiacetilênico (Oxigênio + Acetileno)

17.2. – SOLDAGEM OXI- G.L.P.

A fonte de calor neste processo é também de origem química, composta por oxigênio e G.L.P. (Gás Liquefeito de Petróleo) gases comburentes e combustíveis, respectivamente. Daí o nome: Processo de Soldagem Oxi-GLP. A chama Oxi-GLP é obtida quando os dois gases (acetileno e G.L.P.) chegam a um maçarico onde se dá a mistura proporcional do volume dos gases, que provocam uma chama neutra.

A temperatura máxima de uma chama oxiacetilênica é de aproximadamente 2500ºC, situando-se nas proximidades da extremidade do dardo.

Conforme a figura 17.12, o **G.L.P.** é o **PENACHO** e o **Oxigênio** o **DARDO**.

O G.L.P. (Gás Liquefeito de Petróleo) é popularmente chamado de "Gás de Cozinha" e o mesmo não deve ser utilizado individualmente como chama num processo de soldagem, a chama apenas do G.L.P. tem temperatura baixa e propagação de calor muito alta em comparação com os processos Oxiacetilênico e Oxi-GLP.

O acendimento deve ser feito abrindo **primeiro o registro do G.L.P.** e acendendo o mesmo, depois se abre o registro do oxigênio para se efetuar a regulagem da chama. Para apagar a chama, pode-se fazer o processo inverso.

17.2.1 - REGULAGEM DE CHAMA

Neste processo de soldagem existem os mesmos três tipos de chamas:

- Neutra
- Oxidante
- Carburante

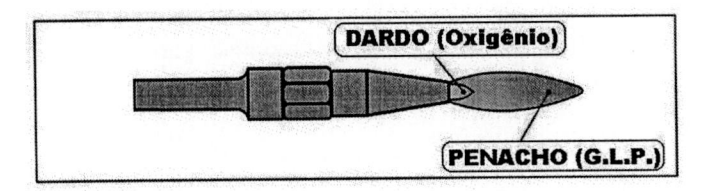

Figura 17.12

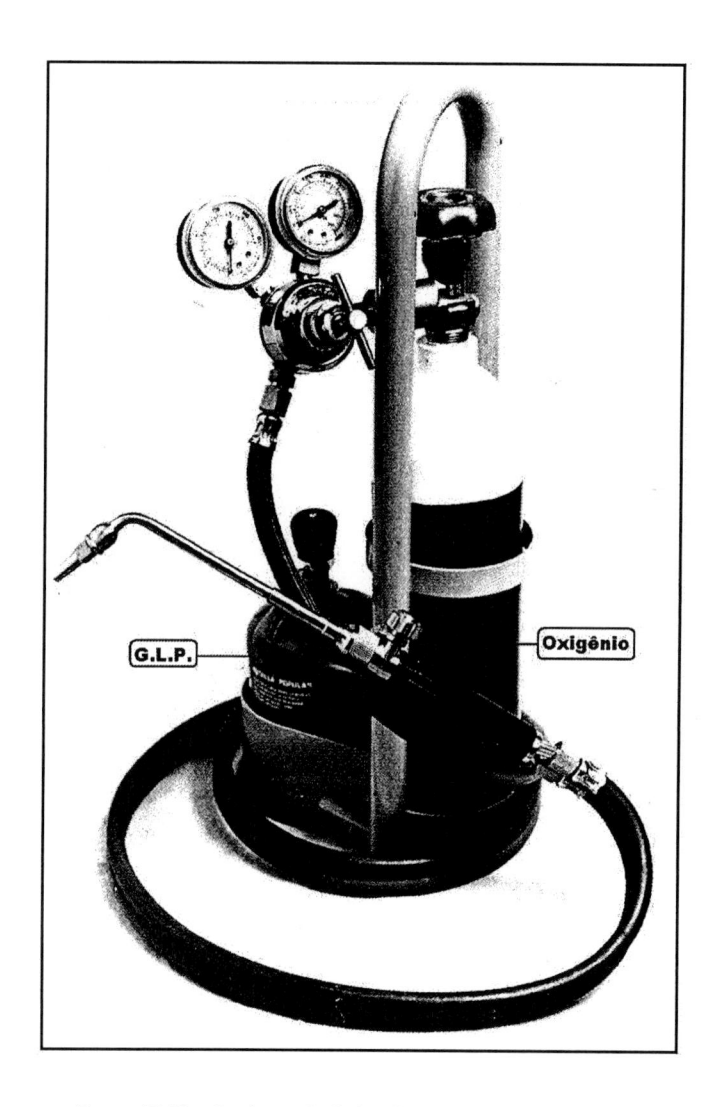

Figura 17.13 – Conjunto de Solda Oxi-G.L.P. (Oxigênio + GLP)

Capítulo 18

Evacuação (Vácuo) e Carga de Fluido (Gás)

18.1 – EVACUAÇÃO (VÁCUO)

No circuito frigorígeno a função da Evacuação é remover o ar e a água antes de se efetuar a carga de fluido refrigerante. Um circuito que não tenha sido corretamente evacuado apresentará problemas de altas pressões devido aos gases não condensáveis e problemas de ataques químicos a partes metálicas do circuito, ao verniz dos motores e decomposição do óleo devido a reação química entre água e o refrigerante. Ao nível do mar, a pressão atmosférica é de 14,7 (PSIg) (Libras por polegadas quadradas). Chama-se pressão absoluta (PSIa) a pressão manométrica (PSIg) somada à 1 (uma) atmosfera (14,7 PSIg). Em refrigeração, é comum usar o Sistema Inglês onde pressões positivas (acima da atmosférica) são expressas em PSI (Pounds Per Square Inch = Libras por polegadas quadradas) e polegada de Mercúrio ou microns de Mercúrio para expressar pressões abaixo da atmosférica (vácuo). Quanto mais profundo o vácuo obtido, melhor para o circuito frigorígeno. Normalmente os fabricantes dos equipamentos de refrigeração e condicionamento de ar recomendam vácuo inferior a 500 microns de Hg (medido com um vacuômetro eletrônico) para processo de simples evacuação. A Figura 18.1 mostra o **conjunto manifold.**

Figura 18.1 - Conjunto Manifold

O "manômetro de baixa" tem escala até 30"Hg. O mesmo não deve ser usado para medição de vácuo no processo de simples evacuação,.pois é impossível de se observar no manômetro, valores precisos da ordem 29,9 polegadas de Hg que corresponde a 500 microns de Mercúrio (Hg).

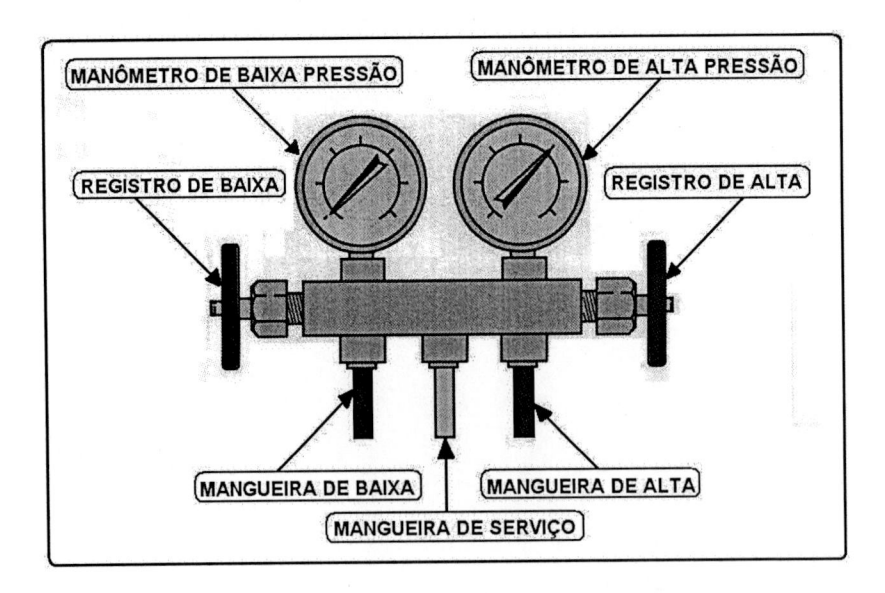

Figura 18.2 - Conjunto Manifold e as indicações dos componentes

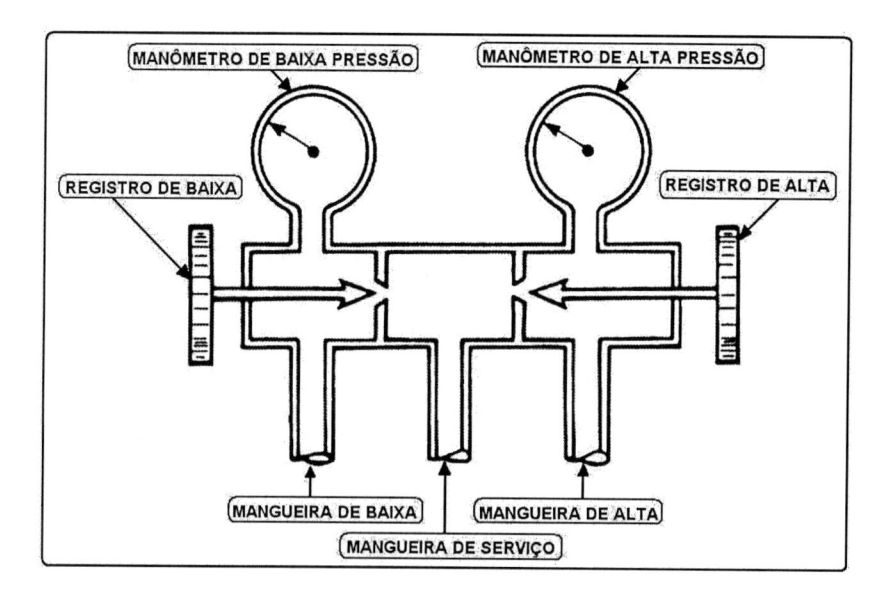

Capítulo 18 – Evacuação (Vácuo) e Carga de Fluido (Gás) 317

Figura 18.3 – Conjunto Manifold com as indicações dos componentes e detalhes internos

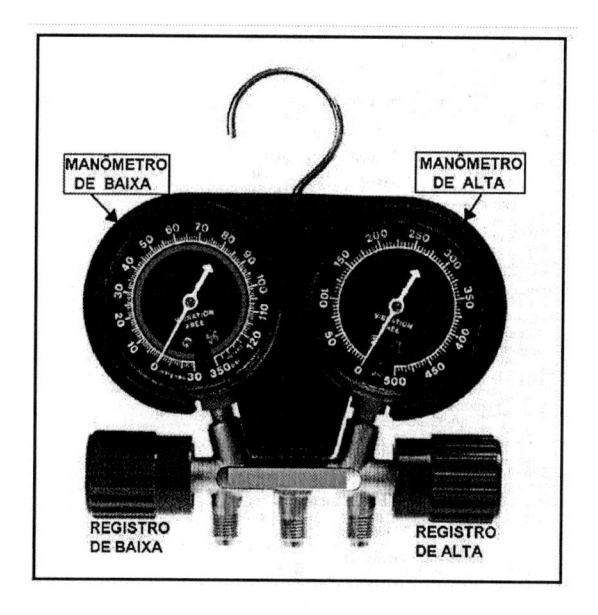

Figura 18.4 - Conjunto Manifold (ROBINAIR)

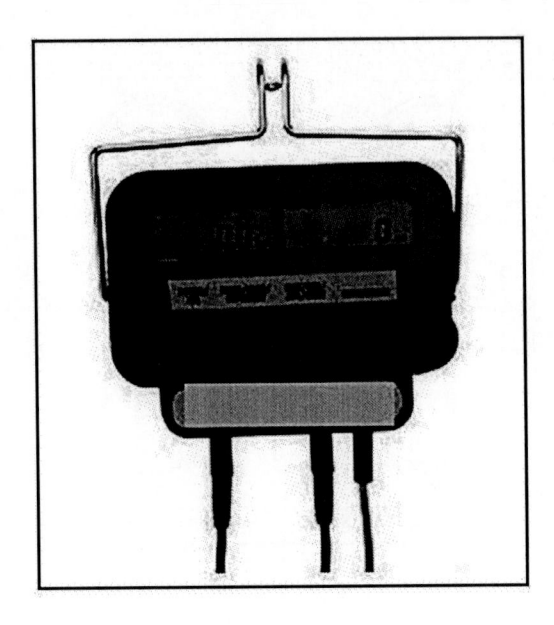

Figura 18.5 - Manifold Digital (ROBINAIR)

Conforme foi descrito anteriormente, o vácuo deve ser medido em microns de Hg, preferencialmente. No entanto, não é raro ouvir que um determinado sistema foi evacuado por tantas horas ou até mesmo dias. Associar tempo de evacuação ao valor do vácuo não tem sentido algum.

O tempo de evacuação de um circuito frigorígeno depende de:

Tamanho do Equipamento: é evidente que quanto maior o equipamento maior é o tempo de evacuação para uma mesma bomba de vácuo;

Capacidade da Bomba de Vácuo: este ponto também é evidente. Quanto maior a capacidade da bomba de vácuo, menor o tempo de evacuação para um mesmo sistema. Normalmente, no campo; adota-se uma bomba de vácuo que seja portátil em lugar de bombas de grande porte e difíceis de serem transportadas, pois a diferença de tempo de evacuação é compensada pelo transporte da bomba;

Vazamento nas Conexões da Bomba de Vácuo: supomos que o equipamento tenha sido devidamente testado e que não tenha vazamento. Se as conexões da bomba ao circuito tiverem vazamentos, o vácuo não será bem feito, pois a bomba estará succionando não apenas do circuito frigorígeno, mas também ar ambiente;

Capítulo 18 - Evacuação (Vácuo) e Carga de Fluido (Gás) 319

Dimensões das Linhas que Ligam a Bomba de Vácuo ao Circuito Frigorígeno: as linhas devem ser mais curtas e de maior diâmetro possível. Por exemplo, gasta-se cerca de oito vezes mais tempo para evacuar um circuito com uma linha de ¼" do que com uma linha de ½" de mesmo comprimento. Leva-se duas vezes mais tempo para se obter o mesmo vácuo com uma linha de 2m do que com uma linha de 1m de mesmo diâmetro.

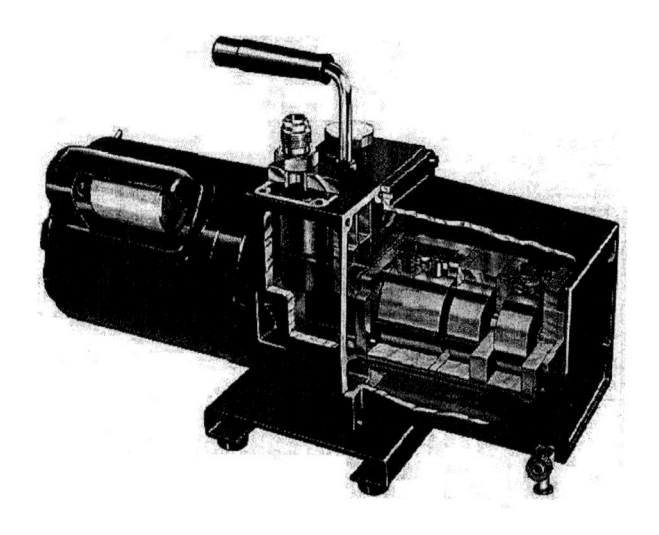

Figura 18.6 - Bomba de Vácuo em corte com detalhes internos

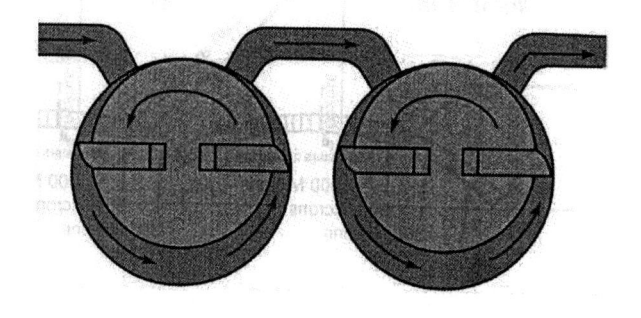

Figura 18.7 - Exemplo dos estágios internos de uma Bomba de Vácuo

Figura 18.8 – Exemplo do óleo específico para a Bomba de Vácuo

Cuidados:

1 – Não usar manômetros de baixa comuns para medir vácuos;

2 – Não medir vácuo por horas de funcionamento da bomba de vácuo;

3 – Sempre fazer o teste de estanqueidade (vazamento) antes da evacuação;

4 – Para medir o valor do vácuo, usar sempre o Vacuômetro Eletrônico;

5 – Utilizar Conjuntos Manifolds exclusivos para fluidos da família dos HFC;

6 – Não usar Conjuntos Manifolds de CFC e HCFC em sistemas com HFC;

7 – Não utilizar óleo para compressores nas Bombas de Vácuo;

8 – Não medir o isolamento dos motores do circuito frigorígeno sob vácuo, pois isto pode provocar uma leitura errada através do Meghômetro, deve-se medir o isolamento com o motocompressor em condições normais de instalação.

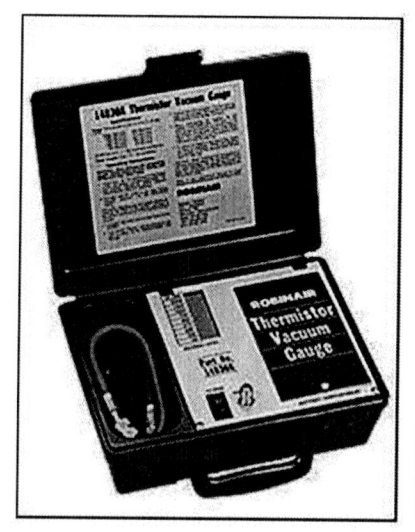

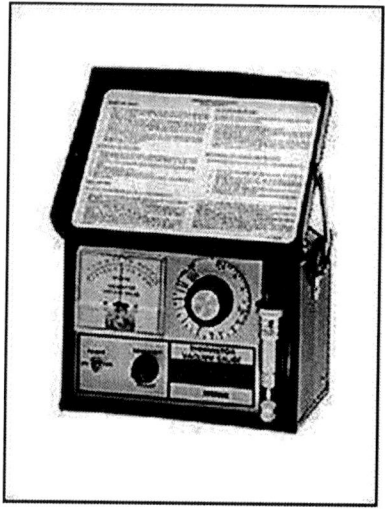

Capítulo 18 - Evacuação (Vácuo) e Carga de Fluido (Gás) 321

Figura 18.9   Figura 18.10

Vacuômetros (ROBINAIR)

Figura 18.11 – Minivacuômetro (ROBINAIR)

18.1.1 – EVACUAÇÃO (VÁCUO) EM REFRIGERADORES E FREEZERS

1º) – Depois do Problema sanado, e o(s) componente(s) defeituoso(s) substituído(s), troque o filtro secador e instale os equipamentos conforme a figura 18.12.

2º) – Instale a mangueira de baixa do Conjunto Manifold no tubo de serviço do motocompressor;

3º) – Instale a mangueira de alta do Conjunto Manifold na sucção da Bomba de Vácuo;

4º) – Instale a mangueira de serviço (a do meio) na Garrafa de Gás;

5º) – Coloque o sensor do Vacuômetro Eletrônico em qualquer ponto do circuito (caso não seja possível, devido a ausência de válvulas de serviços em sistemas de pequeno porte, alguns fabricantes estabelecem a finalização do vácuo após cerca de uma hora);

6º) – Ligue a Bomba de Vácuo e abra os registros de baixa e de alta do Conjunto Manifold;

7º) – Leia o valor do vácuo no Vacuômetro, caso esteja igual ou menor a 500microns/Hg, feche primeiro os registros de baixa e de alta do Conjunto Manifold antes de desligar a Bomba de Vácuo;

8º) – Desligue a Bomba de Vácuo certificando-se que os registros de baixa e de alta do Conjunto Manifold estão fechados, nesse ponto a evacuação está completa, a carga de fluido refrigerante (gás) será descrita mais adiante.

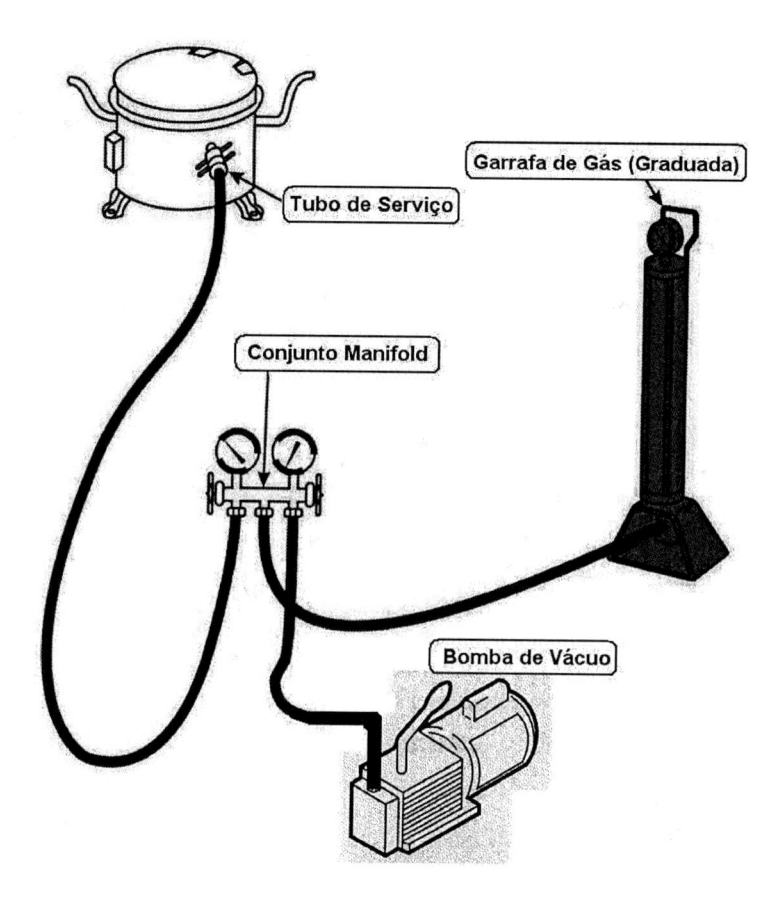

Figura 18.12 - Posicionamento dos equipamentos

18.1.2 – EVACUAÇÃO (VÁCUO) EM SPLITS, SELFS, CÂMARAS E CHILLERS

1º) – Depois do Problema sanado, e o(s) componente(s) defeituoso(s) substituído(s), troque o filtro secador da linha de líquido e instale o Conjunto Manifold;

2º) – Instale a mangueira de baixa do Conjunto Manifold na válvula de serviço da sucção do motocompressor, veja as figuras 18.13 e 18.14;

3º) – Instale a mangueira de alta do Conjunto Manifold na válvula de serviço da Descarga do motocompressor ou na válvula de serviço da Linha de Líquido, veja a figura 18.14;

4º) – Instale a mangueira de serviço (a do meio) do Conjunto Manifold na sucção da Bomba de Vácuo, veja as figuras 18.13 e 18.14;

5º) – Coloque o sensor do Vacuômetro Eletrônico em qualquer ponto do circuito;

6º) – Ligue a Bomba de Vácuo e abra os registros de baixa e de alta do Conjunto Manifold;

7º) – Leia o valor do vácuo no Vacuômetro, caso esteja igual ou menor a 500microns/Hg, feche primeiro os registros de baixa e de alta do Conjunto Manifold antes de desligar a Bomba de Vácuo;

8º) – Desligue a Bomba de Vácuo certificando-se que os registros de baixa e de alta do Conjunto Manifold estão fechados;

9º) – Retire a mangueira de serviço (a do meio) do Conjunto Manifold da Bomba de Vácuo e instale no registro da garrafa de fluido refrigerante. Nesse ponto a evacuação está completa, a carga de fluido refrigerante (gás) será descrita no próximo capítulo.

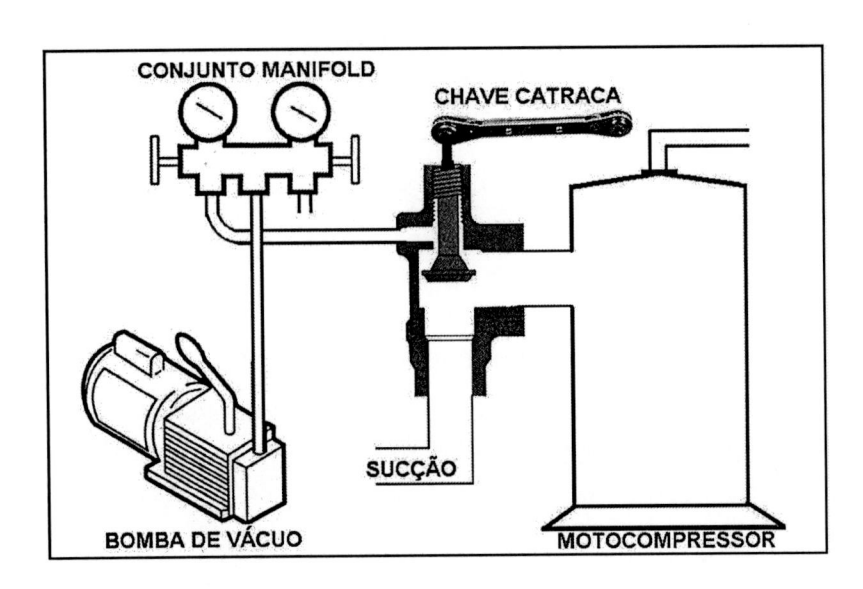

Figura 18.13 - Processo de Evacuação pela Linha de Sucção

Capítulo 18 – Evacuação (Vácuo) e Carga de Fluido (Gás)

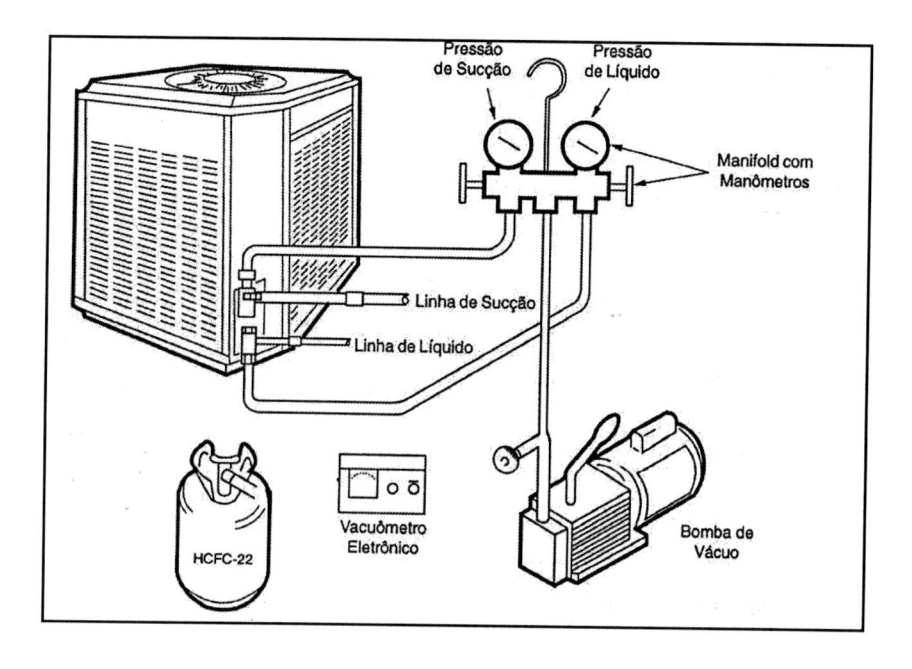

Figura 18.14 - Processo de Evacuação pelas duas Linhas

```
┌─────────────────────────────────────┐
│              (INÍCIO)               │
│                 ▼                   │
│   FAZER E CONECTAR TUBULAÇÕES       │
│         DE REFRIGERANTE             │
│                 ▼                   │
│        TESTAR ESTANQUEIDADE         │
│                 ▼                   │
│     FAZER VÁCUO ATÉ 250 MICRONS     │
│         Hg NAS TUBULAÇÕES           │
│                 ▼                   │
│       QUEBRAR VÁCUO COM R-22        │
│                 ▼                   │
│  CONECTAR ENGATES RÁPIDOS (S, SE) OU ABRIR │
│  VÁLVULAS DE SERVIÇO DAS LINHAS DE LÍQUIDO │
│           E DESCARGA (SEP/B-T)      │
│                 ▼                   │
│      CARREGAR R-22 (CARGA PARCIAL)  │
│                 ▼                   │
│        ACIONAR EQUIPAMENTO          │
│                 ▼                   │
│        COMPLETAR CARGA R-22         │
│                 ▼                   │
│               (FIM)                 │
└─────────────────────────────────────┘

**ATENÇÃO**
Nunca carregue refrigerante no estado líquido pelo lado de baixa pressão do sistema.
```

Figura 18.15 - "Passo a Passo" da Carrier para o Vácuo e Carga de Fluido Refrigerante

18.2 – CARGA DE FLUIDO REFRIGERANTE (GÁS)

É o processo de abastecer o Sistema de Refrigeração (Circuito Frigorígeno) do equipamento com o tipo e quantidade corretos de fluido refrigerante. O primeiro ponto a ser observado é a placa de identificação do equipamento onde o fabricante indica o tipo e quantidade de fluido refrigerante.

Quando a carga de fluido refrigerante está correta e o circuito frigorígeno do equipamento funciona em condições normais, o visor da linha de líquido apresenta fluxo suave de líquido sem bolhas.

Alguns Cuidados Gerais:

a) Antes de ligar motocompressores do tipo SCROLL, verifique se as fases (R-S-T) não estão invertidas, pois se estiverem, o motocompressor apresentará um barulho estranho e as pressões de baixa e de alta no Conjunto Manifold não se alterarão;

b) Em resfriadores de água (Water Chiller) a carga de fluido refrigerante deve ser feita com água circulando pelo evaporador e pelo condensador;

c) Durante a carga, deve-se ajustar o Superaquecimento e o Subresfriamento, até ficarem dentro das faixas que os fabricantes recomendam;

d) Antes de adicionar (completar) fluido refrigerante ao circuito frigorígeno do equipamento, verificar todos os sintomas da falta do fluido;

e) Usar somente o fluido refrigerante recomendado pelo fabricante do equipamento;

f) Não carregar fluido refrigerante no circuito frigorígeno sem que tenha sido efetuada uma perfeita evacuação (máximo 500microns/Hg) e teste de estanqueidade;

g) Não aplicar chamas de maçarico sobre linhas que contenham fluidos refrigerantes. Sob a ação do calor os fluidos refrigerantes se decompõem e formam vapores ácidos altamente tóxicos;

h) Sendo necessário retirar o fluido refrigerante do circuito frigorígeno, utilizar uma Transferidora de fluido para evitar a liberação do mesmo na atmosfera;

i) Não rolar cilindros no chão;

j) Não transferir fluido refrigerante de um cilindro para outro recipiente que não seja adequado para tal uso, principalmente os descartáveis de 13,6Kg.

l) Não misturar fluidos refrigerantes de tipos diferentes;

m) Durante a carga com o motocompressor em funcionamento, evitar a carga de fluido refrigerante **líquido** através da sucção, pois poderá danificar os compressores que possuem placas de válvulas e comprometer a lubrificação;

n) Em sistemas de pequeno porte (Refrigeradores e Freezers), é mais correto efetuar a carga com a quantidade exata da massa do gás (em gramas) com o uso de uma balança ou uma garrafa com escala graduada (garrafa dosadora) conforme figuras 18.12 e 18.16.

18.2.1 – PRINCIPAIS PROCEDIMENTOS PARA EXECUTAR A CARGA DE (GÁS) FLUIDO REFRIGERANTE

18.2.1.1 - EM REFRIGERADORES E FREEZERS:

1º) – Supõe-se que o circuito tenha sido devidamente testado contra vazamentos e evacuado corretamente;

2º) – Ver figura 18.16;

3º) – Após fechar os registros de baixa e de alta do Conjunto Manifold e desligar a Bomba de Vácuo, abra primeiro o registro do Cilindro de fluido refrigerante (ou garrafa dosadora);

4º) – Com o motocompressor desligado, verifique qual a carga (em Gramas) que o Refrigerador (ou Freezer) suporta. A quantidade e o tipo de gás estão na etiqueta de identificação;

5º) – Através do registro de baixa do Conjunto Manifold, adicione aos poucos o fluido refrigerante e verifique no visor da garrafa ou no visor da balança digital (se estiver sendo utilizada) a quantidade de gás que está penetrando (entrando) no sistema;

6º) – Pare de adicionar fluido refrigerante quando a massa do fluido refrigerante em gramas for o mesmo na etiqueta de identificação ou no manual do equipamento.

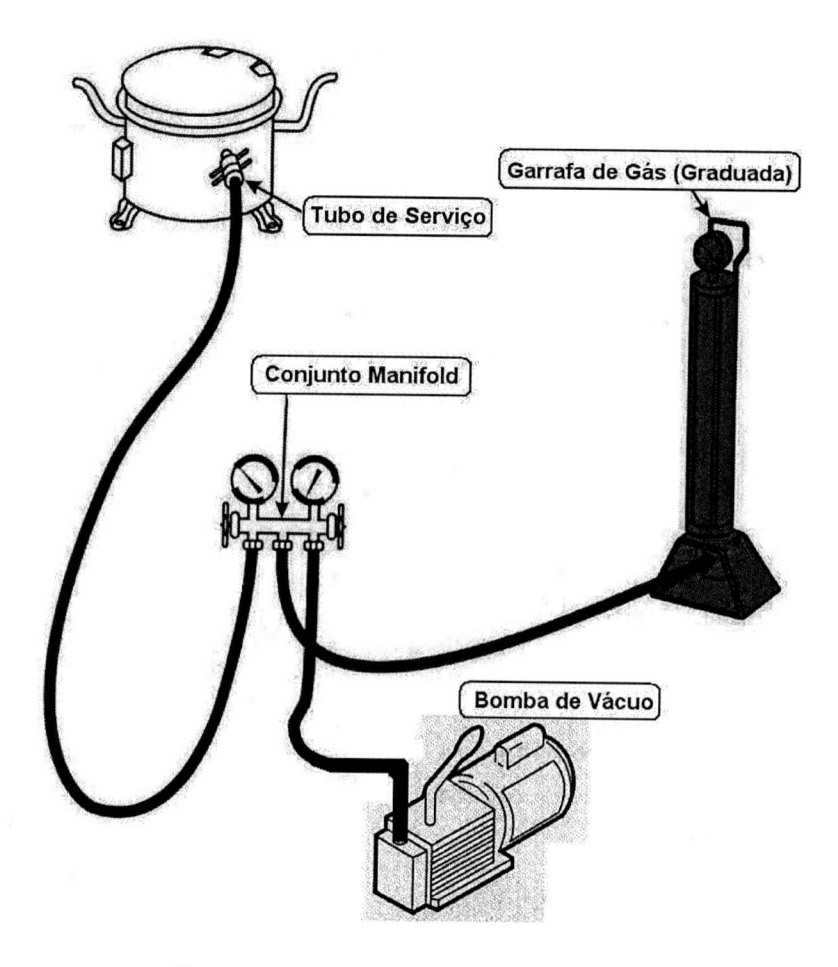

Capítulo 18 – Evacuação (Vácuo) e Carga de Fluido (Gás) 329

Figura 18.16 - Posicionamento dos equipamentos

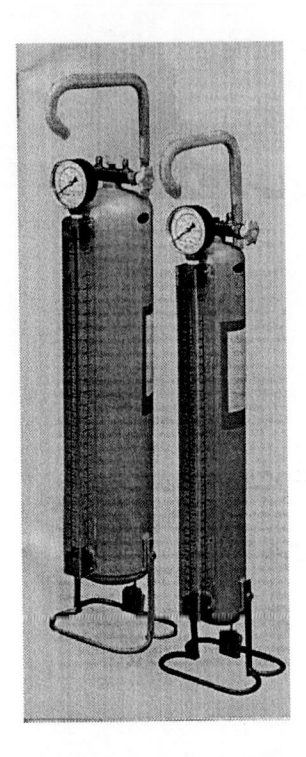

Figura 18.17 – Modelos de garrafas graduadas (dosadoras) utilizadas em cargas de refrigeradores e freezers

18.2.1.2 - EM SELF CONTAINED, SPLIT OU CHILLER:

1º) – Supõe-se que o circuito tenha sido devidamente testado contra vazamentos e evacuado corretamente;

2º) – Ver figura 18.18;

3º) – Após fechar os registros de baixa e de alta do Conjunto Manifold e desligar a Bomba de Vácuo, retire a mangueira de serviço (a do meio) do Conjunto Manifold da Bomba de Vácuo e instale na válvula do Cilindro de fluido refrigerante;

4º) – Retire o sensor do Vacuômetro;

5º) – Abra primeiro o registro da garrafa de fluido refrigerante;

6º) – Folgue levemente a mangueira de serviço do Conjunto Manifold para retirar o ar da mesma (purgar) e volte a apertá-la novamente;

Capítulo 18 - Evacuação (Vácuo) e Carga de Fluido (Gás)

7º) – Com o motocompressor desligado abra o registro de baixa do Conjunto Manifold até a pressão ficar em 40PSIg (Quebrar o Vácuo);

8º) – Faça um "Jamper" (ligação direta) no pressostato de baixa e ligue o motocompressor;

9º) – Através do registro de baixa do Conjunto Manifold, adicione aos poucos o fluido refrigerante;

10º) – Pare de adicionar fluido refrigerante quando os valores do Superaquecimento e do Subresfriamento, estiverem dentro das faixas recomendadas pelo fabricante. Se a carga estiver sendo efetuada verificando a massa do fluido refrigerante em gramas (g), parar quando o valor adicionado for o mesmo no manual do equipamento. É importante deixar a temperatura de evaporação em 1ºC, no caso do R-22 a pressão de sucção ficará em 60PSIg.

11º) – Desligue o sistema e retire o Jamper do pressostato e o restante dos equipamentos.

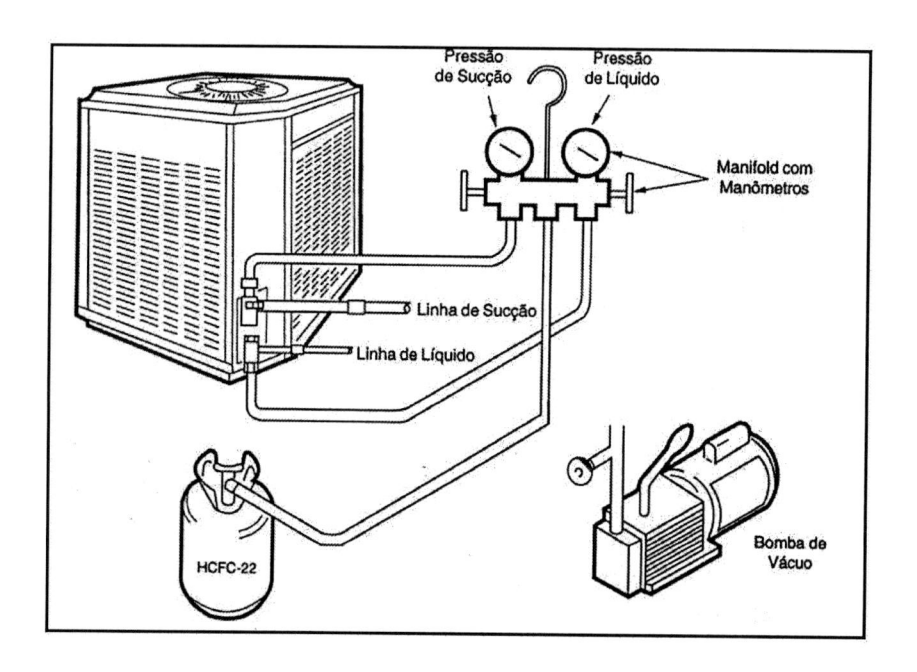

Figura 18.18 - Posicionamento dos equipamentos

Obs.: Quando o SELF CONTAINED possuir condensação a ar remoto, deve-se dimensionar os diâmetros da Linha de Descarga e da Linha de Líquido (Figura 18.19) e calcular a quantidade de fluido refrigerante que será adicionado a cada metro de distância (Figura 18.20), essa quantidade adicional será somada com as cargas que o SELF (Compressor + Evaporador) e o Condensador suportam.

Unidade sistema	Nº/Bitola das conexões	Comprimento da linha em m			
		0-10		10-30	
		L	D	L	D
5TR ou 7,5TR	1x1/2"	1x1/2"	1x1/2"	1x3/4"	1x5/8"	1x7/8"

Figura 18.19 - Diâmetros Recomendados por Circuito de 5TR ou 7,5TR

O comprimento indicado na figura 18.19 acima já inclui os comprimentos equivalentes por válvulas, cotovelos, tês, reduções, etc.

Peso de R 22 nas tubulações de interligação		
Diâmetro externo	Líquido saturado 55ºC	Descarga superaq. 86ºC
Cobre	g/m	g/m
1/2"	100	-
5/8"	160	-
3/4"	-	16
7/8"	-	23

Figura 18.20 - Carga Adicional de Fluido Refrigerante Para as Linhas de Líquido e de Descarga em um SELF com condensador Remoto

Capítulo 18 - Evacuação (Vácuo) e Carga de Fluido (Gás)

18.2.1.3 - EM CÂMARAS FRIGORÍFICAS:

1 – Supõe-se que o circuito tenha sido devidamente testado contra vazamentos e evacuado corretamente;

2 – Após fechar os registros de baixa e de alta do Conjunto Manifold e desligar a Bomba de Vácuo, retire a mangueira de serviço (a do meio) do Conjunto Manifold da Bomba de Vácuo e instale na válvula do Cilindro de fluido refrigerante;

4 – Retire o sensor do Vacuômetro;

5 – Abra primeiro o registro do Cilindro de fluido refrigerante;

6 – Folgue a mangueira de serviço do Conjunto Manifold para retirar o ar da mesma (purgar) e aperte-a novamente;

7 – Com o motocompressor desligado abra o registro de baixa do Conjunto Manifold até a pressão ficar em 40PSIG (Quebrar o Vácuo);

8 – Verifique no Catálogo do Fabricante qual o Valor do T do Evaporador (Exemplo T=8);

9 – Consulte qual a Temperatura Interna da Câmara (Exemplo Temp. Interna = -1ºC);

10 – Nesse Exemplo com a Temperatura Interna de –1ºC e com um T do Evaporador igual a 8 (oito), o fluido refrigerante a ser utilizado terá que evaporar 8 (oito) graus a menos que a Temperatura Interna, ou seja, Temperatura de Evaporação = – 9ºC ;

10 – Verifique o tipo de Fluido Refrigerante utilizado, vá à Tabela ou Régua de conversão (Pressão p/ Temperatura) e converta a Temperatura de Evaporação em Pressão (Exemplo: se o Fluido utilizado for R-22, com uma Temp. de Evaporação de – 9ºC a Pressão de Sucção será igual a 39PSIg) ;

8 – Faça um Jamper no pressostato de baixa;

9 – Ligue o motocompressor;

10 – Através do registro de baixa do Conjunto Manifold, adicione aos poucos o fluido refrigerante e vá monitorando a Temperatura Interna, Pressão de Sucção e Temperatura de Evaporação;

11 – De acordo com o exemplo, a Carga de Fluido Refrigerante estará completa quando ao mesmo tempo forem registrados:

- Temperatura Interna da Câmara = $-1^{\circ}C$
- Pressão de Sucção = 39PSIg (Temp. de Evaporação = $-9^{\circ}C$)

12 – Retire o Jamper do pressostato e o restante dos equipamentos.

18.3 – RECUPERAÇÃO DO FLUIDO REFRIGERANTE (GÁS)

Se não houve contaminação do fluido refrigerante, pode-se fazer antes da Evacuação o processo de Reciclagem e/ou Recuperação do Fluido Refrigerante, para isso deve-se utilizar uma Estação conforme a figura 18.21 ou Recuperadora de Gás conforme a figura 18.22.

Figura 18.21 – Estação de Reciclagem e Recuperação de Fluidos Refrigerantes

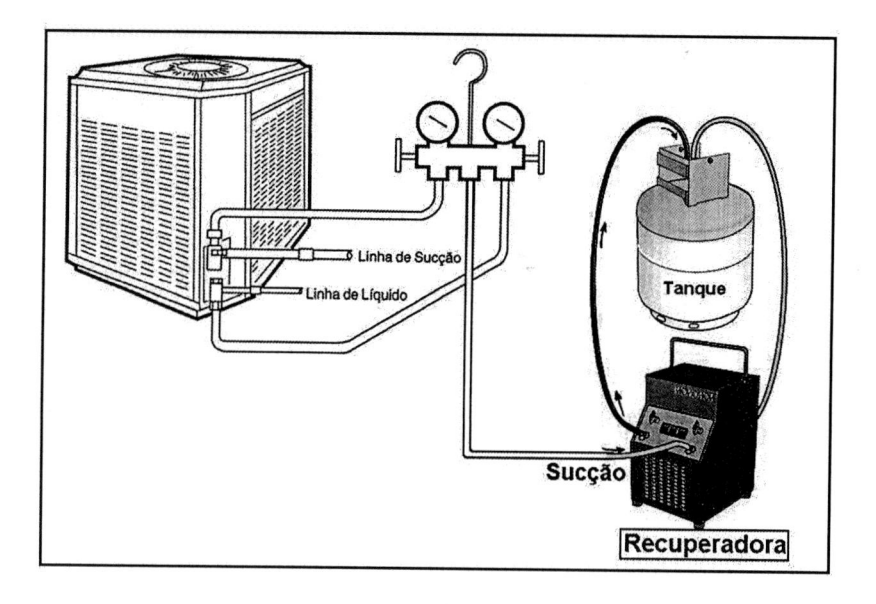

Capítulo 18 – Evacuação (Vácuo) e Carga de Fluido (Gás)   335

Figura 18.22 - Esquema da Recuperação do Fluido Refrigerante

Capítulo 19

Superaquecimento e Sub-Resfriamento

O Balanceamento do Circuito Frigorígeno consiste no ajuste do **Superaquecimento** e do **Sub-resfriamento**. Analisando o gráfico pressão-entalpia da figura 19.1, o Superaquecimento acontece do ponto C até o ponto C1, o Sub-resfriamento acontece do ponto **A** até o ponto **A1**.

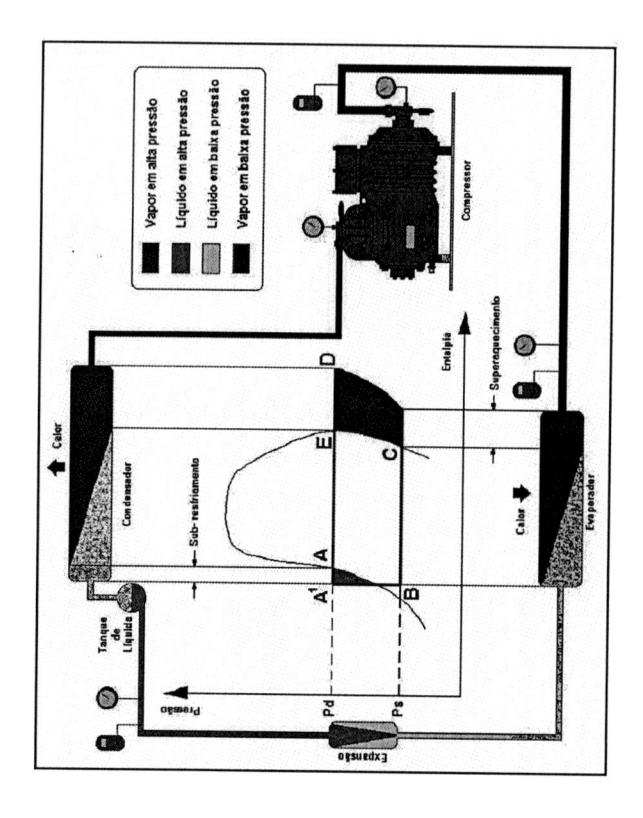

Figura 19.1 – Representação do Superaquecimento e do Sub-resfriamento

19.1 - SUPERAQUECIMENTO

É um dos ajustes mais importantes nos equipamentos de refrigeração e condicionamento de ar. É o responsável pela proteção do compressor contra golpes de líquidos, pelo resfriamento adequado do motocompressor e pela eficiência do equipamento. Consiste em um aquecimento adicional do vapor que se formou no evaporador para assegurar inexistência de líquido no refrigerante succionado pelo compressor. O valor do superaquecimento em um circuito frigorígeno é regulado pela válvula de expansão.

Aplica-se o ajuste em todo equipamento que utilize válvulas de expansão termostática.

Verificações em um Circuito com Fluido Refrigerante R-22:

a) Instalar o manômetro de baixa com escala em PSIg na conexão da válvula de serviço ou válvula "Schrader" (Sucção do Compressor);

b) Lixar o tubo de sucção o mais próximo possível do bulbo da Válvula de Expansão;

c) Instalar neste ponto o sensor do termômetro eletrônico e isolá-lo termicamente;

d) Após cinco minutos verificar a pressão de baixa e **temperatura de sucção (t_2)**;

e) Entrar na tabela de refrigerante R-22 ou na régua de pressão-temperatura com a pressão de sucção e encontrar a **temperatura de evaporação (t_1)**;

f) Determinar o superaquecimento subtraindo-se a temperatura da sucção (medida com um termômetro) da temperatura de evaporação ($t_2 - t_1$);

Caso seja necessário, regular a válvula de expansão atuando no parafuso de regulagem até que o superaquecimento esteja na faixa recomendada pelo fabricante. As leituras devem ser efetuadas, pelo menos, um minuto após cada atuação no parafuso de regulagem. Isto permite que o sistema se estabilize.

EXEMPLO:

Seja o sistema configurado a seguir, funcionando com R-22, conforme a figura 19.2.

Capítulo 19 - Superaquecimento e Sub- Resfriamento

Medições Efetuadas:

Pressão de Sucção = 70 PSIG

Temperatura de Sucção = 12°C (medida junto ao bulbo da válvula de expansão)

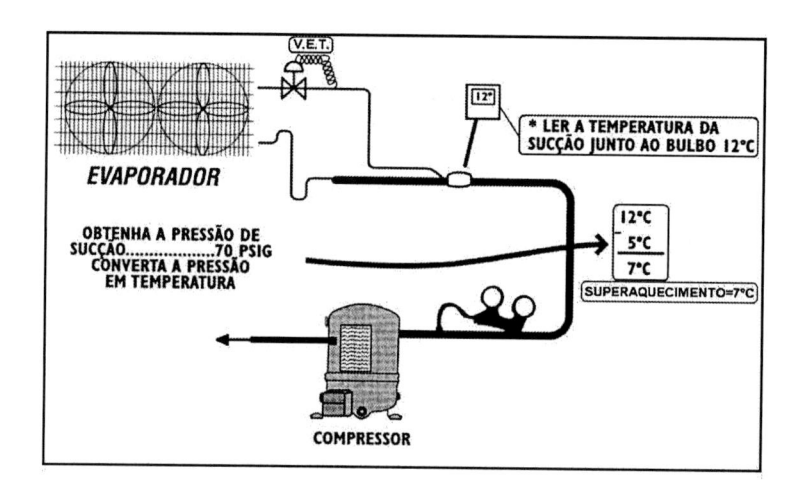

Figura 19.2 – Efetuando o cálculo do Superaquecimento

Da tabela de vapor saturado de R-22 ou da régua pressão-temperatura obtemos a temperatura de evaporação a 70 PSIG = 5°C. O superaquecimento deste equipamento é: 12 – 5 = 7°C. A constatação do superaquecimento fora da faixa de recomendação do fabricante pode ser função dos seguintes fatores, entre outros:

a) Carga Inadequada de Fluido Refrigerante no Circuito Frigorígeno: no caso de falta de refrigerante, o líquido no evaporador se transforma em vapor muito antes de deixar o evaporador, porém este vapor continua a ser aquecido pelo ar que atravessa o evaporador e com isso o superaquecimento se eleva. À medida que se acrescenta refrigerante ao sistema, o superaquecimento cai sem que tenha que se atuar na regulagem da válvula de expansão;

b) Filtro Secador da Linha de Líquido Obstruído: neste caso, o refrigerante fica confinado no condensador e o evaporador é subalimentado. Como no caso anterior, o superaquecimento é alto, porém nem sempre é necessário acréscimo de fluido refrigerante ao circuito frigorígeno:

c) Excesso ou Escassez de Carga Térmica no Evaporador: no caso de excesso de carga, o fluido refrigerante no interior do evaporador se transforma em vapor muito antes de atingir a sua saída. O superaquecimento é alto. No caso de escassez de carga térmica, mesmo com a válvula de expansão procurando sua posição mais fechada a quantidade de líquido que passa pela válvula pode ser excessiva e o superaquecimento tende a diminuir, podendo em casos extremos permitir ida de fluido refrigerante líquido ao compressor. Exemplos típicos deste caso são o de congelamento do evaporador, quebra da correia do ventilador do evaporador, ventilador com rotação invertida, aletas do evaporador obstruídas, filtros de ar sujos, etc;

d) Válvula de Expansão Super ou Subdimensionada: uma válvula de expansão super-dimensionada poderá funcionar satisfatoriamente se o sistema estiver à plena carga, porém sob cargas térmicas reduzidas o evaporador será superalimentado. Neste caso, o superaquecimento será baixo. Por outro lado, uma válvula de expansão subdimensionada, poderá funcionar satisfatoriamente se o sistema estiver sob carga térmica reduzida, porém sob condições de plena carga o evaporador cerá subalimentado. Neste caso o superaquecimento será alto;

e) Válvula Solenóide da Linha de Líquido Obstruída: os efeitos são semelhantes ao filtro da linha de líquido obstruído;

f) Refrigerante Contendo Óleo em Excesso: o óleo que circula junto com o refrigerante em qualquer sistema de refrigeração, cria um filme isolante nos tubos do evaporador dificultando a evaporação do fluido refrigerante. Em certos casos, o fluido refrigerante líquido pode atingir a linha de sucção. Neste caso o superaquecimento diminui.

Cuidados:

a) Isolar termicamente o bulbo do termômetro e o da válvula de expansão;

b) Não permitir que o equipamento funcione com superaquecimento fora da faixa recomendada pelo fabricante;

c) Regular a válvula de expansão com o equipamento à plena carga.

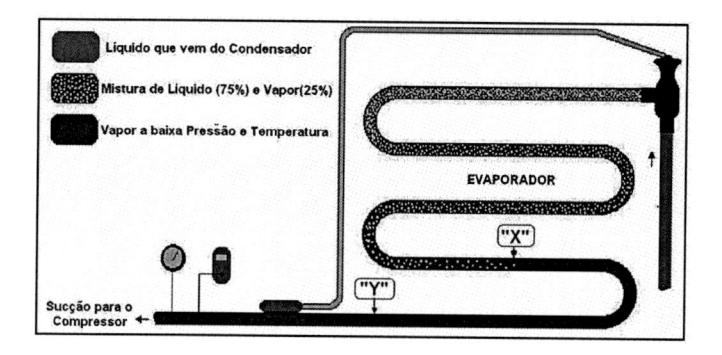

Capítulo 19 – Superaquecimento e Sub- Resfriamento 341

Figura 19.3 – Exemplo do Superaquecimento do ponto "X" até o ponto "Y"

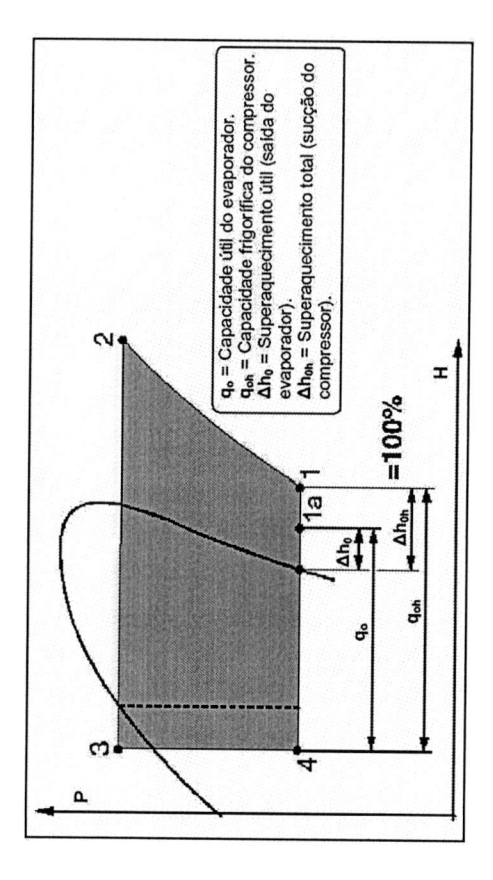

Figura 19.4 – Detalhe do Superaquecimento útil e total no gráfico P-H

19.2 – SUB-RESFRIAMENTO

É o resfriamento adicional que se dá ao fluido refrigerante liquefeito no condensador. Teoricamente, quanto maior o sub-resfriamento, para uma determinada pressão de condensação, maior é a capacidade do equipamento. Geralmente os fabricantes de equipamentos indicam para sistemas com fluido refrigerante R-22, um mínimo de 4°C.

Aplica-se o ajuste a todos os equipamentos com condensação a ar ou a água.

Verificações em um Circuito com Fluido Refrigerante R-22:

a) Instalar o manômetro de alta com escala em PSIG na conexão da válvula de serviço ou válvula "Schrader" (Descarga do Compressor ou Linha de Líquido);

b) Lixar o tubo da linha de líquido o mais próximo possível da válvula de expansão (Após o filtro);

c) Instalar neste ponto o sensor do termômetro eletrônico e isolá-lo termicamente;

d) Após cinco minutos verificar a pressão de alta e a temperatura da linha de líquido (t_1);

e) Entrar na tabela de refrigerante R-22 ou na régua pressão-temperatura com a pressão de alta e encontrar a **temperatura de condensação (t_2)**;

f) Determinar o sub-resfriamento subtraindo-se a **temperatura de saturação (condensação)** da **temperatura da linha de líquido** medida com o termômetro ($t_2 - t_1$);

Exemplo:

Seja o sistema configurado na figura 19.5 a seguir, funcionando com R-22.

Capítulo 19 – Superaquecimento e Sub- Resfriamento

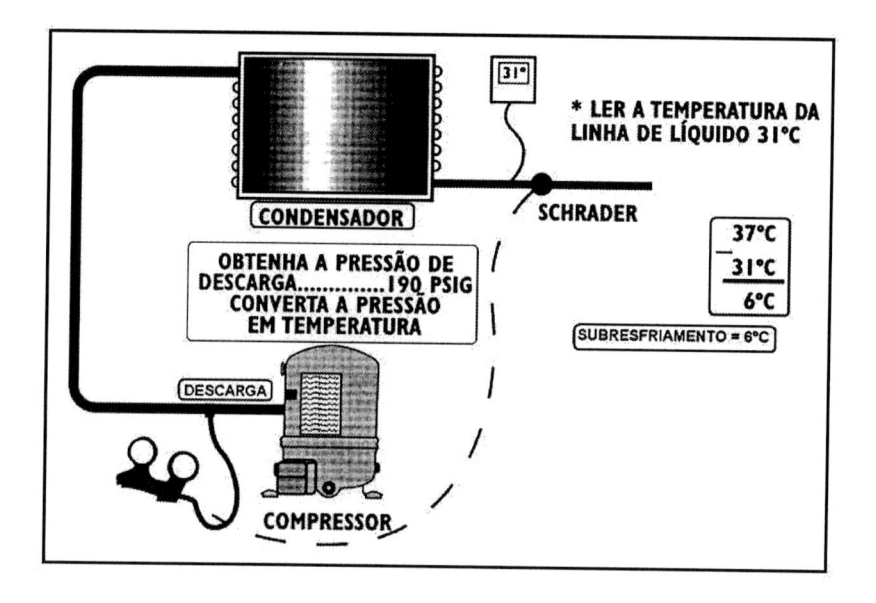

Figura 19.5 – Efetuando o cálculo do Subresfriamento

Medições Efetuadas:

Pressão de Descarga ou Linha de Líquido = 190 PSIG

Temperatura da Linha de Líquido = 31°C (Medida com um termômetro próximo a VET)

Através da tabela ou da régua pressão-temperatura de R-22 obtemos a temperatura de condensação a 190 PSIG = 37°C.

O Sub-resfriamento deste equipamento é 37 – 31 = 6°C que está satisfatório.

A constatação do subresfriamento fora da faixa de recomendação do fabricante pode ser função dos seguintes fatores, entre outros:

a) Vazão da água ou do ar no condensador excessiva;

b) Vazão da água ou do ar no condensador abaixo do projeto;

c) Condensador à água ou a ar sujo;

d) Válvula de expansão desregulada;

e) Falta ou excesso de fluido refrigerante no circuito;

f) Condensador "Shell and Tube" com vazamento;

g) Válvula solenóide da linha de líquido obstruída;

h) Filtro da linha de líquido obstruído;

i) Fluido refrigerante contendo excessiva quantidade de óleo;

j) Presença de não condensáveis no circuito frigorígeno.

Cuidados:

a) Isolar termicamente o bulbo do termômetro;

b) Regular a válvula de expansão termostática com o equipamento a plena carga;

c) Manter a temperatura e a vazão de água ou de ar de condensação nas condições de projeto.

Observações:

AO ABRIR A VÁLVULA DE EXPANSÃO TERMOSTÁTICA (V.E.T.)

⇒ Baixa-se Superaquecimento e Sub-resfriamento

AO FECHAR A VÁLVULA DE EXPANSÃO TERMOSTÁTICA (V.E.T.)

⇒ Eleva-se Superaquecimento e Sub-resfriamento

AO ADICIONAR FLUIDO REFRIGERANTE

⇒ Baixa-se Superaquecimento

⇒ Eleva-se Sub-resfriamento

AO RETIRAR FLUIDO REFRIGERANTE

⇒ Eleva-se Superaquecimento

⇒ Baixa-se Sub-resfriamento

Capítulo 19 – Superaquecimento e Sub- Resfriamento

MOTOCOMPRESSORES HERMÉTICOS: Superaquecimento = 6 a 9°C

MOTOCOMPRESSORES SEMI-HERMÉTICOS: Superaquecimento = 7 a 11°C

SELF CONTAINED e WATER CHILLER – CONDENSAÇÃO A ÁGUA: Sub-resfriamento = 6 a 11°C

SELF CONTAINED e WATER CHILLER – CONDENSAÇÃO A AR: Sub-resfriamento = 7 a 13°C

TABELA DE CONVERSSÃO PRESSÃO (PSIg) x TEMPERATURA (°C) R - 22

PSIG	0	1	2	3	4	5	6	7	8	9	PSIG
30	-14,0	-13,4	-13,3	-12,1	-11,6	-11,1	-10,5	-10,0	-9,5	-8,9	30
40	-8,4	-7,8	-7,3	-6,8	-6,3	-5,8	-5,3	-4,9	-4,4	-3,9	40
50	-3,5	-3,0	-2,6	-2,1	-1,6	-1,2	-0,8	-0,4	0,0	0,4	50
60	0,8	1,2	1,6	2,0	2,4	2,8	3,2	3,6	4,0	4,4	60
70	4,8	5,1	5,5	5,8	6,2	6,5	6,9	7,2	7,6	8,0	70
80	8,3	8,7	9,0	9,4	9,7	10,1	10,4	10,7	11,0	11,3	80
90	11,6	11,9	12,2	12,5	12,8	13,1	13,5	13,8	14,1	14,4	90
100	14,7	15,0	15,3	15,6	15,9	16,2	16,5	16,8	17,0	17,3	100
110	17,6	17,9	18,2	18,4	18,7	19,0	19,3	19,6	19,8	20,1	110
120	20,4	20,7	21,0	21,2	21,5	21,7	21,9	22,2	22,4	22,7	120
130	22,9	23,1	23,4	23,6	23,9	24,1	24,4	24,6	24,9	25,1	130
140	25,4	25,6	25,9	26,1	26,4	26,6	26,8	27,0	27,3	27,5	140
150	27,7	27,9	28,2	28,4	28,6	28,8	29,1	29,3	29,5	29,7	150
160	30,0	30,2	30,4	30,6	30,8	31,1	31,3	31,5	31,7	32,0	160
170	32,2	32,4	32,6	32,8	33,0	33,2	33,4	33,6	33,8	34,0	170
180	34,2	34,4	34,6	34,8	35,0	35,2	35,4	35,6	35,8	36,0	180
190	36,2	36,4	36,6	36,7	36,9	37,1	37,3	37,5	37,7	37,9	190
200	38,1	38,3	38,4	38,6	38,8	39,0	39,2	39,4	39,5	39,7	200
210	39,9	40,1	40,3	40,4	40,6	40,8	41,0	41,2	41,4	41,5	210
220	41,7	41,9	42,1	42,3	42,4	42,6	42,8	43,0	43,2	43,4	220
230	43,5	43,7	43,8	44,0	44,2	44,4	44,5	44,7	44,9	45,0	230
240	45,2	45,4	45,5	45,7	45,9	46,0	46,2	46,4	46,5	46,7	240
250	46,8	47,0	47,1	47,3	47,5	47,6	47,8	47,9	48,1	48,2	250

260	48,4	48,6	48,7	48,9	49,0	49,2	49,3	49,5	49,6	49,8	260
270	50,0	50,1	50,3	50,4	50,6	50,7	50,9	51,0	51,2	51,4	270
280	51,5	51,6	51,8	51,9	52,1	52,2	52,4	52,5	52,7	52,8	280
290	53,0	53,1	53,3	53,4	53,6	53,7	53,9	54,1	54,2	54,4	290
300	54,5	54,6	54,8	54,9	55,0	55,2	55,3	55,5	55,6	55,7	300
310	55,9	56,0	56,1	56,3	56,4	56,6	56,7	56,8	57,0	57,1	310
320	57,2	57,4	57,5	57,6	57,8	57,9	58,0	58,1	58,3	58,4	320
330	58,5	58,7	58,8	58,9	59,1	59,2	59,3	59,4	59,6	59,7	330
340	59,8	60,0	60,1	60,2	60,4	60,5	60,6	60,7	60,6	61,0	340
350	61,1	61,2	61,4	61,5	61,6	61,8	61,9	62,0	62,2	62,3	350
360	62,4	62,6	62,7	62,8	62,9	63,0	63,1	63,2	63,4	63,5	360
370	63,6	63,7	63,8	63,9	64,0	64,1	64,2	64,4	64,5	64,6	370
380	64,7	64,8	64,9	65,0	65,1	65,3	65,4	65,5	65,6	65,7	380
PSIG	0	1	2	3	4	5	6	7	8	9	PSIG

RÉGUA - PRESSÃO x TEMPERATURA

Figura 19.6 – Modelo de Régua Pressão-Temperatura

ANOTAÇÕES

Impressão e acabamento
Gráfica da Editora Ciência Moderna Ltda.
Tel: (21) 2201-6662